21世纪高等院校教材

概率论与数理统计

(第二版)

主 编 杨洪礼 胡运红
副主编 邵泽军 马艳琴 吴文英 牛玉玲

科学出版社

北 京

内 容 简 介

本书是应用型本科基础课程教材,同时也是省级精品课程建设教材,是针对普通高等学校应用型本科教学的概率论与数理统计课程编写的. 全书以易于学生接受的方式介绍概率论与数理统计的基本内容,并突出概率论与数理统计中主要内容的思想方法. 本书的特色之一是注意加强与突出基本概念的教学,另一特色是在每章的内容中穿插介绍了与本章内容有关的一些背景知识或应用实例,旨在加深学生对概率统计内容的了解,扩大学生的视野. 每章的习题选择也比较新颖,增加了一些与科技及日常生活有关的习题,有助于培养学生解决问题的能力,并为不同层次的学生提供了不同程度的习题. 为提高学生应用计算机解决问题的能力,附录中介绍了概率论与数理统计中数学实验的内容. 书后附有习题答案及常用的一些统计分布表.

本书可供高等学校理工或经济管理类及其他专业本科生用作教材,也可作为夜大、函授学员的教材,同时也可供科技、工程技术人员参考,对报考研究生的人员也有所裨益.

图书在版编目(CIP)数据

概率论与数理统计/杨洪礼,胡运红主编. —2 版. —北京:科学出版社,
2017.1
　21 世纪高等院校教材
　ISBN 978-7-03-051368-7

Ⅰ. ①概… Ⅱ. ①杨…②胡… Ⅲ. ①概率论-高等学校-教材　②数理统计-高等学校-教材　Ⅳ. ①O21

中国版本图书馆 CIP 数据核字(2017)第 000302 号

责任编辑:王　静 / 责任校对:彭　涛
责任印制:徐晓晨 / 封面设计:陈　敬

科学出版社 出版
北京东黄城根北街 16 号
邮政编码:100717
http://www.sciencep.com

北京虎彩文化传播有限公司 印刷
科学出版社发行　各地新华书店经销
*

2013 年 1 月第 一 版　开本:720×1000　1/16
2017 年 1 月第 二 版　印张:17 1/2
2020 年 1 月第十次印刷　字数:353 000
定价:49.00 元
(如有印装质量问题,我社负责调换)

《概率论与数理统计》教材编委会

主　　编　杨洪礼　胡运红
副 主 编　邵泽军　马艳琴　吴文英　牛玉玲
编　　委　（以姓氏笔画为序）
　　　　　马艳琴　牛玉玲　吕晓娜　刘艳霞
　　　　　杨洪礼　吴文英　邵泽军　胡运红

第二版前言

本书是在第一版的基础上,参照教学过程中使用该教材遇到的实际情况修订而成的.

这次修订主要对数理统计部分的内容进行了修改,增加了部分例题,便于学生更好地理解这部分内容,同时引导学生重视推导简单的统计量的分布及应用其解决一些实际问题.同时,这次修订还删掉了个别习题,并更新了附录3中的内容,以便更好地服务于学生的学习.

参加本次修订的人员有杨洪礼、胡运红、邵泽军、马艳琴、吴文英、牛玉玲、吕晓娜、刘艳霞,其他使用该教材的老师也对本书第一版提出了宝贵意见,谨在此表示衷心感谢,并欢迎大家继续关心本书并提出宝贵建议与意见.

编 者
2016 年 11 月

第一版前言

随着经济与社会的发展,社会对应用型人才的需求增多,高等教育也开展了应用型人才培养模式的教学改革.为了适应高等教育应用型教学改革的需要,2007年我们编写出版了适用于应用型教学的《概率论与数理统计》教材.教材的编写理念是既要保证概率论与数理统计内容框架的完整性,即涵盖非数学专业"概率论与数理统计课程教学基本要求"所包括的基本内容,又要注重概率论与数理统计课程基本概念的应用和解决一些实际问题的思想方法,同时淡化理论证明和推导过程,弱化计算技巧.该书自出版以来受到应用型教学层次读者的欢迎,2010年2月又出版了第二版.该书具有如下特点:

(1) 降低理论证明及减少计算技巧的内容,以应用型教学为目标,既覆盖了概率统计的全部内容,又能满足应用型教学不同层次的需要,克服了传统教材中有许多内容注重理论推导、不适用于一般应用型教学的缺点;

(2) 结合省级精品课程建设中教学改革的经验,吸收了最新的教学成果,例题和习题选用了大量的结合生活、科技等应用的例子,使得概率统计的学习变得生动有趣;

(3) 每章都有一个关于概率统计的阅读材料,可使读者更好地理解概率统计的整个全貌;

(4) 与计算机应用能力的培养紧密结合,书中附录介绍了大量的应用计算机软件(Mathmatica 软件和 Excel 软件)来解决概率统计中不同问题模型的例子,且操作简单,易于学生学习.

本书是在该书第二版的基础上,结合教学过程中得到的经验,吸收部分教师与学生的建议修订而成的.本次修订主要解决在应用型教学过程中碰到的一些实际问题,同时也考虑到部分教师和学生在使用过程中所反映的书中习题量偏少、与考研相关的题目太少的问题,这些问题在一定程度上影响了一部分学生的考研需求.本次修订在保持原有内容体系的基础上,主要做了以下修订:

(1) 加强概率论与数理统计的基本概念和容易混淆的概念的阐述和分析,特别是在例题的选择方面突出这个特点,这些内容涉及的主要是表述方式,不影响知识体系;

(2) 修订了原书中的部分练习题及其答案,在每章都增加了习题 B,原有的习题放在 A 部分,B 部分题目的难度较 A 部分偏大,比较接近考研的难度;

(3) 适当调整了部分内容的先后次序,如泊松定理和泊松分布的先后次序,增

加了几何分布与超几何分布的内容等,以使内容更加完整;

(4) 在文字上也作了较多修改,以使论述更加通俗易懂;

(5) 此外还修订了一些原书中的其他不足之处;

(6) 为了满足不同层次学生的需要,本次修订增加了近 5 年来部分硕士研究生入学试题概率论与数理统计的题目,目的是让学生开阔视野,把握方向.

在这次修订工作中,除原有学校的老师参加修订外,黄河科技学院的部分老师也参加了本次修订,其中杨洪礼老师负责第 1~3 章的修订,并负责全书的统稿工作,胡运红老师负责第 4、5 章的修订,邵泽军老师负责第 6 章的修订,张欣老师负责第 7 章的修订,吴文英老师负责第 8 章的修订,陈凡红老师负责第 9 章的修订,马艳琴老师负责附录中试验部分的修订,牛玉玲老师负责全书习题部分的修订. 另外,参加本书修订工作的还有郭慧敏、薛威、何云老师.

本书概念清晰,难度适中. 可供理工或经济管理类及其他各专业本科生用作教材,同时也可供科技、工程技术人员参考,对报考研究生的人员也有所裨益.

本书的出版要感谢广大同行和使用学校的支持与建设性建议,这是我们进一步完善本书的基础和动力. 由于编者水平所限,书中错误在所难免,欢迎广大读者在使用过程中继续提出一些意见和建议,以使本书进一步完善.

编 者

2012 年 6 月

目 录

第二版前言
第一版前言

第1章 概率与古典概型 ··· 1
  1.1 随机试验与随机事件 ··· 1
  1.2 随机事件的频率与概率 ······································· 5
  1.3 条件概率 ··· 14
  1.4 事件的独立性 ··· 19
  1.5 伯努利概型 ··· 22
  相关阅读 ··· 23
  习题 1 ··· 24

第2章 随机变量及其分布 ··· 28
  2.1 随机变量及其分布函数 ······································· 28
  2.2 离散型随机变量及其分布 ····································· 30
  2.3 连续型随机变量 ··· 35
  2.4 随机变量的函数的分布 ······································· 43
  相关阅读 ··· 47
  习题 2 ··· 48

第3章 多维随机变量及其分布 ······································· 52
  3.1 二维随机变量及其分布 ······································· 52
  3.2 边缘分布 ··· 57
  3.3 条件分布 ··· 60
  3.4 随机变量的独立性 ··· 64
  3.5 两个随机变量的函数的分布 ··································· 68
  相关阅读 ··· 71
  习题 3 ··· 72

第4章 随机变量的数字特征 ··· 76
  4.1 随机变量的数学期望 ··· 76
  4.2 方差 ··· 83
  4.3 常见随机变量的数字特征 ····································· 85
  4.4 协方差与相关系数 ··· 88

4.5 矩、协方差矩阵 ·· 92
相关阅读 ·· 93
习题 4 ·· 94

第 5 章 大数定律与中心极限定理 ··································· 98
5.1 大数定律 ·· 98
5.2 中心极限定理 ·· 101
相关阅读 ·· 105
习题 5 ·· 106

第 6 章 数理统计的基础知识 ·· 108
6.1 总体与样本 ·· 108
6.2 统计量 ·· 109
6.3 常用的统计量的分布 ·· 111
6.4 抽样方法与抽样分布 ·· 116
相关阅读 ·· 121
习题 6 ·· 122

第 7 章 参数估计 ·· 125
7.1 点估计问题 ·· 125
7.2 最大似然估计 ·· 129
7.3 矩法估计 ··· 132
7.4 区间估计 ··· 134
7.5 正态总体均值与方差的区间估计 ······························ 138
相关阅读 ·· 142
习题 7 ·· 143

第 8 章 假设检验 ·· 147
8.1 假设检验 ··· 147
8.2 正态总体均值的假设检验 ······································· 151
8.3 正态总体方差的假设检验 ······································· 156
8.4 总体分布函数的检验 ·· 162
相关阅读 ·· 166
习题 8 ·· 167

第 9 章 方差分析与回归分析 ·· 170
9.1 单因素试验的方差分析 ·· 170
9.2 双因素试验的方差分析 ·· 178
9.3 一元线性回归分析 ··· 181

  9.4 多元线性回归分析 ………………………………………………… 188
  相关阅读……………………………………………………………… 190
  习题 9 ………………………………………………………………… 192
习题参考答案与提示………………………………………………………… 196
参考文献……………………………………………………………………… 208
附录 1 Mathematica 和概率论与数理统计 ……………………………… 209
附录 2 常用统计分布表 …………………………………………………… 232
附录 3 2008～2016 年全国硕士研究生入学统一考试试题(数学一)………… 260

第 1 章 概率与古典概型

在自然界和社会中存在着各种各样的现象,这些现象一般可以分为两类.一类是在一定条件下必然要发生的现象.例如,向上抛一石子必然下落,在标准大气压下,水温度达到 100℃就要沸腾等.这类现象称为确定性现象.另一类现象则与此不同.例如,在相同的条件下抛一枚硬币,其结果可能是正面朝上,也可能是反面朝上,并且在每次抛掷之前都无法确定会出现哪种结果;掷一枚骰子,可能会出现的点数有 1、2、3、4、5、6,但是未抛之前我们无法确定会出现哪种情况.这类现象,在一定条件下可能出现这样的结果,也可能出现那样的结果,而在试验或观察之前却不能预知确切的结果.但是,人们在经过长期的观察和深入研究后,发现其在大量的重复试验或观察下,结果却呈现某种规律性.例如,多次重复抛掷硬币发现正面朝上大约有一半,将一枚骰子反复抛掷后发现出现各种点数的次数大约是相同的.这种大量重复试验或观察中所呈现出来的规律性,就是我们后面所说的统计规律性.这种在个别试验中结果呈现出不确定性,而在大量重复试验中结果又具有统计规律性的现象称为随机现象.

对于随机现象,人们很早就注意到它的存在了.从亚里士多德时代开始,哲学家们就已经认识到随机现象在生活中的作用,他们把随机现象看成是破坏生活规律,超越了人们理解能力范围的东西,他们没有认识到有必要去研究这些随机现象,也没有意识到不确定性也可以度量.后来,许多数学家都曾研究过随机现象,如帕斯卡、伯努利、高斯等.而将不确定性数量化则是近代的事,在这一领域取得的成果已经给人类生活的诸多领域带来了一场深刻的革命.概率论与数理统计是研究随机现象及其统计规律性的一门数学学科.

概率论与数理统计有着广泛的应用.例如,金融、信贷、医疗、保险等行业策略的制定,流水线上产品质量检验与质量控制,食品保质期,弹药储存分析,电器与电子产品的寿命分析等.概率问题与我们的生活如此密切相关,正如法国数学家拉普拉斯所说:"生活中最重要的问题,其中绝大多数在实质上只是概率问题."

1.1 随机试验与随机事件

1.1.1 随机试验

为了研究随机现象及其统计规律,必须对随机现象进行观察或试验.以下把对随机现象所进行的观察或试验称为随机试验.如下所示的 4 个例子:

(a) 掷一枚骰子,观察出现的点数;
(b) 掷一枚硬币,观察出现正面、反面的情况;
(c) 一射手进行射击,直到击中目标为止,记录射击次数;
(d) 在一批灯泡中任取一只,测试它的寿命.

上面列举的 4 个例子,具有以下共同的特点:

(1) 试验在相同的条件下可以重复进行;
(2) 试验的可能结果不止一个,并且所有可能的结果是可以预先知道的;
(3) 在试验之前不能确定具体哪一个结果会出现.

我们把具有以上 3 个特点的试验称为**随机试验**,简称试验,记为 E.

1.1.2 样本空间

随机试验 E 中,试验的所有可能结果组成的集合称为随机试验 E 的**样本空间**,一般用字母 S 表示. S 中的元素,称为样本点,常用 e 表示.

在例(a)中,试验的所有可能结果有 6 个:1 点,2 点,$\cdots$,6 点. 因此样本空间为
$$S_1=\{1,2,3,4,5,6\};$$

在例(b)中,试验的所有可能结果有两个:正面、反面. 因此样本空间为
$$S_2=\{正面,反面\};$$

在例(c)中,试验的所有可能结果为全体正整数,从而样本空间为
$$S_3=\{1,2,3,\cdots\};$$

在例(d)中,试验的所有可能的结果为非负实数,因此样本空间为
$$S_4=\{t\,|\,t\geqslant 0\}.$$

在上述的例子中,例(a)、例(b)试验的样本空间都只有有限个样本点,称之为有限样本空间. 例(c)中样本空间有可列无穷多个样本点,而例(d)中样本点也是无穷多个,但它们充满区间 $[0,+\infty)$,这时我们称样本点数为不可列无穷多个.

1.1.3 随机事件

在随机试验中,人们关心的是那些可能发生也可能不发生的事情,称为**随机事件**. 它实际上是样本空间的子集. 随机事件常用大写的英文字母 A,B,C 等来表示. 例如,在例(a)中,"点数为偶数";例(b)中,"出现正面";例(c)中,"次数不多于 10 次";例(d)中,"灯泡的寿命为 1 500 小时","灯泡的寿命在 2 000 到 3 000 小时之间"等等,都是随机事件. 对一次试验来说,它们可能发生,也可能不发生,因而都是随机事件. 这些事件可以分别记为

$A=\{2,4,6\};$
$B=\{正面\};$
$C=\{1,2,3,4,5,6,7,8,9,10\};$

$D_1 = \{t | t = 1\ 500\}$；

$D_2 = \{t | 2\ 000 \leqslant t \leqslant 3\ 000\}$.

在一次试验中,若属于事件 A 的某一个样本点出现,称事件 A 在这次试验中发生了. 对于一个随机试验来说,它的每一个可能的结果,也就是样本空间中的每一个样本点,显然都是随机事件,它们是随机试验中最简单的随机事件,称为基本事件,如 B, D_1. 它们显然都是单点集. 除了基本事件外,还有复合事件,它是由试验的若干可能结果组成的. 例如,A, C, D_2 都是复合事件.

在随机试验中,每次试验必定发生的事件称为必然事件；每次试验都必定不发生的事件称为不可能事件. 一般地,必然事件用 S 表示,不可能事件用 $\varnothing$ 表示. 显然,S 就是样本空间,它是自身的子集,在一次试验中,必有至少一个样本点出现,从而 S 必然发生. 而 $\varnothing$ 是空集,它不含任何样本点,在试验中自然不可能发生.

必然事件和不可能事件本质上不是随机事件. 为了今后研究问题方便,把必然事件和不可能事件作为两个极端形式的随机事件.

1.1.4 事件的关系与运算

随机事件是样本空间的子集,因此事件间的关系和运算与集合的关系和运算是一致的. 下面给出事件间的关系和运算在概率论中的提法.

设试验 E 的样本空间为 S,而 $A, B, A_k (k=1, 2, \cdots)$ 是 S 的子集.

(1) 若 $A \subset B$,则称事件 B 包含事件 A,这表示事件 A 的发生必然导致事件 B 的发生. 也可记为 $B \supset A$,它们的几何表示如图 1.1 所示.

若事件 B 包含事件 A,并且事件 A 包含事件 B,则称事件 A 与事件 B 相等,记为 $A = B$.

(2) 表示事件 A 与事件 B 中至少有一个发生的事件,称为事件 A 与事件 B 的和事件,亦称为事件 A 与事件 B 的并,记为 $A \cup B$,它们的几何表示如图 1.2 所示. 当且仅当 A 和 B 至少有一个发生时,事件 $A \cup B$ 发生.

事件的并,可以推广到有限多个事件甚至无穷但可列个事件的情形.

$$\bigcup_{k=1}^{n} A_k = A_1 \cup A_2 \cup \cdots \cup A_n$$

表示事件 $A_1, A_2, \cdots, A_n$ 至少有一个发生.

$$\bigcup_{k=1}^{\infty} A_k = A_1 \cup A_2 \cup \cdots$$

表示事件 $A_1, A_2, \cdots, A_n, \cdots$ 至少有一个发生.

(3) 表示事件 A 与事件 B 同时发生的随机事件,称为事件 A 与事件 B 的积事件,亦称为事件 A 与事件 B 的交,记作 $A \cap B$ 或 AB,它们的几何表示如图 1.3 所示.

与事件的和类似,事件的积也可以推广到有限个甚至无穷可列个事件的情形.

$$\bigcap_{k=1}^{n} A_k = A_1 \cap A_2 \cap \cdots \cap A_n$$

表示事件 $A_1, A_2, \cdots, A_n$ 同时发生.

$$\bigcap_{k=1}^{\infty} A_k = A_1 \cap A_2 \cap \cdots$$

表示事件 $A_1, A_2, \cdots, A_n, \cdots$ 同时发生.

(4) 表示事件 A 发生而事件 B 不发生的事件, 称为事件 A 与事件 B 的差事件, 记为 $A-B$, 它们的几何表示如图 1.4 所示.

(5) 当 $A \cap B = \varnothing$, 我们称事件 A 与事件 B 是互不相容的, 或互斥的. 它表示事件 A 与事件 B 不可能同时发生, 它们的几何表示如图 1.5 所示. 显然基本事件是两两互斥的.

(6) 当 $A \cup B = S$, 且 $A \cap B = \varnothing$ 时, 则称事件 A 与事件 B 互为对立事件, 或称事件 A 与事件 B 互为逆事件. 它表示在一次试验中事件 A 与事件 B 有且仅有一个发生. A 的对立事件记为 $\overline{A}$, 它们的几何表示如图 1.6 所示. 显然 $\overline{A} = S - A$.

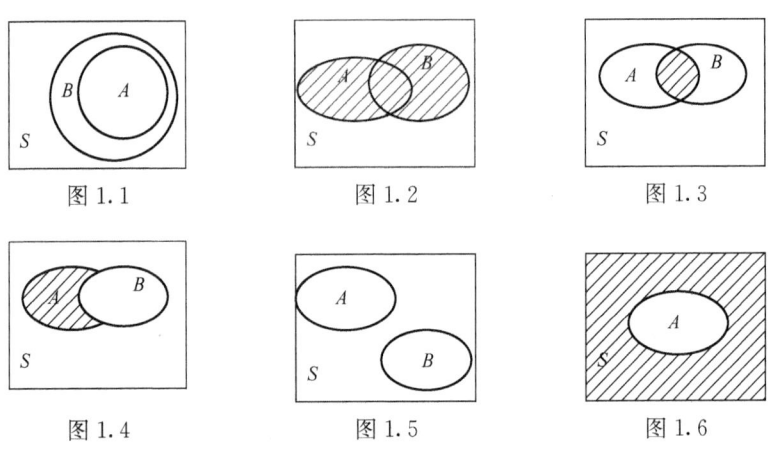

图 1.1　　　　图 1.2　　　　图 1.3

图 1.4　　　　图 1.5　　　　图 1.6

与集合的运算规律相对应, 在进行事件的运算时, 经常用到下面的运算规律.

(1) 关于事件的和的运算规律.

$A \cup B = B \cup A;$　　　　　　　　　　（交换律）

$A \cup (B \cup C) = (A \cup B) \cup C;$　　　　（结合律）

$A \cup A = A;$　　　　　　　　　　　　（幂等律）

$A \cup S = S.$

(2) 关于事件的积的运算规律.

$A \cap B = B \cap A;$　　　　　　　　　　（交换律）

$A \cap (B \cap C) = (A \cap B) \cap C;$　　　　（结合律）

$A \cap A = A;$　　　　　　　　　　　　（幂等律）

$A \cap S = A.$　　　　　　　　　　　　（吸收律）

(3) 关于事件的积与事件的和的混合运算规律.

$A \cup (B \cap C) = (A \cup B) \cap (A \cup C)$；　　（分配律）

$A \cap (B \cup C) = (A \cap B) \cup (A \cap C)$；　　（分配律）

$\overline{A \cup B} = \overline{A} \cap \overline{B}, \overline{A \cap B} = \overline{A} \cup \overline{B}$.　　（对偶律）

对偶律对于任意有限个事件或者是可列无穷个事件和、积都是成立的.

可见,概率论中的事件与集合论中的集合,以及它们的关系和运算是一致的. 为了便于对照,列出关系如表1.1所示.

表 1.1

记号	概率论	集合论
S	必然事件,样本空间	全集
$\varnothing$	不可能事件	空集
e	样本点	元素
A	事件	集合
$e \in A$	事件 A 发生	e 是集合 A 的元素
$A \subset B$	事件 A 发生则事件 B 一定发生	A 是 B 的子集
$A = B$	事件 A, B 相等	集合 A, B 相等
$A \cup B$	事件 A, B 至少有一个发生	集合 A, B 的并集
$A \cap B$	事件 A, B 同时发生	集合 A, B 的交集
$A - B$	事件 A 发生而事件 B 不发生	集合 A, B 的差集
$\overline{A}$	A 的对立事件	集合 A 的补集
$A \cap B = \varnothing$	事件 A, B 不相容	集合 A, B 不相交

1.2　随机事件的频率与概率

上节介绍了随机试验、样本空间和随机事件等基本概念.对于一个随机事件来说,它在某一次试验中可能发生,也可能不发生.人们常常希望知道某些事件在一次试验中发生的机会有多大.例如:为了确定保险费,保险公司希望知道某些意外事故发生的可能性,同时人们也希望找到一个合适的数来描述事件在一次试验中发生的可能性大小.本节将要给出的概率这一概念正是对随机事件发生的可能性大小的一种度量.为此,先来介绍一下频率的概念.

1.2.1　频率

定义 1.1　在相同的条件下,进行了 n 次随机试验,在这 n 次试验中,事件 A 发生了 m 次,称比值

$$f_n(A) = \frac{m}{n}$$

为事件 A 在这 n 次随机试验中发生的**频率**.

经验告诉我们:在一般情况下,如果一个事件在试验中发生的频率越大,则事件发生的可能性就越大,也就是说频率在一定程度上反映了随机事件发生的可能性的大小. 但是,对于同一个试验,不同的试验者可能会得到不同的结果,即使是同一个试验者,其在不同时间得到的结果也很可能是不同的. 而一个事件发生的可能性大小应该是确定的. 由于频率具有波动性,因此,频率虽然在一定程度上反映了事件发生可能性的大小,却不能用它作为事件发生可能性大小的客观度量. 另一方面,虽然频率不能作为表示概率的度量,但是频率的一些性质对引入概率的概念还是很有帮助的. 因此下面先来讨论一下频率的性质.

由频率的定义可得到它有以下性质.

(1) $0 \leqslant f_n(A) \leqslant 1$;
(2) $f_n(S)=1$;
(3) 若 $A_1, A_2, \cdots, A_k$ 是两两互不相容的事件,则
$$f_n(A_1 \cup A_2 \cup \cdots \cup A_k)=f_n(A_1)+f_n(A_2)+\cdots+f_n(A_k).$$

为了更好地理解频率的性质,先来看下面的例子.

例 1.1 考虑"抛硬币"这个试验,把一枚硬币抛掷 50 次、500 次,各做 5 遍,得到如表 1.2 的结果(其中 n_H 表示正面 H 发生的频数,$f_n(H)$ 表示正面 H 发生的频率).

表 1.2

试验序号	$n=50$		$n=500$	
	n_H	$f_n(H)$	n_H	$f_n(H)$
1	22	0.44	251	0.502
2	25	0.50	249	0.498
3	21	0.42	256	0.512
4	24	0.48	253	0.506
5	18	0.36	251	0.502

表 1.3 是历史上抛硬币试验的结果.

表 1.3

试验者	n	n_H	$f_n(H)$
蒲丰	4 040	2 048	0.506 9
费勒	10 000	4 979	0.497 9
卡尔·皮尔逊	12 000	6 019	0.501 6
卡尔·皮尔逊	24 000	12 012	0.500 5

从上述数据可以看出:

频率具有随机波动性,即对同样的 n 所得的 $f_n(H)$ 不尽相同,这也就验证了前面的结论. 当抛硬币次数 n 较小时,频率 $f_n(H)$ 随机波动的幅度较大,但随着 n 的增大,频率 $f_n(H)$ 呈现出稳定性,即当 n 逐渐增大时, $f_n(H)$ 总是在 0.5 附近摆动,而逐渐稳定于 0.5.

一般地,当 n 逐渐增大时,频率 $f_n(A)$ 逐渐稳定于某个常数 p,对每一个事件 A 都有这样一个客观存在的常数与之对应. 这种"频率稳定性"即通常所说的统计规律性,它揭示了隐藏在随机现象中的规律性. 这个常数 p 即为下面介绍的随机事件 A 的概率. 记为 $P(A)=p$,数 p 是客观存在的,在实际应用中, n 很大时有时也可以用频率 $f_n(A)$ 来近似代替概率 p.

事实上,在气象工作中,探索某地区某种天气现象出现的规律时,常是利用这个地区多年来重复试验观测所记录下来的气象资料,针对某种天气现象统计它出现的频数,计算它出现的频率,找出频率的稳定值,从而认定某种天气现象出现可能性的大小,即取得它出现的近似概率值. 在其他许多实际工作中探求各种自然的、社会的随机现象的统计规律性时也经常采用这种统计分析的方法.

下面给出概率的统计定义.

定义 1.2 设随机试验 E,若试验的重复次数 n 充分大时,事件 A 发生的频率 $f_n(A)$ 总在区间 $[0,1]$ 上的一个确定的常数 p 附近做微小摆动,并逐渐稳定于 p,则称常数 p 为事件 A 发生的**概率**,记为 $P(A)$,即

$$P(A)=p \approx f_n(A).$$

由概率的统计定义,可以容易地得到概率的一些简单性质.

(1) 非负性

$$0 \leqslant P(A) \leqslant 1;$$

(2) 规范性

$$P(S)=1;$$

(3) 有限可加性　设 $A_1,A_2,\cdots,A_n$ 是两两互不相容的事件,即对于 $i \neq j$, $A_iA_j=\varnothing(i,j=1,2,\cdots,n)$,则有

$$P(A_1 \bigcup A_2 \bigcup \cdots \bigcup A_n) = P(A_1)+P(A_2)+\cdots+P(A_n),$$

即

$$P(\bigcup_{k=1}^{n} A_k) = \sum_{k=1}^{n} P(A_k).$$

1.2.2　概率的古典定义

在概率论发展史上,最早提出的概率问题是有关随机游戏的赌博问题. 譬如,掷一个骰子 4 次至少得到一个"6 点"的可能性有多大? 掷两个骰子 24 次至少得到一次"双 6 点"的机会是多少……诸如此类的问题. 这些问题都首先假定了骰子

作为正多面体,形体是对称的,质量是均匀的. 在任意抛掷中,落在平面上静止时,它的每一面(即每一个点子)向上的机会是均等的,而它只有 6 个面,按传统习惯规定,在各个面分别刻上点数:1,2,3,4,5,6. 每掷一次必定出现且仅能出现其中的一个点数. 用概率论的话来说,就是"抛一个均匀的骰子". 这个随机试验的样本空间中只有 6 个可能的试验结果,而且每个试验结果(即基本事件)出现的概率都是 $\frac{1}{6}$.

事实上,其他许多可用于赌博的随机游戏,诸如抛硬币、玩扑克、打麻将等,都是在基本事件的个数为有限且每个基本事件出现的可能性均等的条件下进行的. 在这样的前提条件下,研究产品的抽样检验和各种随机分配、机遇问题等,也有它的实际含义和应用价值,下面讨论几种常见类型的概率问题.

首先来看一类非常简单的模型,它曾经是概率论发展早期的主要研究对象,称为古典型随机试验,简称古典概型. 它具有以下特点:

(1) 有限性 试验的样本空间 S 是有限集,即
$$S=\{e_1,e_2,\cdots,e_n\};$$

(2) 等可能性 试验中每个样本点(基本事件)发生的可能性相同,即
$$P(e_1)=P(e_2)=\cdots=P(e_n)=\frac{1}{n}.$$

下面给出古典概型中事件 A 的概率的定义.

设古典概型试验 E 的样本空间为 $S=\{e_1,e_2,\cdots,e_n\}$,事件 $A=\{e_{i_1},e_{i_2},\cdots,e_{i_m}\}$,则事件 A 发生的概率 $P(A)$ 为

$$P(A)=\sum_{j=1}^{m} P(e_{i_j})=\frac{m}{n}=\frac{\text{事件 }A\text{ 包含的样本点的个数}}{S\text{ 包含的样本点的总个数}}.$$

由此可见,对古典概型而言,要求事件 A 的概率,只要弄清样本空间所包含的样本点总数 n 及事件 A 所包含的样本点的个数 m 即可.

显然,这里定义的概率也具有与统计定义相一致的性质.

(1) 非负性
$$0 \leqslant P(A) \leqslant 1;$$

(2) 规范性
$$P(S)=1;$$

(3) 有限可加性 设 $A_1,A_2,\cdots,A_n$ 是两两互不相容的事件,即对于 $i \neq j$,$A_i A_j = \varnothing (i,j=1,2,\cdots,n)$,则有 $P(A_1 \cup A_2 \cup \cdots \cup A_n)=P(A_1)+P(A_2)+\cdots+P(A_n)$,即 $P(\bigcup_{k=1}^{n} A_k)=\sum_{k=1}^{n} P(A_k)$.

例 1.2 同时抛 3 枚硬币考察其各面出现的情况,设事件 A 表示"至少出现一

个正面",事件 B 表示"至多出现一个正面",求 $P(A),P(B)$.

解 若用 H 表示正面,用 T 表示反面,则样本空间写为样本点集合的形式为
$$S=\{HHH,HHT,HTH,THH,TTH,THT,HTT,TTT\},$$
可见,S 包含的基本事件的总数 $n=8$,
$$A=\{HHH,HHT,HTH,THH,TTH,THT,THH\},$$
故事件 A 包含的基本事件的个数 $m_A=7$,
$$B=\{TTH,THT,HTT,TTT\},$$
故事件 B 包含的基本事件的个数 $m_B=4$,所以
$$P(A)=\frac{7}{8},\quad P(B)=\frac{4}{8}=\frac{1}{2}.$$

如果样本空间中样本点个数较多,再像上面的例子中通过穷举法列出样本空间及事件中所有样本点然后求事件的概率的想法就不太现实了. 这时可以通过适当的形式先把样本空间确定下来,然后借助于排列组合等方法计算相应事件的概率.

例 1.3 袋子中有 M 个白球,N 个黑球,现从袋中一次任取 $K(K\leqslant M+N)$ 个球,求取出的 K 个球中恰有 $m(m\leqslant N,m\leqslant K)$ 个黑球的概率.

解 设 $A=\{$所取的 K 个球中恰有 m 个黑球$\}$. 从有 $M+N$ 个球的袋中一次任取 K 个球共有 C_{M+N}^{K} 种取法,显然这些取法出现的可能性是相同的,C_{M+N}^{K} 的值即为该随机试验的样本空间包含样本点的个数. 取出的 K 个球恰有 m 个黑球,相当于从 N 个黑球中任取 m 个,同时从 M 个白球中任取 $K-m$ 个,这样的取法为 $C_{N}^{m}\cdot C_{M}^{K-m}$,它就是事件 A 所包含的样本点数,因此所求概率为
$$P(A)=\frac{C_{N}^{m}\cdot C_{M}^{K-m}}{C_{M+N}^{K}}.$$

例 1.4 袋中有 a 只黑球 b 只白球,它们除颜色外其他方面没有差别,现在把球随机地一只只摸出来,作不放回抽取,求第 k 次摸出的球是黑球的概率.

解 记 $A_k=\{$第 k 次摸出的球是黑球$\}$

解法 1 把 a 只黑球和 b 只白球都看成是不同的(设想把它们进行编号),若把摸出的球排成一列,则所有可能的排法相当于 $a+b$ 个元素进行全排列,其总数为 $(a+b)!$,即样本点的总数. 因第 k 次摸到黑球有 a 种取法,而另外 $(a+b-1)$ 次取球相当于 $a+b-1$ 个元素进行全排列,有 $(a+b-1)!$ 种方式,因此 A_k 包含的样本点数为 $a\times(a+b-1)!$,从而所求的概率为
$$P(A_k)=\frac{a\times(a+b-1)!}{(a+b)!}=\frac{a}{a+b},\quad 1\leqslant k\leqslant a+b.$$

这个结果与 k 无关,体育比赛中的抽签问题即是本模型. 对参赛各队来说抽签机会均等,而与抽签的先后次序无关,这显然和我们的常识是一致的.

解法 2 把 a 只黑球看成是没有区别的,把 b 只白球也看成是没有区别的.仍然把取出的球排成一列.因为若把 a 只黑球的位置固定下来,其他位置自然放白球了,而黑球的位置有 C_{a+b}^a 种放法,以这种放法作为样本点,则样本点总数为 C_{a+b}^a.由于第 k 次摸到黑球,相应的这个位置只能放黑球,剩下的黑球在 $a+b-1$ 个位置上任意选取 $a-1$ 个位置,共有 C_{a+b-1}^{a-1} 种放法,所以 A_k 中包含的样本点数为 C_{a+b-1}^{a-1}.因此所求概率为

$$P(A_k) = \frac{C_{a+b-1}^{a-1}}{C_{a+b}^a} = \frac{a}{a+b}.$$

下面介绍概率统计中常用的一个重要原理,称之为**实际推断原理**,即概率很小的事件在一次试验中实际上几乎是不发生的(这个原理在以后的假设检验中也会用到).其应用如下.

例 1.5 某接待站在某一周曾接待过 12 次来访,已知所有这 12 次接待都是在周二和周四进行的.问是否可以推断接待时间是有规定的?

解 假设接待站的接待时间没有规定,而各来访者在一周的任一天去接待站是等可能的,那么 12 次接待来访者都是在周二、周四的概率为 $p = \dfrac{2^{12}}{7^{12}} = 0.0000003$,即千万分之三.此概率很小的事件在一次试验中竟然发生了,因此,有理由怀疑假设的正确性,从而推断接待站不是每天都接待来访者,即认为其接待时间是有规定的,进而推断该接待站周二和周四才接待来访者.

1.2.3 概率的几何定义

古典概型要求试验的样本空间只含有有限个样本点.实际问题中,当试验的样本空间有无限多个样本点时,就不能按古典概型来计算概率,而在有些场合可借用几何方法来定义概率.

若一个试验满足:

(1) 试验的样本空间 S 是直线上某个区间,或者是平面、空间上的某个区域,从而 S 含有无限多个样本点;

(2) 每个样本点发生具有等可能性,则称该试验为几何概型试验.该试验的每个样本点可看成等可能地落入区域 S 上的随机点.因此样本点有无限多个.

在几何概型随机试验中事件的概率定义如下:

设试验的每个样本点是等可能落入区域 S 上的随机点 M,且 $D \subseteq S$,则 M 点落入子域 D(事件 A)上的概率为

$$P(A) = \frac{m(D)}{m(S)}.$$

$m(D)$ 及 $m(S)$ 在 D 和 S 是区间时,表示相应的长度,在 D 和 S 是平面或空间

区域时,表示相应的面积或体积. 在保留"等可能性"的条件下,几何概率的意义是:随机点 M 落在 S 内任意可度量的区域 $D(D\subseteq S)$ 上的概率只与 D 的测度(长度、面积或体积)成正比,而与 D 的形状和它在 S 中的位置无关.

类似地,可以给出几何概率的性质.

(1) 非负性
$$0 \leqslant P(A) \leqslant 1;$$

(2) 规范性
$$P(S) = 1;$$

(3) 可列可加性 设 $A_1, A_2, \cdots$ 是两两互不相容的事件,即对于 $i \neq j, A_i A_j = \varnothing (i, j = 1, 2, \cdots)$,则有
$$P(A_1 \cup A_2 \cup \cdots) = P(A_1) + P(A_2) + \cdots,$$
即
$$P\left(\bigcup_{k=1}^{\infty} A_k\right) = \sum_{k=1}^{\infty} P(A_k).$$

例 1.6(会面问题) 甲、乙二人约定在中午 12 点到下午 5 点之间在某地会面,规则是先到者等一个小时后即离去. 设二人在这段时间内的各时刻到达是等可能的,且二人互不影响. 求二人能会面的概率.

解 记 $A = \{$二人能会面$\}$. 以 x, y 分别表示甲乙二人到达的时刻,于是 $0 \leqslant x \leqslant 5, 0 \leqslant y \leqslant 5$,如图 1.7 所示,点 $M(x, y)$ 等可能地落在图 1.7 中的正方形内,有无穷多个结果. 由于每人在任一时刻到达都是等可能的,所以落在正方形内各点是等可能的. 二人会面的条件是 $|x - y| \leqslant 1$,所以所求的概率为

$$P(A) = \frac{\text{阴影部分的面积}}{\text{正方形的面积}} = \frac{25 - 2 \times \frac{1}{2} \times 4^2}{25} = \frac{9}{25}.$$

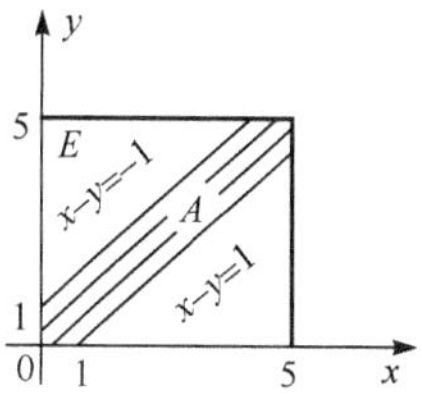

图 1.7

1.2.4 概率的公理化定义

前面分别介绍了概率的频率定义、古典定义以及几何概率的定义,它们在解决各自相适应的实际问题中,都起到很重要的作用,但它们都有一定的局限性.

古典概率要求试验的样本空间是有限集且每个样本点在每次试验中等可能地出现.

几何概率虽然将样本空间扩展到无限集,但仍要求样本点等可能地出现.

频率定义虽然没有上述的局限性,但它的定义是建立在大量试验的基础上,有时是难以实现的,并且频率有波动性.

为了克服这些局限性,1933 年,苏联数学家柯尔莫哥洛夫在综合前人成果的基础上,抓住概率共有的特性,提出了概率的公理化定义,为现代概率论的发展奠

定了坚实的理念基础.

定义 1.3 设 S 是随机试验 E 的样本空间,对任意一个事件 $A \subseteq S$,规定一个实数 $P(A)$,若 $P(A)$ 满足:

(1) 非负性
$$0 \leqslant P(A) \leqslant 1;$$

(2) 规范性
$$P(S)=1;$$

(3) 可列可加性 设 $A_1, A_2, \cdots$ 是两两互不相容的事件,即对于 $i \neq j, A_i A_j = \varnothing (i, j = 1, 2, \cdots)$,则有
$$P(A_1 \cup A_2 \cup \cdots) = P(A_1) + P(A_2) + \cdots,\text{即} P(\bigcup_{k=1}^{\infty} A_k) = \sum_{k=1}^{\infty} P(A_k);$$

则称 $P(A)$ 为事件 A 的**概率**.

由概率的公理化定义可以非常容易地得到概率的一些简单性质.

性质 1 不可能事件 $\varnothing$ 的概率为 0,即
$$P(\varnothing) = 0.$$

证明 令 $A_n = \varnothing (n=1,2\cdots)$,则 $\bigcup_{n=1}^{\infty} A_n = \varnothing$,且 $A_i A_j = \varnothing (i \neq j)$. 由概率的可列可加性,得
$$P(\varnothing) = P(\bigcup_{n=1}^{\infty} A_n) = \sum_{n=1}^{\infty} P(A_n) = \sum_{n=1}^{\infty} P(\varnothing).$$

而 $P(\varnothing) \geqslant 0$,故 $P(\varnothing) = 0$.

性质 2 概率具有有限可加性,即对于 $i \neq j, A_i A_j = \varnothing (i, j = 1, 2, \cdots, n)$,则有
$$P(A_1 \cup A_2 \cup \cdots \cup A_n) = P(A_1) + P(A_2) + \cdots + P(A_n),$$
即
$$P(\bigcup_{k=1}^{n} A_k) = \sum_{k=1}^{n} P(A_k).$$

证明 令 $A_{n+1} = A_{n+2} = \cdots = \varnothing$,则 $A_i A_j = \varnothing (i \neq j, i, j = 1, 2, \cdots)$. 从而有
$$P(A_1 \cup A_2 \cup \cdots \cup A_n) = P(\bigcup_{k=1}^{\infty} A_k) = \sum_{k=1}^{\infty} P(A_k) = \sum_{k=1}^{n} P(A_k) + 0$$
$$= P(A_1) + P(A_2) + \cdots + P(A_n).$$

性质 3 设 A, B 是两个事件,若 $A \subset B$,则有
$$P(B-A) = P(B) - P(A);$$
$$P(B) \geqslant P(A).$$

证明 由 $A \subset B$ 得 $B = A \cup (B-A)$,且 $A(B-A) = \varnothing$,由概率的有限可加性,得
$$P(B-A) = P(B) - P(A).$$

又由概率的定义知 $P(B-A)\geqslant 0$，因而有
$$P(B)\geqslant P(A).$$

性质 4 对于任一事件 A，有
$$P(A)\leqslant 1.$$

性质 5 对于任一事件 A，有
$$P(\overline{A})=1-P(A).$$

性质 6 对于任意两个事件 A,B 有
$$P(A\cup B)=P(A)+P(B)-P(AB).$$

证明 因为 $A\cup B=A\cup(B-AB)$，且 $A(B-AB)=\varnothing$，$AB\subset B$，故
$$P(A\cup B)=P(A)+P(B-AB)=P(A)+P(B)-P(AB).$$

性质 6 可以推广到多个事件的情况，例如，设 A_1,A_2,A_3 为任意 3 个事件，则有
$$P(A_1\cup A_2\cup A_3)=P(A_1)+P(A_2)+P(A_3)-P(A_1A_2)$$
$$-P(A_1A_3)-P(A_2A_3)+P(A_1A_2A_3).$$

一般地，设 $A_1,A_2,\cdots,A_n$ 为任意 n 个事件，则有
$$P(\bigcup_{k=1}^{n}A_k)=\sum_{i=1}^{n}P(A_i)-\sum_{1\leqslant i<j\leqslant n}P(A_iA_j)+\sum_{1\leqslant i<j<k\leqslant n}P(A_iA_jA_k)$$
$$+\cdots+(-1)^{n-1}P(A_1A_2\cdots A_n).$$

例 1.7 将 n 只球随机地放入 $N(N\geqslant n)$ 个盒子中，试求每盒中至多有一个球的概率（假设每个盒子的容量是无限的）.

解 设事件 $A=\{$每盒中至多有一个球$\}$. 由于盒子的容量是无限的，所以每个球可以放入 N 个盒子中的任一个，有 N 种放法，n 个球共有 N^n 种放法，这就是样本点的总数. 每盒中至多有一个球，这种放法可以这样考虑：先从 N 个盒子中任选 n 个盒子，有 C_N^n 种选法；对每种这样的选法，即选定 n 个盒子，又各放一个球，有 $n!$ 种放法，因此事件 A 中包含的样本点数为 $C_N^n\cdot n!$，故事件 A 的概率为
$$P(A)=\frac{C_N^n\cdot n!}{N^n}.$$

这个例子是古典概型中一个非常典型的问题，有许多实际问题和本例具有相同的数学模型. 例如，若把球解释为粒子，把盒子解释为空间的小区域，则这个问题便是物理学中的麦克斯韦-玻尔兹曼统计；而若把 n 个人看作 n 个球，把一年 365 天取为 N，则问题变为概率论历史上颇有名气的生日问题：随机地选取 n 个人，他们的生日各不相同的概率为
$$p=\frac{365\times 364\times\cdots\times(365-n+1)}{365^n}.$$

因而，n 个人中至少有两人生日相同的概率为
$$p_1=1-p=1-\frac{365\times 364\times\cdots\times(365-n+1)}{365^n}.$$

经计算可得如表 1.4 所示结果.

表 1.4

n	20	23	30	40	50	64	100
p	0.411	0.507	0.706	0.891	0.970	0.997	0.999 999

上面的结果可能出乎大家的意料,很多人认为 50 个人并不算多,"至少有两个人生日相同"这件事发生的概率应该比较小.而事实却不是如此,结果是出乎意外的大——0.97. 可见"直觉"有时并不可靠.

1.3 条件概率

1.3.1 条件概率的定义

前面研究了概率的定义以及一些简单的概率模型.在讨论 1.2 节的问题时,除了了解试验的样本空间外,对试验的结果并无其他认识.但是在实际问题中,人们常常是已经知道试验的一些结果,在这样的条件下来求一些事件的概率.在概率论中,这种已知事件 B 发生,来求事件 A 发生的概率称为在事件 B 发生条件下事件 A 发生的条件概率,记为 $P(A|B)$. 由于增加了"事件 B 已发生"的条件,也就是说对试验的结果有了更多的了解,所以 $P(A|B)=P(A)$ 通常并不成立.

下面以一个简单的例子来给出条件概率的定义.

例 1.8 袋中有 7 只白球,3 只红球,白球中有 4 只木球,3 只塑料球,红球中有 2 只木球,1 只塑料球.现从袋中任取 1 球,假设每个球被取到的可能性相同.若已知取到的球是白球.问它是木球的概率是多少?

解 设 A 表示"任取一球,取到的为木球";B 表示"任取一球,取到的为白球". 则所求的概率就是在 B 发生的条件下事件 A 发生的概率,记为 $P(A|B)$.

这是一个古典概型,可以很容易求出结果如下:

$$P(A|B)=\frac{4}{7}=\frac{4/10}{7/10}=\frac{P(AB)}{P(B)}.$$

定义 1.4 设 A,B 为两个事件,且 $P(B)>0$,则称 $\frac{P(AB)}{P(B)}$ 为事件 B 发生的条件下事件 A 发生的**条件概率**,记为

$$P(A|B)=\frac{P(AB)}{P(B)}.$$

根据条件概率的定义,不难验证它符合概率定义中的 3 个条件,即

(1) $P(A|B)\geqslant 0$;

(2) $P(S|B)=1$;

1.3 条件概率

(3) 若事件 $A_1, A_2, \cdots$ 是两两互不相容的,则

$$P(\bigcup_{i=1}^{\infty} A_i \mid B) = \sum_{i=1}^{\infty} P(A_i \mid B).$$

条件概率 $P(A|B)$,对于事件 A 而言,它满足概率的一般性质.

条件概率可以利用定义,通过求 $P(AB)$ 和 $P(B)$ 来计算.对于古典模型,还可以利用"缩减样本空间"的方法来计算.例如,若求 $P(A|B)$,可以先将事件 B 所包含的样本点作为样本空间 S_B,然后在这个"小"的样本空间中求事件 A 发生的概率.

例 1.9 甲、乙两车间各生产 50 件产品,其中分别含有次品 3 件与 5 件.现从这 100 件产品中任取 1 件,在已知取到甲车间产品的条件下,求取得次品的概率 $P(A|B)$.

解 设事件 A 为"任取一件是次品",事件 B 为"取得产品是甲车间的",则由 B 已发生即已知抽得的是甲车间产品,可得缩减的样本空间 S_B 中有 50(100 件产品去掉乙车间的产品之后的产品数)个元素,用"缩减样本空间"的方法,得

$$P(A|B) = \frac{3}{50} = 0.06.$$

如果用条件概率定义来求,则为

$$P(A|B) = \frac{P(AB)}{P(B)} = \frac{\frac{3}{100}}{\frac{50}{100}} = \frac{3}{50} = 0.06.$$

1.3.2 乘法公式

下面讨论积事件的概率的计算.设事件 A 和 B,若 $P(A) > 0$,或 $P(B) > 0$,则由条件概率定义,得

$$P(AB) = P(A)P(B|A),$$

或

$$P(AB) = P(B)P(A|B).$$

上面的公式通常称为概率的乘法公式,它在概率计算中有重要作用.它可以把一个复杂事件的概率分解成若干简单事件的概率之积.一般地,对于任意 n 个事件 $A_1, A_2, \cdots, A_n$,若 $P(A_1 A_2 \cdots A_{n-1}) > 0$,则有

$$P(A_1 A_2 \cdots A_n) = P(A_1) P(A_2 | A_1) P(A_3 | A_1 A_2) \cdots P(A_n | A_1 A_2 \cdots A_{n-1}). \quad (1.1)$$

实际上,由于

$$A_1 \supset A_1 A_2 \supset A_1 A_2 A_3 \supset \cdots \supset A_1 A_2 \cdots A_{n-1},$$

从而有

$$P(A_1) \geqslant P(A_1 A_2) \geqslant P(A_1 A_2 A_3) \geqslant \cdots \geqslant P(A_1 A_2 \cdots A_{n-1}) > 0,$$

因此式(1.1)右端的每个条件概率都是有意义的,由条件概率的定义,得

$$P(A_1)P(A_2|A_1)P(A_3|A_1A_2)\cdots P(A_n|A_1A_2\cdots A_{n-1})$$
$$=P(A_1)\cdot\frac{P(A_1A_2)}{P(A_1)}\cdot\frac{P(A_1A_2A_3)}{P(A_1A_2)}\cdot\cdots\cdot\frac{P(A_1A_2\cdots A_n)}{P(A_1A_2\cdots A_{n-1})}$$
$$=P(A_1A_2\cdots A_n).$$

例 1.10 袋中有 6 只黑球,4 只白球,甲、乙、丙 3 个人分别先后从袋中任意摸出一球,不放回. 试求甲摸到白球;甲和乙都摸到白球;甲摸到黑球而乙摸到白球;甲、乙、丙都摸到白球的概率.

解 设 A,B,C 分别表示甲、乙、丙各摸到白球的事件,则有
$$P(A)=\frac{4}{10}=\frac{2}{5},$$
$$P(AB)=P(A)P(B|A)=\frac{4}{10}\times\frac{3}{9}=\frac{2}{15},$$
$$P(\overline{A}B)=P(\overline{A})P(B|\overline{A})=\left(1-\frac{2}{5}\right)\times\frac{4}{9}=\frac{4}{15},$$
$$P(ABC)=P(A)P(B|A)P(C|AB)=\frac{4}{10}\times\frac{3}{9}\times\frac{2}{8}=\frac{1}{30}.$$

1.3.3 全概率公式

在概率求解问题中,在计算一些较复杂事件的概率时,常常把一个复杂事件分解成若干个两两互不相容的简单事件之和,然后再利用简单事件的概率和来计算复杂事件的概率.

在例 1.10 中,如果把甲、乙、丙分别摸到白球的事件作为复杂事件,则可以用分解的方法计算
$$P(A)=\frac{4}{10}=\frac{2}{5},$$
$$P(B)=P(AB)+P(\overline{A}B)$$
$$=P(A)P(B|A)+P(\overline{A})P(B|\overline{A})$$
$$=\frac{4}{10}\times\frac{3}{9}+\frac{6}{10}\times\frac{4}{9}$$
$$=\frac{2}{5}.$$
$$P(C)=P(ABC)+P(\overline{A}BC)+P(A\overline{B}C)+P(\overline{A}\overline{B}C)$$
$$=\frac{1}{30}+\frac{6}{10}\times\frac{4}{9}\times\frac{3}{8}+\frac{4}{10}\times\frac{6}{9}\times\frac{3}{8}+\frac{6}{10}\times\frac{5}{9}\times\frac{4}{8}$$
$$=\frac{2}{5}.$$

为了把此类问题推广到一般的情况,下面介绍样本空间划分的概念.

定义 1.5 设 S 为随机试验 E 的样本空间,$B_1, B_2, \cdots, B_n$ 为 S 的一组事件,若

(1) $B_i B_j = \varnothing (i \neq j, i, j = 1, 2, \cdots, n)$;

(2) $\bigcup_{i=1}^{n} B_i = S$,

则称 $B_1, B_2, \cdots, B_n$ 为样本空间 S 的一个**划分**,或者称为**完备事件组**.

显然,若 $B_1, B_2, \cdots, B_n$ 是样本空间的一个划分,则在每次试验中,事件 $B_1, B_2, \cdots, B_n$ 有且仅有一个发生.

定理 1.1 设 A 为样本空间 S 的事件,$B_1, B_2, \cdots, B_n$ 为 S 的一个划分,且 $P(B_i) > 0 (i = 1, 2, \cdots, n)$,则

$$P(A) = P(B_1)P(A|B_1) + P(B_2)P(A|B_2) + \cdots + P(B_n)P(A|B_n).$$

证明 由于 $B_1, B_2, \cdots, B_n$ 为 S 的一个划分,所以有

$$A = AS = A\left(\bigcup_{i=1}^{n} B_i\right) = \bigcup_{i=1}^{n} AB_i,$$

且 $AB_1, AB_2, \cdots, AB_n$ 两两互不相容及 $P(B_i) > 0 (i = 1, 2, \cdots, n)$,故

$$\begin{aligned} P(A) &= P\left(\bigcup_{i=1}^{n} AB_i\right) = \sum_{i=1}^{n} P(AB_i) = \sum_{i=1}^{n} P(B_i)P(A|B_i) \\ &= P(B_1)P(A|B_1) + P(B_2)P(A|B_2) + \cdots + P(B_n)P(A|B_n). \end{aligned} \quad (1.2)$$

式(1.2)称为全概率公式.

全概率公式为化解复杂事件为简单事件提供了重要工具.在很多实际问题中,若计算事件 A 发生的概率比较困难,则可以利用全概率公式,寻找样本空间的一个划分 $B_1, B_2, \cdots, B_n$,通过计算 $P(B_i)$ 和 $P(A|B_i)$,进而求出 $P(A)$.

例 1.11 在一盒子中装有 15 个乒乓球,其中有 9 个新球.在第一次比赛时任意取出 3 个球,比赛后仍放回原盒中,在第二次比赛同样任意取出 3 个球,求第二次取出的 3 个球均为新球的概率.

解 设事件 A 表示"第二次取出的 3 只球都是新球",事件 $B_i (i = 0, 1, 2, 3)$ 表示"第一次比赛时取到 i 只新球",并注意到比赛后放回的球已经是旧的,则由

$$P(B_i) = \frac{C_9^i C_6^{3-i}}{C_{15}^3}, P(A|B_i) = \frac{C_{9-i}^3}{C_{15}^3}, \quad i = 0, 1, 2, 3$$

得

$$\begin{aligned} P(A) &= \sum_{i=0}^{3} P(B_i)P(A|B_i) = \frac{C_9^0 C_6^3}{C_{15}^3} \cdot \frac{C_9^3}{C_{15}^3} + \frac{C_9^1 C_6^2}{C_{15}^3} \cdot \frac{C_8^3}{C_{15}^3} + \frac{C_9^2 C_6^1}{C_{15}^3} \cdot \frac{C_7^3}{C_{15}^3} + \frac{C_9^3 C_6^0}{C_{15}^3} \cdot \frac{C_6^3}{C_{15}^3} \\ &= \frac{528}{5915} \approx 0.089. \end{aligned}$$

例 1.12 市场上有甲、乙、丙 3 家工厂生产的同一品牌的产品,已知 3 家工厂的市场占有率分别为 $\frac{1}{4}, \frac{1}{4}, \frac{1}{2}$,且 3 家工厂的产品次品率分别为 $2\%, 1\%, 3\%$,试

求市场上该品牌产品的次品率.

解 设事件 A 表示"买到的产品是次品",事件 B_1 表示"买到的产品是甲厂生产",事件 B_2 表示"买到的产品是乙厂生产",事件 B_3 表示"买到的产品是丙厂生产". 由题意可得

$$P(B_1)=\frac{1}{4}, \quad P(B_2)=\frac{1}{4}, \quad P(B_3)=\frac{1}{2},$$

且

$$P(A|B_1)=0.02, \quad P(A|B_2)=0.01, \quad P(A|B_3)=0.03.$$

而买到一件次品的事件包含 3 种情况:买到甲厂生产的次品,买到乙厂生产的次品,买到丙厂生产的次品. 即 $A=AB_1\cup AB_2\cup AB_3$,由全概率公式得

$$\begin{aligned}P(A)&=P(AB_1)+P(AB_2)+P(AB_3)\\&=P(B_1)P(A|B_1)+P(B_2)P(A|B_2)+P(B_3)P(A|B_3)\\&=0.02\times\frac{1}{4}+0.01\times\frac{1}{4}+0.03\times\frac{1}{2}\\&=0.0225.\end{aligned}$$

1.3.4 贝叶斯公式

在例 1.12 中,假设已经确定所买到的产品是次品,求它是由甲、乙、丙工厂生产概率,也就是要计算 $P(B_i|A)(i=1,2,3)$. 根据条件概率的定义,很容易得到

$$P(B_i|A)=\frac{P(AB_i)}{P(A)}=\frac{P(B_i)P(A|B_i)}{P(A)}. \tag{1.3}$$

因为 $P(A)$ 已经求出,所以只要将相应的值代入式(1.3),就可以得到要计算的概率.

一般地,将式(1.3)中的分母再利用全概率公式写出,就可以得到一个非常著名的公式——贝叶斯(Bayes)公式.

定理 1.2 设 A 为样本空间 S 的事件,$B_1,B_2,\cdots,B_n$ 为 S 的一个划分,且 $P(A)>0,P(B_i)>0(i=1,2,\cdots,n)$,则

$$P(B_i|A)=\frac{P(B_i)P(A|B_i)}{\sum_{j=1}^{n}P(B_j)P(A|B_j)}, \quad i=1,2,\cdots,n. \tag{1.4}$$

式(1.4)称为贝叶斯公式.

证明 由条件概率定义及全概率公式,可得

$$P(B_i|A)=\frac{P(B_iA)}{P(A)}=\frac{P(B_i)P(A|B_i)}{\sum_{j=1}^{n}P(B_j)P(A|B_j)}, \quad i=1,2,\cdots,n.$$

从形式上看,贝叶斯公式不过是条件概率定义和全概率公式的一个简单推论.

其之所以著名,是由于其现实乃至哲理意义的解释上. $P(B_1),P(B_2),\cdots,P(B_n)$ 是在没有进一步的信息(不知道事件 A 是否发生)的情况下,人们对事件 $B_1,B_2,\cdots,B_n$ 发生的可能性大小的认识,因此称为先验概率;现在有了新的信息(知道事件 A 已经发生),人们对事件 $B_1,B_2,\cdots,B_n$ 发生的可能性大小有了新的估计 $P(B_i|A)$,它称为 B_i 的后验概率.在日常生活中这种情况也是经常可以遇到的,原以为不太可能发生的事情,可能因为某一事情的发生而变得非常可能,或者相反,而贝叶斯公式正是从数量上刻画了这一变化.

下面通过一个具体问题来说明公式的实际意义.

例 1.13 根据以往的临床经验,某种诊断癌症的试验具有如下效果:若以 A 表示事件"被诊断者患有癌症",B 表示事件"试验反应为阳性",则有 $P(B|A)=0.95, P(\overline{B}|\overline{A})=0.95$. 现在对自然人群进行普查,设被试验的人患有癌症的概率为 0.005,即 $P(A)=0.005$,试求 $P(A|B)$.

解 已知 $P(B|A)=0.95, P(B|\overline{A})=1-P(\overline{B}|\overline{A})=0.05, P(A)=0.005, P(\overline{A})=0.995$,由贝叶斯公式

$$P(A|B)=\frac{P(A)P(B|A)}{P(A)P(B|A)+P(\overline{A})P(B|\overline{A})}=0.087.$$

计算结果表明,虽然 $P(B|A)=0.95, P(\overline{B}|\overline{A})=0.95$,这两个概率很高.但若将此试验用于普查,却有 $P(A|B)=0.087$,正确性只有 8.7%. 如果不注意这一点,将有可能会出现误诊,这说明把 $P(B|A)$ 和 $P(A|B)$ 搞混了会造成不良后果. 另一方面人们也发现对于普查呈阳性的人群来说患病的机会比普通人群要高出十多倍,因此这些人群既不要太紧张(患病的概率并不高),同时也要引起足够的重视(比普通人群要高).

1.4 事件的独立性

事件的独立性是概率论中的一个重要概念,许多概率模型都以独立性为前提条件.下面介绍事件的独立性的概念.

1.4.1 两个事件的独立性

直观上讲,两个事件独立是指一个事件的发生与否对另一个事件发生没有影响.首先来介绍两个事件的独立性.

在 1.3 节条件概率中了解到以下事实:若 A,B 是两个事件,且 $P(B)>0$,则 $P(A)$ 与 $P(A|B)$ 一般是不相同的.如果存在事件 A,B,使得 $P(A)=P(A|B)$,从概率上看,事件 B 发生与否对事件 A 的发生的可能性大小就没有影响. 因为 $P(A)=P(A|B)$,即

$$P(A) = \frac{P(AB)}{P(B)},$$

则

$$P(AB) = P(A)P(B).$$

同时,若 $P(A) > 0$,则有 $P(B) = P(B|A)$. 这说明事件 A 的发生对事件 B 发生的概率没有影响. 当事件 A, B 满足上面的条件时,称它们是相互独立的.

定义 1.6 设事件 A, B 满足

$$P(AB) = P(A)P(B),$$

则称事件 A, B 是**相互独立**的.

由定义可知,必然事件 S 和不可能事件 $\varnothing$ 与任意事件是相互独立的. 若事件 A, B 相互独立,则 $\overline{A}$ 与 B, A 与 $\overline{B}$, $\overline{A}$ 与 $\overline{B}$ 也相互独立.

事实上,由 $\overline{A}B = B - A = B - AB$,且 $AB \subset B$,得

$$P(\overline{A}B) = P(B) - P(AB) = P(B) - P(A)P(B) = [1 - P(A)]P(B) = P(\overline{A})P(B).$$

因此 $\overline{A}$ 与 B 相互独立. 其余可类似推得.

特别要强调的是:事件的独立性是从概率的意义下来定义的,是指一个事件的发生与否不影响另一事件发生的概率,不要把它与"两个事件不相容"混淆. 事件的相容性是由事件的运算关系描述的. 事实上,若 $P(A) > 0$ 且 $P(B) > 0$,则事件 A 与 B 相互独立与互不相容是不能同时成立的.

1.4.2 多个事件的独立性

定义 1.7 对于 3 个事件 A, B, C,若同时满足下面 4 个等式:

$$\left.\begin{aligned} P(AB) &= P(A)P(B); \\ P(AC) &= P(A)P(C); \\ P(BC) &= P(B)P(C); \\ P(ABC) &= P(A)P(B)P(C), \end{aligned}\right\} \quad (1.5)$$

则称事件 A, B, C **相互独立**. 若满足式 (1.5) 前 3 个等式,则称事件 A, B, C **两两独立**.

由定义知,若事件 A, B, C 相互独立,则 A, B, C 必两两独立. 现在的问题是: 由 A, B, C 两两独立能否保证 A, B, C 相互独立? 亦即由式 (1.5) 的前 3 个等式能否推得式 (1.5) 的第 4 个等式? 答案是否定的. 看下面的例子.

例 1.14 袋中有 4 只球,其中有 1 只白球、1 只红球、1 只黑球、1 只染有白、红、黑 3 色的球,现从袋中任取 1 球,设事件

$A = \{$取到的球有白色$\}$, $B = \{$取到的球有红色$\}$, $C = \{$取到的球有黑色$\}$.

试证明 A, B, C 两两独立但不相互独立.

证明 由题目可知 $P(A) = P(B) = P(C) = \dfrac{1}{2}$,且 $P(AB) = P(AC) = P(BC) = \dfrac{1}{4}$,

因此
$$P(AB)=P(A)P(B);$$
$$P(AC)=P(A)P(C);$$
$$P(BC)=P(B)P(C),$$

即 A,B,C 两两独立,但由于 $P(ABC)=\dfrac{1}{4}$,而
$$P(A)P(B)P(C)=\dfrac{1}{8},$$
可见 A,B,C 不是相互独立的.

例 1.14 说明在 3 个事件相互独立的定义中,由式(1.5)的前 3 个等式推不出式(1.5)的第 4 个等式. 下面的例 1.15 说明第 4 个等式也推不出前 3 个等式.

例 1.15 若有一均匀正八面体,其第 $1,2,3,4$ 面染有红色,第 $1,2,3,5$ 面染有白色,第 $1,6,7,8$ 面上染有黑色,现以 A,B,C 分别表示投一次八面体出现红、白、黑色的事件,则
$$P(A)=P(B)=P(C)=\dfrac{1}{2},$$
$$P(ABC)=\dfrac{1}{8}=P(A)P(B)P(C),$$
但是
$$P(AB)=\dfrac{3}{8}\neq P(A)P(B).$$
这就验证了上面的结论.

下面给出一般的 n 个事件的独立性的定义.

定义 1.8 对于 n 个事件 $A_1,A_2,\cdots,A_n$,若下面 2^n-n-1 个等式同时成立:
$$P(A_iA_j)=P(A_i)P(A_j),\quad 1\leqslant i<j\leqslant n;$$
$$P(A_iA_jA_k)=P(A_i)P(A_j)P(A_k),\quad 1\leqslant i<j<k\leqslant n;$$
$$P(A_iA_jA_kA_l)=P(A_i)P(A_j)P(A_k)P(A_l),\quad 1\leqslant i<j<k<l\leqslant n;$$
$$\cdots\cdots$$
$$P(A_1A_2\cdots A_n)=P(A_1)P(A_2)\cdots P(A_n),$$
则称事件 $A_1,A_2,\cdots,A_n$ 是**相互独立**的.

对于多个相互独立的事件,把其中的若干个事件换成其对立事件,所得的一组事件仍然是相互独立的.

在 1.1 节中,对于 n 个事件的和事件的概率
$$P\left(\bigcup_{k=1}^{n}A_k\right)=\sum_{i=1}^{n}P(A_i)-\sum_{1\leqslant i<j\leqslant n}P(A_iA_j)+\sum_{1\leqslant i<j<k\leqslant n}P(A_iA_jA_k)$$
$$+\cdots+(-1)^{n-1}P(A_1A_2\cdots A_n).$$

当这些事件是相互独立时,利用概率的性质,可以得到

$$P(\bigcup_{k=1}^{n}A_k)=1-P(\overline{A_1}\,\overline{A_2}\cdots\overline{A_n})=1-P(\overline{A_1})P(\overline{A_2})\cdots P(\overline{A_n}).$$

例 1.16 三人同时独立地去破译一个密码,他们能单独译出的概率分别为 $\frac{1}{5},\frac{1}{3},\frac{1}{4}$,求此密码被译出的概率.

解 设 A,B,C 表示甲、乙、丙独立将此密码译出的事件,则由题意知

$$P(A)=\frac{1}{5}, P(B)=\frac{1}{3}, P(C)=\frac{1}{4},$$

$A\cup B\cup C$ 表示将此密码译出的事件,则

$$P(A\cup B\cup C)=1-P(\overline{A})P(\overline{B})P(\overline{C})=1-\frac{4}{5}\times\frac{2}{3}\times\frac{3}{4}=\frac{3}{5}.$$

1.5 伯努利概型

前面介绍过两种概率模型:古典概型和几何概型.本节介绍的伯努利概型也是一种常见的概率模型.

把一枚硬币掷一次,结果只会出现正面或反面,像这样只有两种可能结果的试验是概率统计中广泛讨论的一类随机试验.又如在产品抽样中,所抽得的产品是"合格"或"不合格"等.只考虑两个可能结果的试验称为伯努利试验.

设 $E_1,E_2,\cdots,E_n$ 为 n 个随机试验,$A_1,A_2,\cdots,A_n$ 分别是它们的任意随机事件,若 $A_1,A_2,\cdots,A_n$ 相互独立,则称随机试验 $E_1,E_2,\cdots,E_n$ 相互独立.简单地说,就是随机试验 $E_1,E_2,\cdots,E_n$ 中每一个试验的结果不影响其他试验的结果.

定义 1.9 在相同的条件下,将同一试验 E 独立地重复做 n 次,称为 n 次独立重复试验.当 E 是伯努利试验时,就称为 **n 重伯努利试验**,即**伯努利概型**.显然在 n 次独立重复试验中,某一事件在各次试验中发生的概率相同.

关于伯努利概型,有如下结论.

定理 1.3 在 n 重伯努利试验中,若事件 A 在一次试验中发生的概率为 p,则在这 n 次试验中事件 A 发生 k 次的概率为

$$P_n(k)=C_n^k p^k(1-p)^{n-k}, \quad k=0,1,2,\cdots,n.$$

证明 设事件 B_k 表示"n 次试验中 A 恰好发生 k 次",A_i 表示"第 i 次试验中事件 A 发生"($i=1,2,\cdots,n$).则 B_k 应该是 n 次试验中恰好 k 次事件 A 发生,其余 $n-k$ 次事件 $\overline{A}$ 发生的一切可能事件的和,即

$$B_k=A_1 A_2\cdots A_k \overline{A}_{k+1}\cdots\overline{A}_n \bigcup \cdots \bigcup \overline{A}_1\,\overline{A}_2\cdots\overline{A}_{n-k}A_{n-k+1}\cdots A_n. \quad (1.6)$$

显然，式(1.6)右端应包含 C_n^k 项，且它们是互不相容的，而各项的概率均为 $p^k(1-p)^{n-k}$，因此

$$P_n(k)=C_n^k p^k(1-p)^{n-k}, \quad k=0,1,2,\cdots,n.$$

例 1.17 一车间有 10 台同类型的车床，每台车床配备的电动机功率为 10kW. 已知在工作时，每台车床在 1h 中实际开工时间是 12min，且开动与否是相互独立的. 因为供电紧张，供电公司只能提供 50kW 的电力给这 10 台车床，问这 10 台车床能够正常工作的概率是多大？

解 50kW 电力只能同时供 5 台车床工作，因此要使 10 台车床正常工作，只能同时开动车床不多于 5 台. 每台车床开动的概率为 $\frac{12}{60}=\frac{1}{5}$，且是否开动是相互独立的. 因此 10 台车床同时开动 k 台的概率为

$$C_{10}^k\left(\frac{1}{5}\right)^k\left(1-\frac{1}{5}\right)^{10-k}, \quad k=0,1,2,\cdots,5.$$

10 台车床能够正常工作的概率为

$$\sum_{k=0}^{5} C_{10}^k\left(\frac{1}{5}\right)^k\left(1-\frac{1}{5}\right)^{10-k} \approx 0.994.$$

计算的结果表明，这 10 台车床基本上不受电力供应紧张的影响. 在电力供应仅为 50kW 的情况下，在 8h 内不能正常工作的时间还不到 3min. 是不是有些意外呢？本例告诉人们，在实际生活中，概率的应用例子是很常见的.

【相关阅读】

柯尔莫哥洛夫和概率的公理化体系

自 1812 年拉普拉斯发表了著名的《解析概率论》后的一百多年，概率论取得了很大发展，在应用方面取得了辉煌的成就. 但是拉普拉斯所理解的概率论仅是一门自然科学，是一门应用学科. 检验它价值的重要标准是它在实践中的有效应用，而不是其自身的严格性和逻辑上的相容性. 对拉普拉斯概率论的检查和批判成为 19 世纪概率论历史的一个重要部分，最终导致其在 20 世纪初被建立在测度论基础上的公理化体系的现代概率论所代替. 在现代概率论的建立和发展过程中，俄国数学家做出了卓越的贡献. 其中柯尔莫哥洛夫和他建立起的公理化体系影响最大.

柯尔莫哥洛夫生于 1903 年，是 20 世纪俄国最有影响的数学家. 1920 年柯尔莫哥洛夫进入莫斯科大学学习，19 岁师从鲁金. 1931 年任莫斯科大学教授，1933 年任该校数学所所长，1939 年起任苏联科学院院士. 他对开创现代数学的一系列分支做出了重要贡献.

20世纪初完成的勒贝格测度与积分理论及随后发展的抽象测度和积分理论,为概率公理体系的建立奠定了基础.1929年柯尔莫哥洛夫发表的文章"概率论与测度论的一般理论",首次给出了测度论基础的概率论公理结构.后来他把该文编写成单行本,就是现在数学界众所周知的《概率论基本概念》.概率论的公理化是他的巨大贡献,他使概率论建立在严密的理论推理基础之上,从自然哲学的领域真正转到数学的范围,使概率论被确定为一个数学分支,并且日渐与其他数学分支相互渗透.《概率论基本概念》的出版标志着"解析概率论"时代的结束,"测度概率论"时代的开始.

柯尔莫哥洛夫在多个领域都做出了杰出的贡献.他在动力系统理论、信息论、数理逻辑算法论、解析集合论、湍流力学、测度论、拓扑学等领域都有重大贡献.由于他的杰出贡献,柯尔莫哥洛夫于1980年获得了有数学界诺贝尔奖之称的沃尔夫奖.

柯尔莫哥洛夫十分重视数学教育.在他的指引下,大批数学家在不同领域取得了重大成就,其中包括盖尔范德和阿诺尔德等著名数学家;同时,他也非常重视基础教育,甚至还领导了中学数学教科书的编写工作.

柯尔莫哥洛夫是20世纪最有影响的俄国数学家.而且还是美、法、意、荷、英等国的院士或皇家学会会员,是三次列宁勋章的获得者.他从不夸谈自己的成就、头衔与地位,并不看重金钱与物质条件,他把巴尔桑奖的奖金捐给了学校图书馆,他也未曾去领取沃尔夫奖金,柯尔莫哥洛夫为科学事业无私地贡献了他光辉的一生.

习 题 1

(A)

1. 写出下列随机试验的样本空间.
(1) 同时掷两枚骰子,记录两枚骰子的点数之和;
(2) 生产产品直到得到5件正品为止,记录生产的产品的总件数;
(3) 在单位圆内任取一点,记录它的坐标;
(4) 将一单位长的线段分成3段,观察各段的长度.

2. 设 A,B,C 为3个事件,试用 A,B,C 的运算与关系表示下列事件.
(1) A 与 B 都发生,C 不发生;
(2) A,B,C 至少有一个发生;
(3) A,B,C 不多于一个发生.

3. 将10本书任意地放在书架上,其中有一套4本成套的书,求下列事件的概率.
(1) 成套的书放在一起;
(2) 成套的书按卷次顺序排好放在一起.

4. 对事件 A,B 和 C,已知 $P(A)=P(B)=P(C)=\dfrac{1}{4}$,$P(AB)=P(BC)=0$,$P(AC)=\dfrac{1}{8}$.试

习 题 1

求 A,B,C 中至少有一个发生的概率.

5. 从 5 双不同的鞋子中任取 4 只,问这 4 只鞋子不能配成一双的概率是多少?

6. 在电话号码簿中任取一个电话号码(大于 4 位),求后面 4 个数全不相同的概率(设后面 4 个数中的每一个数都是等可能性地取自 $0,1,2,\cdots,9$).

7. 已知 $P(\overline{A})=0.3, P(B)=0.4, P(A\overline{B})=0.5$,求 $P(B|A\cup\overline{B})$.

8. 设 A,B 是随机事件,$P(A)=0.7, P(A-B)=0.3$,求 $P(\overline{AB})$.

9. 向半圆 $\Omega=\{(x,y)|x^2+y^2\leqslant 4x; x,y\geqslant 0\}$ 内均匀地投掷一随机点 Q,试求事件 $A=\left\{Q\text{与坐标原点的连线与横坐标轴的夹角小于}\dfrac{\pi}{4}\right\}$ 的概率.

10. 10 个人中有一对夫妇,他们随意地坐在一张圆桌周围,问这对夫妇正好坐在一起的概率是多少?

11. 已知在 10 只晶体管中有 2 只是次品,在其中任取两次,每次随机地取一只,作不放回抽样,求下列事件的概率.

(1) 两只都是正品;

(2) 两只都是次品;

(3) 一只是正品,一只是次品;

(4) 第二次取出的是次品.

12. 某学生接连参加同一课程的两次考试.第一次考试及格的概率为 p,如果他第一次及格,则第二次及格的概率也为 p,如果他第一次不及格,则第二次及格的概率为 $\dfrac{p}{2}$.

(1) 求他第一次与第二次考试都及格的概率;

(2) 求他第二次考试及格的概率;

(3) 若在这两次考试中至少有一次及格,他便可以取得某种证书,求该学生取得这种证书的概率;

(4) 若已知他第二次考试及格了,求他第一次考试及格的概率.

13. 甲、乙、丙 3 人各自独立地向同一目标射击,3 人命中的概率分别为 0.5,0.6,0.7,求目标被击中的概率.

14. (配对问题)某人写了 n 封信,将其分别放入 n 个信封中,并在其中每个信封上分别任意写上收信人的一个地址(不重复).求下列事件的概率.

(1) 没有一个信封上所写的地址是该信封内装进的信的收信人的地址;

(2) 恰有 r 个信封上所写的地址是该信封内装进的信的收信人的地址.

15. 设某家庭有 3 个孩子,在已知至少有一个是女孩的条件下,求这个家庭至少有一个男孩的概率.

16. 甲、乙、丙 3 个工厂生产同一型号的产品,其产品分别占总产量的 25%,35%,40%.各厂产品的次品率分别为 5%,4%,2%.今将 3 个厂生产的产品堆放在一起,并从中任取一件,求下列事件的概率.

(1) 取得次品;

(2) 取得次品是甲厂生产的;

(3) 若取得的产品不是丙厂生产的,则取到的是甲厂生产的.

17. 甲袋中有 3 只白球、7 只红球、15 只黑球；乙袋中有 10 只白球、6 只红球、9 只黑球，从两袋中各取一球，求两球颜色相同的概率.

18. 掷 2 颗均匀的骰子，令 $A=\{$第一颗骰子出现 4 点$\}$，$B=\{$两颗骰子点数之和为 7$\}$.
(1) 试求 $P(A), P(B), P(AB)$；
(2) 判断随机事件 A 与 B 是否相互独立？

19. 甲、乙、丙 3 人同时对飞机进行射击，3 人击中飞机的概率分别为 0.4, 0.5, 0.7. 飞机被一人击中而被击落的概率为 0.2，被两人击中而被击落的概率为 0.6，若 3 人都击中了飞机，飞机必定被击落. 求飞机被击落的概率.

20. 设某种昆虫产 k 个卵的概率为 $\dfrac{\lambda^k}{k!}e^{-\lambda}$，而一个卵孵成昆虫的概率为 p. 设各个卵是否孵化成昆虫的事件相互独立，试求一只昆虫恰有 l 只后代的概率.

21. 甲、乙两个乒乓球队举行对抗赛. 甲队的实力较强，当两个队的队员比赛时，甲队获胜的概率为 0.6，现在两队商量比赛方案，提出如下 3 种：
(1) 双方各出 3 人；
(2) 双方各出 5 人；
(3) 双方各出 7 人，
3 种方案中均以比赛中得胜人数多的一方为胜. 对乙对来说，哪种方案较有利？

22. 在 4 次独立试验中，事件 A 至少出现一次的概率为 0.59，求在一次试验中事件 A 发生的概率.

(B)

1. 随机向半圆 $0<y<\sqrt{2ax-x^2}$（a 为正常数）内掷一个点，点落在半圆中任何区域内的概率与区域的面积成正比，求原点与该点的连线与 x 轴的夹角小于 $\dfrac{\pi}{4}$ 的概率.

2. 将编号为 1,2,3 的三本书随机地排列在书架上，计算至少有一本书自左到右的排列顺序号与它的编号相同的概率.

3. 已知每天登陆某个网站的人数服从参数为 λ 的泊松分布，而登陆网站的人以概率 p 打开网页，且每个人是否能打开网页是相互独立的，试求某天恰有 k 个人打开网页的概率.

4. 某商场各柜台收到消费者投诉的事件数为 0,1,2 三种情形，其概率分别为 0.6, 0.3, 0.1. 有关部门每月抽查商场的两个柜台，规定：如果两个柜台受到的投诉事件数之和超过 1，则给商场通报批评；若一年中有 3 个月受到通报批评，则该商场受挂牌处分一年，求该商场受处分的概率.

5. 某人忘记了电话号码的最后一位数字，他随意拨号，若已知最后一位数字为奇数，求他拨号不超过三次而接通电话的概率（假设所拨号码都处于非占线状态）.

6. 假设一批产品中一、二、三等品各占 60%, 30%, 10%，从中任取一件，结果不是三等品，求取到产品为一等品的概率.

7. 行列式 $\begin{vmatrix} a & b \\ c & d \end{vmatrix}$ 的元素可能为 0 或 1，0 和 1 出现的概率都为 $\dfrac{1}{2}$，求该行列式的值为正数

8. 设 A,B,C 两两相互独立,且 $ABC=\varnothing$,$P(A)=P(B)=P(C)$,A,B,C 至少有一个发生的概率为 $\dfrac{9}{16}$,求 $P(A)$.

9. 设事件 A 与事件 B 互斥,且 $0<P(B)<1$,试证明:$P(A|\overline{B})=\dfrac{P(A)}{1-P(B)}$.

10. 玻璃杯成箱出售,每箱 20 只,每箱次品数为 0,1,2 只的概率分别为 0.8,0.1,0.1. 现一顾客欲买下一箱玻璃杯,售货员随机取一箱,顾客开箱后随机取出 4 只进行检查,若无次品,购买,否则退回,求顾客买下该箱玻璃杯的概率.

第 2 章 随机变量及其分布

在第 1 章中,利用集合的方法来表示随机试验的结果,并且利用初等数学的工具研究了一些简单的概率模型,用这些方法和工具来讨论随机现象有很大的局限性. 本章将用实数来表示随机试验的各种结果,即通过引入随机变量的概念将随机试验的结果数值化. 这样,不仅可以更全面地揭示随机现象的统计规律性,而且可以借助于数学分析的方法来研究随机试验.

2.1 随机变量及其分布函数

2.1.1 随机变量

首先来看几个例子.

例 2.1 掷一枚骰子,观察其点数.

样本空间为 $S_1 = \{1, 2, 3, 4, 5, 6\}$.

例 2.2 记录某交换台早上 8 点到 9 点间接到的呼叫次数.

样本空间为 $S_2 = \{0, 1, 2, 3, \cdots\}$.

例 2.3 抛一枚硬币,观察出现正面、反面的情况.

样本空间为 $S_3 = \{H, T\}$.

在以上例子中,样本空间中的样本点的类型各不相同. 例 2.1 和例 2.2 是数值型的,例 2.3 是代码型的. 但是都可以通过引入定义在样本空间上的函数,使样本空间的表示方法数值化.

例 2.1 中,令 $X = X(i) = i (i = 1, 2, \cdots, 6)$,则 X 就可以表示试验的结果.

例 2.2 中,令 $Y = Y(i) = i (i = 0, 1, 2, \cdots)$,则 Y 也可以表示试验的样本空间.

例 2.3 中试验的结果似乎和数值没有关系,但如果定义函数

$$Z = Z(e) = \begin{cases} 1, & e = H; \\ 0, & e = T. \end{cases}$$

则显然就可以用 Z 来表示样本空间了.

上述 X, Y, Z 显然都是定义在样本空间上的函数. 称它们为随机变量.

定义 2.1 设 S 是某随机试验 E 的样本空间,若对 S 中每个基本事件 e 都有唯一的实数 $X(e)$ 与之对应,则称 $X(e)$ 为**随机变量**.

下面画出示意图 2.1 来理解随机变量的含义.

由定义可知,随机变量是定义在样本空间上的单值实函数,一般用 $X, Y, Z, \cdots$

或者 $\xi,\eta,\cdots$ 表示,而用 $x,y,\cdots$ 表示随机变量的具体取值.
与普通变量不同,随机变量的取值随试验的结果而定,具
有随机性.在试验前只能知道其取值范围但不能预知它取
什么值,随机变量可看成实数轴上的随机点.同时随机变
量的取值具有确定的概率.

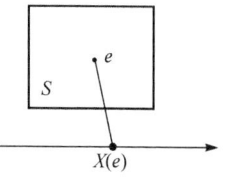

引入随机变量以后,就可以用随机变量 X 来描述随机 图 2.1
试验.一般地,随机变量的解析式都表示随机事件.例如,在例 2.1 中,$\{X\leqslant 5\}$ 表示
"点数不超过 5",例 2.2 中,$\{X=20\}$ 表示"呼叫次数为 20",例 2.3 中,$\{Z=1\}$ 表示
"出现正面".

根据随机变量的取值情况,可以将随机变量分为离散型与非离散型随机变量.
前面所举的例子中,都是离散型随机变量.在非离散型随机变量中有一类重要的连
续型随机变量.若 T 表示在"测试灯泡寿命"这个试验中灯泡的寿命,则 T 就是一
个连续型随机变量.除离散型和连续型随机变量外,还有其他类型的随机变量,本
书只讨论离散型随机变量和连续型随机变量.

2.1.2 随机变量的分布函数

前面在讨论随机变量时,一般用随机变量的解析式来表示随机事件.因此对于
任意的实数 x,随机事件 $\{X\leqslant x\}$ 都具有确定的概率.

定义 2.2 设 X 是一个随机变量,x 是任意实数,则函数 $F(x)=P\{X\leqslant x\}$ 称
为 X 的**分布函数**.

由定义知,分布函数 $F(x)$ 是一个定义在实数轴上的普通函数,它可以完整地
描述随机变量的取值规律,也就是说,若已知随机变量的分布函数,则任意随机事
件的概率就可以表示.

下面给出分布函数的重要性质.

性质 1 分布函数单调不减.即若 $x_1<x_2$,则 $F(x_1)\leqslant F(x_2)$.

事实上,若 $x_1<x_2$,则 $\{X\leqslant x_1\}\subset\{X\leqslant x_2\}$,$\{X\leqslant x_2\}-\{X\leqslant x_1\}=\{x_1<X\leqslant x_2\}$,由概率的性质知 $F(x_2)-F(x_1)=P\{x_1<X\leqslant x_2\}\geqslant 0$,因此 $F(x_1)\leqslant F(x_2)$.

性质 2 $F(x)$ 是有界的,即 $0\leqslant F(x)\leqslant 1$,且 $F(+\infty)=\lim\limits_{x\to+\infty}F(x)=1$,$F(-\infty)=\lim\limits_{x\to-\infty}F(x)=0$.

因为 $F(x)=P\{X\leqslant x\}$,即 $F(x)$ 是 X 落在 $(-\infty,x]$ 里的概率,所以 $0\leqslant F(x)\leqslant 1$.
对其余两式,本书只给出一个直观的解释,不作严格的证明.事实上,$F(+\infty)$ 是事件
$\{X<+\infty\}$ 的概率,而 $\{X<+\infty\}$ 是必然事件,故 $F(+\infty)=1$.类似地,$\{X<-\infty\}$ 是
不可能事件,故 $F(-\infty)=0$.

性质 3 $F(x)$ 是右连续的函数,即 $F(x+0)=\lim\limits_{t\to x^+}F(t)=F(x)$.

根据上面的定义和性质可以用分布函数表示随机事件的概率. 下面仅举几个简单的例子.

$$P\{X<a\}=F(a-0);$$
$$P\{X=a\}=F(a)-F(a-0);$$
$$P\{X>a\}=1-F(a).$$

上述 3 个性质也是函数 $F(x)$ 可以作为随机变量的分布函数的必要条件.

2.2 离散型随机变量及其分布

有些随机试验的结果是有限多个或者是可列无穷多个, 例如, 掷骰子出现的点数, 一段时间内电话交换台接到的呼叫次数等. 像这类的试验结果可以用离散型随机变量来描述.

2.2.1 离散型随机变量的分布律

若某个随机变量 X 的全部可能取值是有限多个或可列无限多个, 则称 X 是离散型随机变量.

显然, 对于一个离散型随机变量 X, 要全面了解它的统计规律, 必须且只需知道 X 的所有可能取值以及 X 取每一个可能值的概率.

定义 2.3 设离散型随机变量 X 的所有可能取值为 $x_k(k=1,2,\cdots)$, X 取各个可能值的概率, 即事件 $\{X=x_k\}$ 的概率为

$$P\{X=x_k\}=p_k, \quad k=1,2,\cdots, \tag{2.1}$$

则称式 (2.1) 为离散型随机变量 X 的**概率分布**或**分布律**. 分布律也可以用表 2.1 的形式来表示, 即表示为

表 2.1

X	x_1	x_2	$\cdots$	x_k	$\cdots$
P	p_1	p_2	$\cdots$	p_k	$\cdots$

由概率的定义可知, 离散型随机变量 X 的分布律 $P\{X=x_k\}=p_k(k=1,2,\cdots)$ 具有下列两个性质:

(1) (非负性)　$P\{X=x_k\}=p_k\geqslant 0(k=1,2,\cdots)$;

(2) (规范性)　$\sum_{k=1}^{+\infty}P\{X=x_k\}=\sum_{k=1}^{+\infty}p_k=1$.

由于随机变量的分布函数也可以完整地描述随机变量的统计规律, 因此由离散型随机变量的分布律可以推出分布函数, 反之亦然.

设 $F(x)$ 是离散型随机变量 X 的分布函数, 则当 X 有分布律

时,易得
$$F(x) = P\{X \leqslant x\} = P\{\bigcup_{x_k \leqslant x} X = x_k\} = \sum_{x_k \leqslant x} P\{X = x_k\} = \sum_{x_k \leqslant x} p_k.$$
而若 $x_k < x_{k+1}(k=1,2,\cdots)$,则
$$P\{x = x_k\} = p_k = P\{x_{k-1} < X \leqslant x_k\} = F(x_k) - F(x_{k-1}).$$
一个有意思的观察结果是:离散型随机变量 X 的分布函数 $F(x)$ 是阶梯函数,其跳跃间断点 $x_1, x_2, \cdots$ 就是随机变量的可能取值,而 $P\{X = x_k\}$ 就是 $F(x)$ 在 x_k 处的跃度.

例 2.4 设随机变量 X 的分布律为 $P\{X=k\} = \dfrac{a}{N}(k=1,2,\cdots,N)$,试确定常数 a.

解 由分布律的性质得
$$1 = \sum_{k=1}^{N} p_k = \sum_{k=1}^{N} P\{X=k\} = \sum_{k=1}^{N} \frac{a}{N},$$
因此
$$a = 1.$$

例 2.5 设一汽车在开往目的地的道路上需经过 4 盏信号灯,每盏信号灯以概率 $\dfrac{1}{2}$ 允许汽车通过或禁止汽车通过.以 X 表示汽车首次停下时,它已通过的信号灯的盏数(设各信号灯的工作是相互独立的).

求:(1) X 的分布律;

(2) $P\left\{X \leqslant \dfrac{3}{2}\right\}, P\left\{\dfrac{3}{2} < X \leqslant \dfrac{5}{2}\right\}, P\{2 \leqslant X \leqslant 3\}$.

解 (1) 设 p 为每盏信号灯禁止汽车通过的概率,则
$$P\{X=k\} = p(1-p)^k, \quad k = 0, 1, 2, 3.$$
$$P\{X=4\} = (1-p)^4.$$
由 $p = \dfrac{1}{2}$,故知 X 的分布律如表 2.2 所示.

表 2.2

X	0	1	2	3	4
P	$\dfrac{1}{2}$	$\dfrac{1}{4}$	$\dfrac{1}{8}$	$\dfrac{1}{16}$	$\dfrac{1}{16}$

(2) $$P\left\{X \leqslant \frac{3}{2}\right\} = P\{X=0\} + P\{X=1\} = \frac{1}{2} + \frac{1}{4} = \frac{3}{4},$$

$$P\left\{\frac{3}{2}<X\leqslant\frac{5}{2}\right\}=P\{X=2\}=\frac{1}{8},$$

$$P\{2\leqslant X\leqslant 3\}=P\{X=2\}+P\{X=3\}=\frac{1}{8}+\frac{1}{16}=\frac{3}{16}.$$

2.2.2 常见的离散型随机变量

下面介绍 5 种常见的离散型随机变量.

1. (0-1)分布

若随机变量 X 的分布律为
$$P\{X=k\}=p^k(1-p)^{1-k}, \quad k=0,1, 0<p<1,$$
则称 X 服从参数为 p 的(0-1)分布.

(0-1)分布的分布律也可用表 2.3 表示.

表 2.3

X	1	0
P	p	$1-p$

因为伯努利试验只有两个结果,所以(0-1)分布可以用来描述伯努利试验.

2. 二项分布

若随机变量 X 的取值为 $0,1,2,\cdots,n$,且
$$P\{X=k\}=C_n^k p^k q^{n-k}, \quad k=0,1,2,\cdots,n,$$
其中,$0<p<1,p+q=1$,则称 X 服从以 n,p 为参数的二项分布或伯努利分布,记为 $X\sim B(n,p)$. 特别地,当 $n=1$ 时,二项分布就是(0-1)分布了.

由于 $C_n^k p^k q^{n-k}$ 正好是二项式 $(p+q)^n$ 的展开式的一般项,因此称该随机变量服从二项分布. 我们对于这个分布并不陌生,在第 1 章中讨论 n 重伯努利试验时就已经了解了这个分布.

例 2.6 独立射击 5 000 次,每次命中率为 0.001,求命中次数不少于 1 次的概率.

解 设 X 表示命中的次数,则 $X\sim B(5\,000,0.001)$.
$$\begin{aligned}P\{X\geqslant 1\}&=1-P\{X<1\}=1-P\{X=0\}\\&=1-C_{5000}^0(0.001)^0(1-0.001)^{5000}\\&\approx 0.993\,4.\end{aligned}$$

此例告诉人们:小概率事件虽然不易发生,但重复的次数多了,就成了大概率事件. 所谓"常在河边走,难免不湿鞋",日常生活中要注意防微杜渐就是这个道理.

3. 几何分布

在独立重复试验中,事件 A 发生的概率为 p,设随机变量 X 为直到 A 发生时为止试验进行的次数,则 X 的所有可能取值为 $1,2,\cdots,k,\cdots$,由伯努利定理知 X 的分布律为

$$P\{X=k\}=(1-p)^{k-1} \cdot p, \quad 0<p<1, \quad k=1,2,\cdots. \tag{2.2}$$

定义 2.4 若一随机变量 X 的分布律由式(2.2)给出,则称 X 服从参数为 p 的几何分布.

容易验证:(1) $P\{X=k\}>0, \quad k=1,2,\cdots$;

(2) $\sum\limits_{k=1}^{\infty}P\{X=k\} = p\sum\limits_{k=1}^{\infty}(1-p)^{k-1} = 1.$

例 2.7 某射手连续向一目标射击,直至命中为止.已知他每次射击命中目标的概率为 p,求其命中目标所需射击次数 X 的分布律.

解 显然,X 的可能取值为 $1,2,\cdots$,记 $A_k=\{$第 k 次命中$\}$,$k=1,2,\cdots$,则

$$P\{X=k\}=(1-p)^{k-1} \cdot p, \quad k=1,2,\cdots.$$

4. 超几何分布

例 2.8 一个袋子中装有 N 个球,其中 N_1 个白球,N_2 个黑球($N=N_1+N_2$).从袋中不放回地抽取 $n(1\leqslant n\leqslant N)$ 个球,设 X 表示取到白球的数目,求 X 的分布律.

解 根据古典概型容易算出 X 的分布律为

$$P\{X=k\}=\frac{C_{N_1}^{k} \cdot C_{N_2}^{n-k}}{C_N^n}, \quad k=0,1,2,\cdots,\min(n,N_1). \tag{2.3}$$

定义 2.5 设随机变量 X 的分布律由式(2.3)给出,则称 X 服从超几何分布. 超几何分布常用于对一大批产品进行不放回抽样检测.

5. 泊松分布

若随机变量 X 所有可能取值为 $0,1,2,\cdots$,而

$$P\{X=k\}=\frac{\lambda^k}{k!}\mathrm{e}^{-\lambda}, \quad k=0,1,2,\cdots,$$

其中 $\lambda>0$ 是常数,则称 X 服从参数为 λ 的泊松分布,记为 $X\sim P(\lambda)$.

容易验证

$$P\{X=k\}=\frac{\lambda^k}{k!}\mathrm{e}^{-\lambda}\geqslant 0, \quad k=0,1,2,\cdots;$$

$$\sum_{k=0}^{+\infty}P\{X=k\} = \sum_{k=0}^{+\infty}\frac{\lambda^k}{k!}\mathrm{e}^{-\lambda} = \mathrm{e}^{-\lambda}\sum_{k=0}^{+\infty}\frac{\lambda^k}{k!} = \mathrm{e}^{-\lambda} \cdot \mathrm{e}^{\lambda} = 1.$$

例 2.9 假设某高速公路上每天发生交通事故的次数 X 服从参数为 3 的泊松分布,试计算一天中没有发生交通事故的概率.

解 由 $X \sim P(3)$,得
$$P\{X=0\} = e^{-3} \approx 0.05.$$

泊松分布在实际中具有非常广泛的应用. 很多实际问题都可以用泊松分布来描述. 例如,在某个时段内电话交换台收到的电话的呼唤次数,某网站在一段时间内的访问量,某商店在一天内的顾客数,在某时段内的某放射性物质发出的经过计数器的 α 粒子数等.

在例 2.6 中,如何计算 $P\{X \geqslant 2\,500\}$? 如果直接计算,则需要计算
$$\sum_{j=2\,500}^{5\,000} C_{5\,000}^{j} (0.001)^{j} (1-0.001)^{5\,000-j}.$$

要计算上面的式子可不是一件容易的事. 有没有好的方法来近似计算上面的结果,下面的定理给出了一种二项分布的近似计算方法.

定理 2.1(泊松(Poisson)定理) 设 $\lambda > 0$ 是一常数,n 是正整数. 若 $np_n = \lambda$,则对任一固定的非负整数 k,有
$$\lim_{n \to +\infty} C_n^k p_n^k (1-p_n)^{n-k} = \frac{\lambda^k}{k!} e^{-\lambda}.$$

证明 由 $p_n = \dfrac{\lambda}{n}$,知
$$\begin{aligned}
C_n^k p_n^k (1-p_n)^{n-k} &= \frac{n(n-1)\cdots(n-k+1)}{k!} \left(\frac{\lambda}{n}\right)^k \left(1-\frac{\lambda}{n}\right)^{n-k} \\
&= \frac{\lambda^k}{k!} \cdot 1 \cdot \left(1-\frac{1}{n}\right)\left(1-\frac{2}{n}\right)\cdots\left(1-\frac{k-1}{n}\right)\left(1-\frac{\lambda}{n}\right)^n \left(1-\frac{\lambda}{n}\right)^{-k}.
\end{aligned}$$

对任意固定的 k,当 $n \to +\infty$ 时,$\left(1-\dfrac{i}{n}\right) \to 1 \, (i=1,2,\cdots,k-1)$;
$$\left(1-\frac{\lambda}{n}\right)^{-k} \to 1;$$
$$\left(1-\frac{\lambda}{n}\right)^n = \left(1-\frac{\lambda}{n}\right)^{\frac{-n}{\lambda}(-\lambda)} \to e^{-\lambda}.$$

故有
$$\lim_{n \to +\infty} C_n^k p_n^k (1-p_n)^{n-k} = \frac{\lambda^k}{k!} e^{-\lambda}.$$

定理说明,若 $X \sim B(n,p)$,当 n 很大而 p 很小时,有
$$P\{X=k\} = C_n^k p^k (1-p)^{n-k} \approx \frac{\lambda^k}{k!} e^{-\lambda}, \quad \lambda = np.$$

在实际计算中,当 $n \geqslant 20, p \leqslant 0.05$ 时,近似效果就很好. $\frac{\lambda^k}{k!}e^{-\lambda}$ 的值有表可查(见书后附录 2 的附表 2.1).

在例 2.6 中,若利用泊松定理计算,令 $\lambda = 5\,000 \times 0.001 = 5$,则
$$P\{X \geqslant 1\} \approx 1 - e^{-5} = 0.993\,3.$$

例 2.10 现有 90 台同类型的设备,各台设备的工作是相互独立的,每台设备发生故障的概率都是 0.01,且一台设备的故障能由一个人处理. 配备维修工人的方法有两种:一种是由 3 人分开维护,每人负责 30 台;另一种是由 3 人共同维护 90 台. 试比较两种方法在设备发生故障而不能及时维修的概率的大小.

解 设 $A_i(i = 1, 2, 3)$ 为第 i 个人负责的 30 台设备发生故障而无人修理的事件. X_i 表示第 i 个人负责的 30 台设备中同时发生故障的设备台数,则
$$X_i \sim B(30, 0.01), \quad \lambda = np = 0.3.$$
由泊松定理得
$$P(A_i) = P\{X_i \geqslant 2\} \approx \sum_{k=2}^{30} \frac{(0.3)^k}{k!} e^{-0.3} = 0.036\,9.$$
而 90 台设备发生故障无人修理的事件为 $A_1 \cup A_2 \cup A_3$,故采用第一种配备维修工人的方法时,所求概率为
$$\begin{aligned}P(A_1 \cup A_2 \cup A_3) &= 1 - P(\overline{A_1}\overline{A_2}\overline{A_3}) = 1 - P(\overline{A_1})P(\overline{A_2})P(\overline{A_3}) \\ &= 1 - (1 - 0.036\,9)^3 \\ &= 0.106\,7.\end{aligned}$$

在采用第二种配备维修工人的方法时,设 X 为 90 台设备中同时发生故障的设备台数,则 $X \sim B(90, 0.01), \lambda = np = 0.9$,而所求概率为
$$P\{X \geqslant 4\} \approx \sum_{k=4}^{90} \frac{(0.9)^k}{k!} e^{-0.9} = 0.013\,5.$$

由于 $0.013\,5 < 0.106\,7$,显然共同负责比分块负责的维修效率提高了. 这个例子说明概率方法可以帮助人们在生产实践中提高工作效率.

泊松定理表明,若 $X \sim B(n, p_n)(np_n = \lambda)$,则当 $n \to +\infty$ 时,$X \sim P(\lambda)$,这个事实也说明了泊松分布在理论上的重要性.

2.3 连续型随机变量

连续型随机变量是一种重要的随机变量. 本节将给出连续型随机变量的定义、密度函数与分布函数的性质、概率计算方法,并介绍一些常用的连续型随机变量的分布,更多的常用概率分布见附表 2.7.

2.3.1 连续型随机变量及其概率密度函数

定义 2.6 对于随机变量 X 的分布函数 $F(x)$,若存在非负函数 $f(x)$,使得对

任意实数 x,有
$$F(x)=\int_{-\infty}^{x}f(t)\mathrm{d}t,$$
则称 X 为**连续型随机变量**,其中函数 $f(x)$ 称为 X 的**概率密度函数**,简称**概率密度**.

由定义可知,连续型随机变量的分布函数是连续函数,密度函数 $f(x)$ 有以下性质:

性质 1 $f(x) \geqslant 0$;

性质 2 $\int_{-\infty}^{+\infty}f(x)\mathrm{d}x=1$;

性质 3 $P\{x_1 < X \leqslant x_2\}=F(x_2)-F(x_1)=\int_{x_1}^{x_2}f(x)\mathrm{d}x(x_1 \leqslant x_2)$;

性质 4 若 $f(x)$ 在点 x 处连续,则有 $F'(x)=f(x)$.

由性质 4 知,在 $f(x)$ 连续点 x 处有
$$f(x)=\lim_{\Delta x \to 0^+}\frac{F(x+\Delta x)-F(x)}{\Delta x}=\lim_{\Delta x \to 0^+}\frac{P\{x<X\leqslant x+\Delta x\}}{\Delta x},$$
略去高阶无穷小,则有
$$P\{x<X\leqslant x+\Delta x\}\approx f(x)\Delta x,$$
这表明 X 落在小区间 $(x,x+\Delta x]$ 上的概率近似为 $f(x)\Delta x$. 可以证明对于连续型随机变量,它取任一指定实数值 a 的概率均为 0,即 $P\{X=a\}=0$. 事实上,
$$0\leqslant P\{X=a\}\leqslant P\{a-\Delta x<X\leqslant a\}=F(a)-F(a-\Delta x),$$
当 $\Delta x \to 0$ 时,有 $P\{X=a\}=0$.

这里需要注意,虽然 $P\{X=a\}=0$,但是 $\{X=a\}$ 并不一定就是不可能事件;同样,其逆事件 $\{X \neq a\}$ 的概率 $P\{X \neq a\}=1$,但它并不一定是必然事件. 对于连续型随机变量 X,若 $a<b$,有
$$P\{a<X\leqslant b\}=P\{a\leqslant X\leqslant b\}=P\{a<X<b\}.$$

由概率密度函数 $f(x)$ 的定义知,介于曲线 $f(x)$ 与 x 轴之间平面图形的面积为 1(图 2.2),X 落在区间 $[x_1,x_2]$ 上的概率等于图 2.3 中阴影部分的面积.

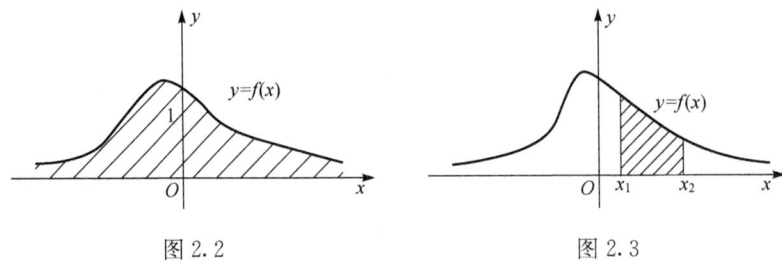

图 2.2　　　　图 2.3

例 2.11 设枪靶是半径为 20 cm 的圆盘,盘上有许多同心圆,射手击中靶上任一同心圆的概率与该圆的面积成正比,且每次射击都能中靶. 若以 X 表示弹着点与圆心的距离,试求 X 的分布函数 $F(x)$、概率密度函数 $f(x)$ 及概率 $P\{5<X\leqslant 10\}$.

解 当 $x<0$ 时,$\{X\leqslant x\}$ 是不可能事件,故 $F(x)=P\{X\leqslant x\}=0$.

当 $0\leqslant x<20$ 时,由题意知 $P\{0\leqslant X\leqslant x\}=kS_x=k\pi x^2$. 又由于 $\{0\leqslant X\leqslant 20\}$ 是必然事件,即 $1=P\{0\leqslant X\leqslant 20\}=k\pi(20)^2$ 得 $k=\dfrac{1}{400\pi}$,故

$$F(x)=P\{X\leqslant x\}=P\{X\leqslant 0\}+P\{0<X\leqslant x\}=\dfrac{x^2}{400}.$$

当 $x\geqslant 20$ 时,$\{X\leqslant x\}$ 是必然事件,故 $F(x)=1$.

综上所述,X 的分布函数为

$$F(x)=\begin{cases} 0, & x<0; \\ \dfrac{x^2}{400}, & 0\leqslant x<20; \\ 1, & 20\leqslant x. \end{cases}$$

由性质 4 可得 X 的密度函数为

$$f(x)=F'(x)=\begin{cases} \dfrac{x}{200}, & 0\leqslant x<20; \\ 0, & 其他. \end{cases}$$

由性质 3 可知所求概率为

$$P\{5<X\leqslant 10\}=\int_5^{10}\dfrac{x}{200}\mathrm{d}x=\dfrac{3}{16}.$$

2.3.2 常见的连续型随机变量

下面介绍几种常见的连续型随机变量.

1. 均匀分布

若随机变量 X 具有概率密度函数

$$f(x)=\begin{cases} \dfrac{1}{b-a}, & a<x<b; \\ 0, & 其他, \end{cases}$$

则称 X 在区间 (a,b) 上服从均匀分布,记为 $X\sim U(a,b)$.

若 $(c,d)\subset(a,b)$,则 $P\{X\in(c,d)\}=\int_c^d\dfrac{1}{b-a}\mathrm{d}x=\dfrac{d-c}{b-a}$,这说明在 (a,b) 区间上服从均匀分布的随机变量 X 具有下述的等可能性:它落在 (a,b) 的子区间的概率只与子区间的长度有关,而与子区间的位置无关.

在(a,b)区间上服从均匀分布的随机变量X的分布函数为

$$F(x)=\begin{cases}0, & x<a;\\ \dfrac{x-a}{b-a}, & a\leqslant x<b;\\ 1, & x\geqslant b.\end{cases}$$

$f(x)$与$F(x)$的图形分别如图2.4和图2.5所示.

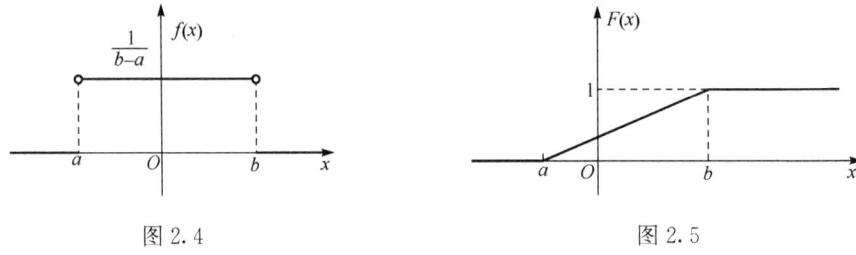

图2.4　　　　　　　　　　　图2.5

例2.12　设随机变量K服从$(0,5)$上的均匀分布,求方程
$$4x^2+4Kx+K+2=0$$
有实根的概率.

解　当$\Delta=16K^2-16(K+2)\geqslant 0$时,即$K^2-K-2\geqslant 0$,方程$4x^2+4Kx+K+2=0$有实根,因此所求概率为
$$P\{K^2-K-2\geqslant 0\}=P\{K\leqslant -1\}+P\{K\geqslant 2\}.$$
随机变量K的概率密度函数为
$$f(k)=\begin{cases}\dfrac{1}{5}, & 0<k<5,\\ 0, & \text{其他}.\end{cases}$$
所以
$$P\{K\geqslant 2\}=\int_2^{+\infty}f(t)\mathrm{d}t=\int_2^5 f(t)\mathrm{d}t+\int_5^{+\infty}f(t)\mathrm{d}t=\int_2^5 f(t)\mathrm{d}t=\dfrac{3}{5},$$
$$P\{K\leqslant -1\}=0,$$
因此方程有实根的概率为
$$P\{K^2-K-2\geqslant 0\}=\dfrac{3}{5}.$$

2. 指数分布

例2.13　设随机变量X具有概率密度函数
$$f(x)=\begin{cases}A\mathrm{e}^{-3x}, & x\geqslant 0;\\ 0, & x<0.\end{cases}$$

2.3 连续型随机变量

试确定常数 A 并求 X 的分布函数.

解 由

$$1 = \int_{-\infty}^{+\infty} f(x)\mathrm{d}x = \int_{0}^{+\infty} A\mathrm{e}^{-3x}\mathrm{d}x = \frac{1}{3}A,$$

知 $A=3$,即

$$f(x) = \begin{cases} 3\mathrm{e}^{-3x}, & x \geq 0; \\ 0, & x < 0. \end{cases}$$

而 X 的分布函数为

$$F(x) = \int_{-\infty}^{x} f(t)\mathrm{d}t = \begin{cases} 1 - \mathrm{e}^{-3x}, & x \geq 0; \\ 0, & x < 0. \end{cases}$$

一般地,若随机变量 X 具有概率密度函数 $f(x) = \begin{cases} \lambda\mathrm{e}^{-\lambda x}, & x \geq 0; \\ 0, & x < 0, \end{cases}$ 其中 $\lambda > 0$ 是常数,则称 X 服从以 λ 为参数的指数分布,记作 $X \sim E(\lambda)$. X 的分布函数为

$$F(x) = \begin{cases} 1 - \mathrm{e}^{-\lambda x}, & x \geq 0; \\ 0, & x < 0. \end{cases}$$

指数分布有着重要的应用,实际生活中很多问题都可以用指数分布来描述.例如,各种电子元器件的寿命、顾客在商店排队等待的时间以及接受服务的时间等.在可靠性理论和随机服务系统理论中,指数分布也有着广泛的应用.

指数分布有一个非常重要的性质.设 $X \sim E(\lambda)$,$s,t > 0$. 计算下面的条件概率:

$$P\{X > s+t \mid X > t\} = \frac{P\{X > s+t, X > t\}}{P\{X > t\}}.$$

由于 $\{X > s+t\} \subset \{X > t\}$,所以 $\{X > s+t\} \bigcap \{X > t\} = \{X > s+t\}$. 因此

$$P\{X > s+t \mid X > t\} = \frac{P\{X > s+t\}}{P\{X > t\}} = \frac{1 - P\{X \leq s+t\}}{1 - P\{X \leq t\}}$$

$$= \frac{\mathrm{e}^{-\lambda(s+t)}}{\mathrm{e}^{-\lambda t}} = \mathrm{e}^{-\lambda s}$$

$$= P\{X > s\}.$$

计算的结果表明,条件概率与 t 无关.这个性质称为无后效性,也称为无记忆性.指数分布的这一性质在可靠性理论以及排队论中有着很好的应用.

例 2.14 顾客在某银行窗口等待服务的时间 X 服从参数为 $\frac{1}{5}$ 的指数分布,X 的计时单位为分钟.若等待时间超过 10 min,则他就离开.设他一个月内要来银行 5 次,以 Y 表示一个月内他没有等到服务而离开窗口的次数,求 Y 的分布律及至少有一次没有等到服务的概率 $P\{Y \geq 1\}$.

解 由题意不难看出 $Y \sim B(5,p)$,而其中的概率 $p = P\{X > 10\}$,现 X 的概率

密度函数为
$$f(x)=\begin{cases}\dfrac{1}{5}\mathrm{e}^{-\frac{x}{5}}, & x\geqslant 0;\\ 0, & x<0.\end{cases}$$
因此
$$p=P\{X>10\}=\int_{10}^{+\infty}\dfrac{1}{5}\mathrm{e}^{-\frac{t}{5}}\mathrm{d}t=-\mathrm{e}^{-\frac{t}{5}}\Big|_{10}^{+\infty}=\mathrm{e}^{-2}.$$
由此知 Y 的分布律为
$$P\{Y=k\}=C_5^k(\mathrm{e}^{-2})^k(1-\mathrm{e}^{-2})^{5-k},\quad k=0,1,\cdots,5.$$
于是
$$P\{Y\geqslant 1\}=1-P\{Y=0\}=1-(1-\mathrm{e}^{-2})^5\approx 0.516\,7.$$

3. 正态分布

若连续型随机变量 X 的概率密度为
$$f(x)=\dfrac{1}{\sqrt{2\pi}\sigma}\mathrm{e}^{-\frac{(x-\mu)^2}{2\sigma^2}},\quad -\infty<x<+\infty,$$
其中 μ 和 σ 为常数,且 $\sigma>0$,则称随机变量 X 服从参数为 μ 和 σ 的正态分布,或高斯(Gauss)分布,记为 $X\sim N(\mu,\sigma^2)$.

容易验证,$f(x)\geqslant 0$ 且 $\int_{-\infty}^{+\infty}f(x)\mathrm{d}x=1$. 事实上令 $y=\dfrac{(x-\mu)}{\sigma}$,则
$$\int_{-\infty}^{+\infty}f(x)\mathrm{d}x=\dfrac{1}{\sqrt{2\pi}\sigma}\int_{-\infty}^{+\infty}\mathrm{e}^{-\frac{(x-\mu)^2}{2\sigma^2}}\mathrm{d}x=\dfrac{1}{\sqrt{2\pi}}\int_{-\infty}^{+\infty}\mathrm{e}^{-\frac{y^2}{2}}\mathrm{d}y,$$
由
$$\int_{-\infty}^{+\infty}\mathrm{e}^{-\frac{y^2}{2}}\mathrm{d}y=\sqrt{2\pi},$$
可知
$$\int_{-\infty}^{+\infty}f(x)\mathrm{d}x=1.$$

对于正态分布中的参数 μ 和 σ 将在第 4 章中说明. $f(x)$ 和 $F(x)$ 的图形分别见图 2.6 和图 2.7.

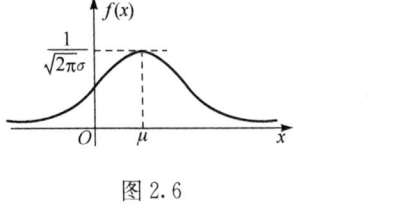

图 2.6

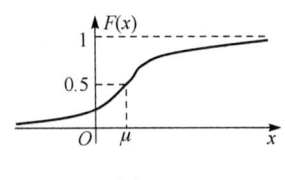

图 2.7

2.3 连续型随机变量

概率密度函数 $f(x)$ 具有以下性质：

性质 1 曲线 $y=f(x)$ 以 $x=\mu$ 为对称轴. 这说明,对于任意 $h>0$,有
$$P\{\mu-h<X<\mu\}=P\{\mu<X<\mu+h\}.$$

性质 2 当 $x=\mu$ 时,$f(x)$ 取最大值
$$f(\mu)=\frac{1}{\sqrt{2\pi}\sigma}.$$

由图 2.6 看出,x 离 μ 越远,$f(x)$ 越小. 这表明对于长度相同的区间,当它离 μ 越近,X 落在该区间的概率越大.

性质 3 在 $x=\mu\pm\sigma$ 处曲线有拐点,曲线以 Ox 为水平渐近线.

对于正态分布中的参数 μ,σ 而言,当 σ 固定时,改变 μ 的值,$y=f(x)$ 的图形沿 Ox 轴平移而不改变形状,故 μ 又称为位置参数(图 2.8). 若 μ 固定,改变 σ 的值,则 $y=f(x)$ 的图形的形状随着 σ 的增大而变得越来越"胖",X 的取值越分散,从而 X 落在 μ 附近的概率越小,σ 称为形状参数(图 2.9).

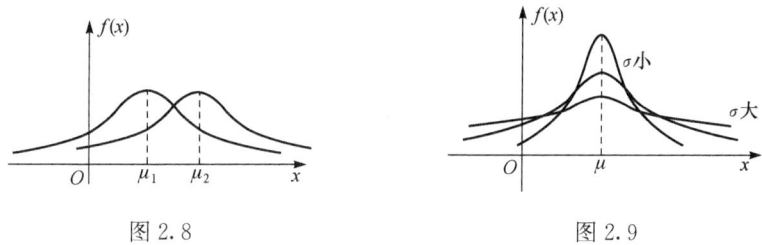

图 2.8　　　　　　　　　图 2.9

参数 $\mu=0,\sigma=1$ 的正态分布称为标准正态分布,记为 $X\sim N(0,1)$,其密度函数与分布函数分别记为
$$\varphi(x)=\frac{1}{\sqrt{2\pi}}\mathrm{e}^{-\frac{x^2}{2}},\quad -\infty<x<+\infty,$$
$$\Phi(x)=\frac{1}{\sqrt{2\pi}}\int_{-\infty}^{x}\mathrm{e}^{-\frac{t^2}{2}}\mathrm{d}t.$$

由分布函数的定义知,$\varphi(x)$ 的图形如图 2.10 和图 2.11 所示. 图 2.10 中阴影部分的面积就是 $\Phi(x)$. 由于 $\varphi(x)$ 关于 y 轴对称,因此对于任意实数 x,$\Phi(x)=1-\Phi(-x)$. 即如图 2.11 中,左边阴影部分的面积等于右边阴影部分的面积.

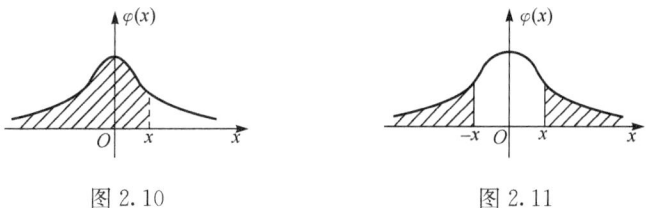

图 2.10　　　　　　　　　图 2.11

设随机变量 $X \sim N(\mu, \sigma^2)$，分布函数为 $F(x)$. 令 $y = \dfrac{t-\mu}{\sigma}$，则 X 的分布函数 $F(x)$ 可化为

$$F(x) = \frac{1}{\sqrt{2\pi}\sigma} \int_{-\infty}^{x} e^{-\frac{(t-\mu)^2}{2\sigma^2}} dt = \frac{1}{\sqrt{2\pi}} \int_{-\infty}^{\frac{x-\mu}{\sigma}} e^{-\frac{y^2}{2}} dy = \Phi\left(\frac{x-\mu}{\sigma}\right).$$

因此对 $x_1 < x_2$，有

$$P\{x_1 < X \leqslant x_2\} = P\left\{\frac{x_1-\mu}{\sigma} < \frac{X-\mu}{\sigma} \leqslant \frac{x_2-\mu}{\sigma}\right\}$$

$$= \Phi\left(\frac{x_2-\mu}{\sigma}\right) - \Phi\left(\frac{x_1-\mu}{\sigma}\right).$$

上式表明可以用标准正态分布的分布函数来计算一般正态分布的分布函数值，为计算方便，人们将标准正态分布的分布函数制成表供查用（附录 2.2）.

例 2.15 设 $X \sim N(\mu, \sigma^2)$，求 $P\{|X-\mu| < 3\sigma\}$.

解 $P\{|X-\mu| < 3\sigma\} = P\{\mu - 3\sigma < X < \mu + 3\sigma\}$

$$= \Phi\left(\frac{\mu + 3\sigma - \mu}{\sigma}\right) - \Phi\left(\frac{\mu - 3\sigma - \mu}{\sigma}\right)$$

$$= \Phi(3) - \Phi(-3) = 2\Phi(3) - 1$$

$$= 0.9974.$$

可见在一次试验中，X 落在区间 $(\mu - 3\sigma, \mu + 3\sigma)$ 的概率相当大且接近于 1，即 X 几乎必然落在上述区间内，或者说，在一般情形下，X 在一次试验中落在区间 $(\mu - 3\sigma, \mu + 3\sigma)$ 以外的概率可以忽略不计. 这就是通常所说的 3σ 原理.

例 2.16 设 $X \sim N(5, 2^2)$，求：

(1) $P\{|X| > 3\}$；

(2) 确定常数 c，使得

$$P\{X \leqslant c\} = P\{X > c\}.$$

解 (1) $P\{|X| > 3\} = 1 - P\{|X| \leqslant 3\} = 1 - P\{-3 \leqslant X \leqslant 3\}$

$$= 1 - \left[\Phi\left(\frac{3-5}{2}\right) - \Phi\left(\frac{-3-5}{2}\right)\right] = 1 - [\Phi(-1) - \Phi(-4)]$$

$$= 1 + \Phi(1) - \Phi(4) \approx 0.8413.$$

(2) 由于 $P\{X \leqslant c\} = P\{X > c\}$，而 $P\{X \leqslant c\} + P\{X > c\} = 1$. 所以 $P\{X \leqslant c\} = \dfrac{1}{2}$，即 $\Phi\left(\dfrac{c-5}{2}\right) = \dfrac{1}{2}$. 故

$$\frac{c-5}{2} = 0,$$

即

$$c = 5.$$

例 2.17 设测量误差 $X \sim N(0,10^2)$,现进行 100 次独立测量,求误差的绝对值超过 19.6 的次数不小于 3 的概率.

解 设 Y 是误差的绝对值超过 19.6 的次数,则 $Y \sim B(100,p)$. 其中

$$p = P\{19.6 < |X|\} = 1 - P\{|X| \leq 19.6\} = 1 - P\left\{\left|\frac{X-0}{10}\right| \leq \frac{19.6-0}{10}\right\}$$
$$= 1 - [\Phi(1.96) - \Phi(-1.96)] = 2 - 2\Phi(1.96)$$
$$\approx 2 - 2 \times 0.975$$
$$= 0.05.$$

由于这里 $n = 100$ 较大,而 $p = 0.05$ 较小,因此可以用泊松定理计算

$$P\{Y \geq 3\} \approx 1 - \frac{5^0 e^{-5}}{0!} - \frac{5^1 e^{-5}}{1!} - \frac{5^2 e^{-5}}{2!} = 1 - \frac{37}{2} e^{-5} \approx 0.87.$$

为了以后便于应用,下面引入标准正态随机变量的 α 分位点的概念.

设 $X \sim N(0,1)$,给定 $\alpha (0 < \alpha < 1)$,Z_α 和 $Z_{\frac{\alpha}{2}}$ 分别满足 $P\{X > Z_\alpha\} = \alpha$,$P\{|X| > Z_{\frac{\alpha}{2}}\} = \alpha$,则称 Z_α 为标准正态分布的上侧 α 分位点(图 2.12),$Z_{\frac{\alpha}{2}}$ 为双侧 α 分位点 (图 2.13).

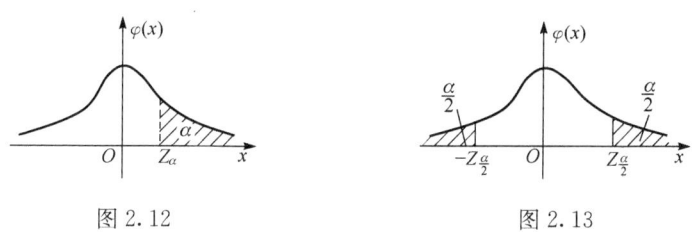

图 2.12   图 2.13

分位点 Z_α 和 $Z_{\frac{\alpha}{2}}$ 在给定 $\alpha (0 < \alpha < 1)$ 后,分别可由 $\Phi(Z_\alpha) = 1 - \alpha$,$\Phi(Z_{\frac{\alpha}{2}}) = 1 - \frac{\alpha}{2}$ 查表得到. 若 $\alpha = 0.05$,则查表可得 $Z_{0.05} = 1.65$,$Z_{\frac{0.05}{2}} = 1.96$.

正态分布是概率论和数理统计中最常见的一种分布,在实际问题中许多随机变量都服从或近似服从正态分布. 例如,农作物的收获量,电子管的噪声电压,高考的考试成绩,测量误差等都可以认为是服从正态分布. 一般来说,一个随机变量如果是大量相互独立的偶然因素之和,而每个因素的个别影响在总的影响中所起的作用都很微小,那么这个随机变量就会服从或近似服从正态分布,这一点将在第 5 章说明.

2.4 随机变量的函数的分布

在实际问题中,人们有时会对某些随机变量的函数感兴趣. 例如,在一些试验

中,所关心的随机变量不能由直接测量得到,而是某个可以直接测量的随机变量的函数.比如要想知道一个圆柱形轴承的截面积 S,一般只能测得其直径 d,然后通过公式 $S=\frac{1}{4}\pi d^2$ 来计算 S.这里随机变量 S 是随机变量 d 的函数.本节将讨论在已知随机变量 X 的概率分布的情况下,如何来求函数 $Y=g(X)$ 的概率分布.一般地,要求函数 $g(x)$ 是已知的连续函数.

在求随机变量 $Y=g(X)$ 的概率分布时,通常是把用 Y 表示的随机事件转化为用 X 表示的随机事件.下面分别就当 X 是离散型和连续型随机变量的情况来求 Y 的概率分布.

2.4.1 离散型随机变量的函数的分布

设随机变量 X 的分布律为
$$P\{X=x_k\}=p_k, \quad k=1,2,3,\cdots,$$
则当 $Y=g(X)$ 的所有取值为 $y_j(j=1,2,\cdots)$ 时,随机变量 Y 有分布律
$$P\{Y=y_j\}=q_j, \quad j=1,2,3,\cdots,$$
其中 $q_j = \sum\limits_{g(x_i)=y_j} P\{X=x_i\}$,即 q_j 是所有满足 $g(x_i)=y_j$ 的 x_i 对应的 X 的概率 $P\{X=x_i\}=p_i$ 的和.

例 2.18 已知随机变量 X 的分布律如表 2.4 所示.

表 2.4

X	0	1	2	3	4	5
P	$\frac{1}{12}$	$\frac{1}{6}$	$\frac{1}{3}$	$\frac{1}{12}$	$\frac{2}{9}$	$\frac{1}{9}$

求随机变量 $Y=(X-2)^2$ 的分布律.

解 随机变量 $Y=(X-2)^2$ 的所有可能的取值为 $0,1,4,9$. 且
$$\{Y=0\}=\{X=2\};$$
$$\{Y=1\}=\{X=1\}\cup\{X=3\};$$
$$\{Y=4\}=\{X=0\}\cup\{X=4\};$$
$$\{Y=9\}=\{X=5\}.$$
所以 Y 的分布律如表 2.5 所示.

表 2.5

Y	0	1	4	9
P	$\frac{1}{3}$	$\frac{1}{4}$	$\frac{11}{36}$	$\frac{1}{9}$

例 2.19 设随机变量 X 具有分布律

$$P\{X=k\}=\frac{1}{2^k}, \quad k=1,2,\cdots.$$

求 $Y=\sin\left(\frac{\pi}{2}X\right)$ 的分布律.

解 当 $X=k$ 时

$$\sin\left(\frac{\pi}{2}k\right)=\begin{cases}-1, & k=4n-1;\\ 1, & k=4n-3; \\ 0, & k=2n,\end{cases} \quad n=1,2,\cdots.$$

故 Y 只能取 $-1,0,1$ 三个值,且

$$P\{Y=-1\}=\frac{1}{2^3}+\frac{1}{2^7}+\cdots+\frac{1}{2^{4n-1}}+\cdots=\frac{2}{15},$$

$$P\{Y=1\}=\frac{1}{2}+\frac{1}{2^5}+\cdots+\frac{1}{2^{4n-3}}+\cdots=\frac{8}{15},$$

$$P\{Y=0\}=\frac{1}{2^2}+\frac{1}{2^4}+\cdots+\frac{1}{2^{2n}}+\cdots=\frac{1}{3}.$$

所以 Y 的概率分布如表 2.6 所示.

表 2.6

Y	-1	0	1
P	$\frac{2}{15}$	$\frac{1}{3}$	$\frac{8}{15}$

2.4.2 连续型随机变量的函数的分布

设随机变量 X 的概率密度函数为 $f_X(x)(-\infty<x<+\infty)$,则 $Y=g(X)$ 的分布函数为

$$F_Y(y)=P\{Y\leqslant y\}=P\{g(X)\leqslant y\}=\int_{g(x)\leqslant y}f_X(x)\mathrm{d}x,$$

其概率密度函数为

$$f_Y(y)=\frac{\mathrm{d}}{\mathrm{d}y}F_Y(y).$$

例 2.20 设随机变量 $X\sim N(0,1)$,求 $Y=X^2$ 的概率密度.

解 设 Y 的分布函数 $F_Y(y)=P\{Y\leqslant y\}$. 由于 $Y=X^2\geqslant 0$,故当 $y<0$ 时,

$$F_Y(y)=0;$$

当 $y\geqslant 0$ 时,

$$P\{Y\leqslant y\}=P\{X^2\leqslant y\}=P\{-\sqrt{y}\leqslant X\leqslant \sqrt{y}\}=\int_{-\sqrt{y}}^{\sqrt{y}}f_X(x)\mathrm{d}x.$$

由 $f_X(x)=\dfrac{1}{\sqrt{2\pi}}e^{-\frac{x^2}{2}}$，代入上式，然后对 y 求导，即得 $Y=X^2$ 的概率密度函数为

$$f(y)=\frac{1}{\sqrt{2\pi}}y^{-\frac{1}{2}}e^{-\frac{y}{2}}, \quad y>0.$$

在以上的例子中，都是将由 Y 表示的随机事件转化成用 X 表示的随机事件，从而直接求出 Y 的分布函数，这种方法称为"直接法"。对于一类简单的函数下面不予证明地给出以下的结论。

定理 2.2 设随机变量 X 具有概率密度 $f_X(x)$，$-\infty<x<+\infty$，又设函数 $g(x)$ 处处可导，且有 $g'(x)>0$（或恒有 $g'(x)<0$），则 $Y=g(X)$ 是连续型随机变量，其概率密度为

$$f_Y(y)=\begin{cases}f_X[h(y)]|h'(y)|, & \alpha<y<\beta;\\ 0, & \text{其他,}\end{cases}$$

其中 $\alpha=\min(g(-\infty),g(\infty))$，$\beta=\max(g(-\infty),g(\infty))$，$h(y)$ 是 $g(x)$ 的反函数。

例 2.21 设随机变量 $X\sim N(\mu,\sigma^2)$，$Y=aX+b$（其中 $a\neq 0$），求 Y 的密度函数。

解 X 的概率密度函数为

$$f(x)=\frac{1}{\sqrt{2\pi}\sigma}e^{-\frac{(x-\mu)^2}{2\sigma^2}}, \quad -\infty<x<+\infty.$$

而 $y=g(x)=ax+b$，由此可得 $x=h(y)=\dfrac{y-b}{a}$，且 $h'(y)=\dfrac{1}{a}$，由定理得 Y 的概率密度为

$$f_Y(y)=\frac{1}{|a|}f_X\left(\frac{y-b}{a}\right), \quad -\infty<y<\infty.$$

即

$$f_Y(y)=\frac{1}{|a|}\frac{1}{\sqrt{2\pi}\sigma}e^{-\frac{\left(\frac{y-b}{a}-\mu\right)^2}{2\sigma^2}}$$

$$=\frac{1}{|a|\sigma\sqrt{2\pi}}e^{-\frac{[y-(b+a\mu)]^2}{2(a\sigma)^2}}, \quad -\infty<y<\infty.$$

即有

$$Y=aX+b\sim N(a\mu+b,(a\sigma)^2).$$

特别地，取 $a=\dfrac{1}{\sigma}$，$b=-\dfrac{\mu}{\sigma}$ 时，有 $Y=\dfrac{X-\mu}{\sigma}\sim N(0,1)$。

例 2.21 说明，正态分布随机变量的线性函数仍然服从正态分布。

【相关阅读】

Excel 在概率计算中的简单应用

Excel 是大家熟悉的微软公司推出的办公软件,该软件是一个电子表格处理系统.用户可以利用 Excel 软件编制自己需要的特定格式表格文件,并在此基础上进行各种操作.Excel 功能强大.下面通过几个例子来介绍一下它在概率计算中的简单应用.

1. 计算二项分布

利用 Excel 计算二项分布,可以使用 BINOMDIST 函数,其格式如下:
$$\text{BINOMDIST}(成功次数,试验次数,成功概率,累积分布),$$
其中,成功次数指试验成功的次数;试验次数指独立试验的次数;成功概率指每次试验成功的概率;累积分布可取 0 或 1,若选 0,计算的是概率值;若选 1,计算的是累积概率.

例 2.22 设随机变量 $X \sim B(4, 0.75)$,计算:

(1) $P\{X=2\}$;

(2) $P\{X \leqslant 3\}$.

解 (1) 在任一单元格,如 A1 中输入"=BINOMDIST(2,4,0.75,0)",回车后得 0.210 938,即 $P\{X=2\}=0.210\ 938$;

(2) 在任一单元格,如 A1 中输入"=BINOMDIST(2,4,0.75,1)",回车后得 0.261 719,即 $P\{X \leqslant 3\}=0.683\ 594$.

2. 计算正态分布

利用 Excel 计算正态分布,可以使用 NORMDIST 函数,格式如下:
$$\text{NORMDIST}(变量,均值,标准差,累积),$$
其中,变量是指分布要计算的 X 值;均值是指分布的均值;标准差是指分布的标准方差.累积可取 0 或 1,若选 1,则计算的为分布函数,若选 0,则计算的为概率密度函数.

例 2.23 已知考试成绩 $X \sim N(600, 100^2)$,求考试成绩低于 500 分的概率.

解 在 Excel 中的任意单元格中输入公式"=NORMDIST(500,600,100,1)",回车得到 0.158 655,即 $P\{X<500\}=0.158\ 655$.

当随机变量 X 服从标准正态分布时,可以利用函数 NORMSDIST 计算概率.格式如下:
$$\text{NORMSDIST}(Z).$$

例 2.24 设随机变量 $X \sim N(0,1)$,计算 $P\{X<1\}$.

解 在 Excel 的任意单元格中输入公式:"=NORMSDIST(1)",回车得到结果 0.841 345,即

$$P\{X<1\}=0.841\ 345.$$

利用 Excel 还可以计算正态分布的上侧分位数,其函数是 NORMINV. 格式如下:

$$\text{NORMINV}(概率,均值,标准差).$$

例 2.25 已知 $X \sim N(350,40^2)$,$p=0.825$,求 z,使得 $P\{X<z\}=0.825$.

解 在 Excel 中点击任意单元格,输入公式:"=NORMINV(0.825,360,40)",回车得到 397.383 6,即 z 的值.

当 $X \sim N(0,1)$ 时,可以用函数 NORMSINV 计算标准正态分布的上侧分位数,格式是:

$$\text{NORMSINV}(概率).$$

例 2.26 设随机变量 $X \sim N(0,1)$,求 x,使得 $P\{X<x\}=0.977\ 25$.

解 在 Excel 中点击任意单元格,输入公式:"=NORMSINV(0.977 25)",回车得到 2,即 $x=2$.

在 Excel 的统计函数库中还有很多用来计算概率的函数,有兴趣的读者可以按照菜单上的要求输入不同分布的随机变量的值,求出相应类型的概率.

习 题 2

(A)

1. 一批晶体管中有 9 只合格品、3 只次品,现从中任取一只安装在电子设备上. 如果发现取得的产品是次品则不再放回,求在取得合格品前取得次品数的分布律.

2. 设随机变量 X 分布律为

$$P\{X=k\}=C\left(\frac{2}{3}\right)^k, \quad k=1,2,3.$$

求常数 C 的值.

3. 袋子中装有 5 只白球、3 只黑球,从中任取 1 只,如果是黑球就不放回去,并从其他地方取来一只白球放入袋中,再从袋中取 1 只球. 如此继续下去,直到取到白球为止. 求直到取到白球为止时所需的取球次数 X 的分布律.

4. 一放射源放射的任一粒子穿透某一屏蔽物的概率为 0.01. 现放射出 100 个粒子,求至少有两个粒子穿透屏蔽物的概率.

5. 某厂有 7 个顾问,假定每个顾问贡献正确意见的可能性都是 0.6. 现为某件事的可行与否逐个地征求每个顾问的意见,并按多数顾问的意见作决策. 求该厂对此件事作出正确决策的概率.

6. 有一大批产品,其验收方案如下:先作第一次检验,从中任取 10 件,经检验无次品时接受这批产品,次品数大于 2 时拒收;否则作第二次检验,其做法是从中任取 5 件,仅当 5 件中无次品时接受这批产品.若产品的次品率为 10%,求:

(1) 这批产品经第一次检验就能被接受的概率;
(2) 需要作第二次检验的概率;
(3) 这批产品按第二次检验的标准被接受的概率;
(4) 这批产品第一次检验未能作决定且第二次检验时被通过的概率;
(5) 这批产品被接受的概率.

7. 某商店出售某种高档商品,根据以往经验,每月销售量 X 服从参数 $\lambda=3$ 的泊松分布,问在月初进货时要库存此商品多少件,才能以 99% 的概率满足顾客的需要.

8. 某工厂宣称自己的产品的次品率为 20%,检验人员从该厂的产品中随机地抽取 10 件,发现有 3 件次品,可否据此判断该厂谎报了次品率?

9. 设连续型随机变量 X 的概率密度为
$$f(x)=\begin{cases} Ax^2, & 0 \leqslant x \leqslant 1; \\ 0, & 其他. \end{cases}$$

试求:(1) 系数 A;(2) X 的分布函数;(3) $P\{0.1<X<0.7\}$.

10. 设连续型随机变量 X 的密度函数为
$$f(x)=\begin{cases} cx, & 0 \leqslant x<3; \\ 2-\dfrac{x}{2}, & 3 \leqslant x \leqslant 4; \\ 0, & 其他. \end{cases}$$

求:(1) 常数 c;(2) $P\{2<X<6\}$.

11. 设随机变量 X 的分布函数为
$$F(x)=\begin{cases} 1-(1+x)\mathrm{e}^{-x}, & x \geqslant 0; \\ 0, & x<0. \end{cases}$$

求 X 的概率密度,并计算 $P\{X \leqslant 1\}$ 和 $P\{X>3\}$.

12. 设随机变量 X 均匀分布于区间 $[-2,5]$,求方程
$$4u^2+4Xu+X+2=0$$
有实根的概率.

13. 设某电子元件的寿命 X(单位:h)服从参数 $\lambda=\dfrac{1}{300}$ 的指数分布.现有 4 个这种元件在独立地工作,以 Y 表示这 4 个元件中寿命超过 600h 的元件个数.

(1) 求随机变量 Y 的分布律;
(2) 求至少有 3 个元件的寿命超过 600h 的概率.

14. 设随机变量 X 的分布函数为
$$F(x)=\begin{cases} 0, & x<1; \\ \ln x, & 1 \leqslant x<\mathrm{e}; \\ 1, & \mathrm{e} \leqslant x. \end{cases}$$

试求:(1)$P\{X<2\}$;(2)$P\{2<X<\dfrac{5}{2}\}$;(3)X 的概率密度函数 $f(x)$.

15. 设连续型随机变量 X 的概率密度函数为
$$f(x)=\begin{cases}\dfrac{k}{\sqrt{1-x^2}}, & |x|<1;\\ 0, & |x|\geqslant 1.\end{cases}$$
试求:(1)系数 k;(2)$P\left\{|X|<\dfrac{1}{2}\right\}$;(3)$X$ 的分布函数.

16. 设 $X\sim N(3,2^2)$,确定常数 C,使得(1)$P\{X<C\}=P\{X\geqslant C\}$;(2)$P\{X<C\}=2P\{X\geqslant C\}$.

17. 由统计物理学规律知,分子运动速度的绝对值 X 服从麦克斯韦分布,其概率密度为
$$f(x)=\begin{cases}Ax^2\mathrm{e}^{-\frac{x^2}{b}}, & x>0;\\ 0, & 其他,\end{cases}$$
其中,$b=\dfrac{m}{2kT}$,k 为玻尔兹曼常量,T 为绝对温度,m 为分子质量.试确定常数 A.

18. 设随机变量 X 的概率密度为
$$f(x)=\begin{cases}x, & 0\leqslant x<1;\\ 2-x, & 1\leqslant x<2;\\ 0, & 其他.\end{cases}$$
求 X 的分布函数 $F(x)$,并画出 $f(x)$ 及 $F(x)$ 的图形.

19. 某城市每天用电量不超过百万度,以 X 表示每天的耗电率(即用电量除以百万度所得之商),它的概率密度为
$$f(x)=\begin{cases}ax(1-x)^2, & 0<x<1;\\ 0, & 其他.\end{cases}$$
(1) 求 a 的值;(2)若该城市发电厂每天供电量为 80 万度,求供电不能满足需要(即耗电率大于 0.8)的概率.

20. 某厂生产的某种电子元件的寿命 X(单位:h)服从正态分布 $N(1\,600,\sigma^2)$,如果要求元件的寿命在 1 200h 以上的概率不小于 0.96,试求常数 σ 的值.

21. 已知随机变量 X 的分布律如表 2.7 所示.

表 2.7

X	-1	-2	1	2
P	0.3	0.1	0.2	0.4

求随机变量 $Y=X^2$ 的分布律.

22. 设随机变量 X 服从 $(0,1)$ 上的均匀分布,求以下随机变量的概率密度函数.

(1) $Y=3X+1$;

(2) $Z=\ln X$;

(3) $W=\mathrm{e}^X$.

23. 对球的直径进行近似测量,用 X 表示测量值,设 X 是服从区间 $(a,b)(a>0)$ 上均匀分布

的随机变量,求球的体积的概率密度.

24. 设随机变量 X 服从 $\left(-\dfrac{\pi}{2},\dfrac{\pi}{2}\right)$ 上的均匀分布,求 $Y=\cos X$ 的概率分布函数.

25. 设随机变量 $X\sim N(0,1)$,求 $|X|$ 的概率密度.

(B)

1. 设随机变量 X 的概率密度为 $f(x)$,且其为偶函数,设 $F(x)$ 是 X 的分布函数,则对任意的实数 a,有( ).

(A) $F(-a)=1-\int_0^a f(x)\mathrm{d}x$;   (B) $F(-a)=\dfrac{1}{2}-\int_0^a f(x)\mathrm{d}x$;

(C) $F(-a)=F(a)$;   (D) $F(-a)=2F(a)-1$.

2. 设随机变量 X 服从参数为 1 的指数分布,已知事件 $A=\{a<X<5\}$,$B=\{0<X<3\}$ 独立,求 a 的值.

3. 随机数字序列要有多长才能使 0 至少出现一次的概率不小于 0.9?

4. 设随机变量 X 的分布律为
$$P\{X=k\}=a\dfrac{\lambda^k}{k!},\quad k=0,1,2,\cdots,$$
$\lambda>0$ 为常数,求常数 a.

5. 设随机变量 X 的密度函数为
$$f(x)=\begin{cases}\mathrm{e}^x, & x\geqslant 0;\\ 0, & x<0.\end{cases}$$
求 $Y=\mathrm{e}^X$ 的密度函数.

6. 设随机变量的分布律如表 2.8 所示.

表 2.8

X	-2	-1	0	1	3
p_i	$\dfrac{1}{5}$	$\dfrac{1}{6}$	$\dfrac{1}{5}$	$\dfrac{1}{15}$	$\dfrac{11}{30}$

求 $Y=X^2$ 的分布律.

第 3 章 多维随机变量及其分布

第 2 章主要讨论了用一个随机变量来描述随机试验结果的情况,但在实际问题中,许多随机试验的结果需要同时用两个或两个以上的随机变量来描述.比如,炮弹的弹着点的位置需要用它的横坐标与纵坐标来确定,而横坐标和纵坐标是定义在同一个样本空间上的两个随机变量;要考察某地区的儿童身体发育情况,需要同时考察身高与体重两个指标,而身高与体重也是定义在同一个样本空间上的两个随机变量.为此本章引入多维随机变量的概念,并讨论多维随机变量的统计规律.

本章将讨论多维随机变量作为一个整体的统计规律,还要研究单个随机变量的统计规律,同时还要讨论每个随机变量之间的关系.

3.1 二维随机变量及其分布

本节主要讨论二维随机变量及其概率分布,并把它们推广到 n 维随机变量.

3.1.1 二维随机变量及其分布函数

定义 3.1 设 E 是一个随机试验,$S=\{e\}$ 为其样本空间,$X=X(e)$ 和 $Y=Y(e)$ 都是定义在 S 上的随机变量,则由它们构成的一个二维向量 (X,Y) 称为**二维随机变量**或**二维随机向量**.

二维随机变量 (X,Y) 的性质不仅与 X 和 Y 有关,而且还依赖于这两个随机变量的相互关系.因此仅仅研究 X 和 Y 的性质是不够的,还需要把 (X,Y) 作为一个整体来进行研究.

与一维随机变量类似,下面也用分布函数来描述二维随机变量的统计规律.

定义 3.2 设 (X,Y) 是二维随机变量,对于任意实数 x,y,二元函数
$$F(x,y)=P\{(X\leqslant x)\cap(Y\leqslant y)\}=P\{X\leqslant x,Y\leqslant y\}$$
称为二维随机变量 (X,Y) 的**分布函数**,或称为随机变量 X 和 Y 的**联合分布函数**,简称**分布函数**.

如果把 (X,Y) 看成坐标平面上的随机点,则由定义可知,分布函数 $F(x,y)$ 表示随机点 (X,Y) 落在以 (x,y) 为顶点且位于该点左下方的阴影区域的概率(图 3.1).点 (X,Y) 落在矩形域 $\{x_1<x\leqslant x_2;y_1<y\leqslant y_2\}$ 的概率为(图 3.2)
$$P\{x_1<X\leqslant x_2,y_1<Y\leqslant y_2\}=F(x_2,y_2)-F(x_1,y_2)-F(x_2,y_1)+F(x_1,y_1).$$

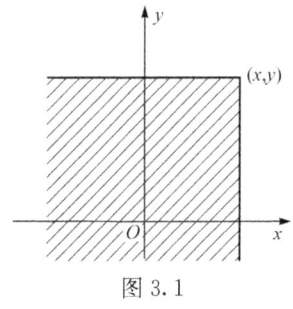
图 3.1

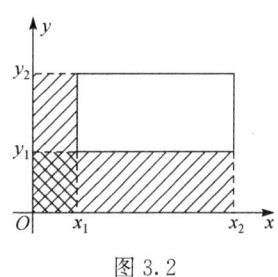
图 3.2

由分布函数的定义和概率的性质可以容易地得到 $F(x,y)$ 的下述性质.

性质 1　$F(x,y)$ 是单变量 x 和单变量 y 的单调不减函数.

对于任意固定的 y,当 $x_2>x_1$ 时,$F(x_2,y) \geqslant F(x_1,y)$;

对于任意固定的 x,当 $y_2>y_1$ 时,$F(x,y_2) \geqslant F(x,y_1)$.

性质 2　$F(x,y)$ 是有界的,即 $0 \leqslant F(x,y) \leqslant 1$,且对于任意固定的 y,$F(-\infty,y)=0$;对于任意固定的 x,$F(x,-\infty)=0$;$F(-\infty,-\infty)=0$,$F(+\infty,+\infty)=1$.

性质 3　$F(x,y)$ 关于单变量 x 右连续,关于单变量 y 右连续,即
$$F(x,y)=F(x+0,y), \quad F(x,y)=F(x,y+0).$$

性质 4　对于任意 $(x_1,y_1),(x_2,y_2)$,若 $x_1 \leqslant x_2, y_1 \leqslant y_2$,下述不等式成立
$$F(x_2,y_2)-F(x_1,y_2)-F(x_2,y_1)+F(x_1,y_1) \geqslant 0.$$

例 3.1　设二维随机变量 (X,Y) 的分布函数为
$$F(x,y)=A\left(B+\arctan \frac{x}{2}\right)\left(C+\arctan \frac{y}{3}\right),$$
其中 A,B,C 为常数,$-\infty<x<+\infty, -\infty<y<+\infty$.

(1) 试确定 A,B,C 的值;

(2) 求 $P\{0<X \leqslant 2, 0<Y \leqslant 3\}$.

解　(1) 由联合分布函数的性质,知
$$F(+\infty,+\infty)=A\left(B+\frac{\pi}{2}\right)\left(C+\frac{\pi}{2}\right)=1,$$
$$F(-\infty,+\infty)=A\left(B-\frac{\pi}{2}\right)\left(C+\frac{\pi}{2}\right)=0,$$
$$F(+\infty,-\infty)=A\left(B+\frac{\pi}{2}\right)\left(C-\frac{\pi}{2}\right)=0,$$

由此可解得 $A=\dfrac{1}{\pi^2}, B=\dfrac{\pi}{2}, C=\dfrac{\pi}{2}$.

因此
$$F(x,y)=\frac{1}{\pi^2}\left(\frac{\pi}{2}+\arctan \frac{x}{2}\right)\left(\frac{\pi}{2}+\arctan \frac{y}{3}\right).$$

(2) $P\{0<X\leqslant 2,0<Y\leqslant 3\}=F(2,3)-F(2,0)-F(0,3)+F(0,0)=\dfrac{1}{16}$.

根据二维随机变量的可能取值的不同,可将其分为二维离散型随机变量和二维连续型随机变量.以下将分别讨论二维离散型随机变量和二维连续型随机变量及其概率分布.

3.1.2 二维离散型随机变量及其概率分布

若二维随机变量(X,Y)的所有可能取值是有限对或可列无限多对,则称(X,Y)为二维离散型随机变量.

设二维离散型随机变量(X,Y)所有可能的取值为(x_i,y_j),$i,j=1,2,\cdots$. 称(X,Y)取(x_i,y_j)的概率

$$P\{X=x_i,Y=y_j\}=p_{ij},\quad i,j=1,2,\cdots$$

为二维离散型随机变量(X,Y)的概率分布或分布律,或随机变量X和Y的联合分布律.

由概率的性质可知(X,Y)的概率分布满足

(1) $p_{ij}\geqslant 0$;

(2) $\sum\limits_{i=1}^{+\infty}\sum\limits_{j=1}^{+\infty}p_{ij}=1$.

一般地,人们常用表格来列出随机变量X和Y的联合分布律.

例 3.2 设随机变量X在$1,2,3,4$四个整数中等可能地取值,另一个随机变量Y在$1\sim X$中等可能地取一整数值.试求(X,Y)的分布律.

解 $p_{ij}=P\{X=i,Y=j\}=P\{Y=j|X=i\}\cdot P\{X=i\}$

$=\dfrac{1}{i}\cdot\dfrac{1}{4},\quad i=1,2,3,4,j\leqslant i.$

(X,Y)的分布律用表 3.1 表示如下:

表 3.1

Y \ X	1	2	3	4
1	$\dfrac{1}{4}$	$\dfrac{1}{8}$	$\dfrac{1}{12}$	$\dfrac{1}{16}$
2	0	$\dfrac{1}{8}$	$\dfrac{1}{12}$	$\dfrac{1}{16}$
3	0	0	$\dfrac{1}{12}$	$\dfrac{1}{16}$
4	0	0	0	$\dfrac{1}{16}$

二维离散型随机变量 (X,Y) 的分布函数可由分布律表示如下：
$$F(x,y) = \sum_{x_i \leqslant x, y_j \leqslant y} p_{ij},$$
其中和式是对一切满足 $x_i \leqslant x, y_j \leqslant y$ 的 i,j 来求的.

由于二维离散型随机变量的分布函数一般较繁琐，习惯上用分布律来讨论二维随机变量.

3.1.3 二维连续型随机变量及其概率分布

设二维随机变量 (X,Y) 的分布函数为 $F(x,y)$，若存在非负函数 $f(x,y)$，使得
$$F(x,y) = \int_{-\infty}^{x} \int_{-\infty}^{y} f(u,v) \mathrm{d}u \mathrm{d}v,$$
则称 (X,Y) 是连续型的二维随机变量，函数 $f(x,y)$ 称为二维随机变量 (X,Y) 的概率密度，或称为随机变量 X 和 Y 的联合概率密度.

根据定义，概率密度 $f(x,y)$ 具有以下性质：

性质 1 $f(x,y) \geqslant 0$；

性质 2 $\int_{-\infty}^{+\infty} \int_{-\infty}^{+\infty} f(x,y) \mathrm{d}x \mathrm{d}y = F(+\infty, +\infty) = 1$；

性质 3 若 $f(x,y)$ 在点 (x,y) 连续，则有 $\dfrac{\partial^2 F(x,y)}{\partial x \partial y} = f(x,y)$；

性质 4 设 G 是 xOy 平面上的一个区域，点 (X,Y) 落在区域 G 内的概率为
$$P\{(X,Y) \in G\} = \iint_G f(x,y) \mathrm{d}x \mathrm{d}y.$$

在几何上 $z = f(x,y)$ 表示空间的一张曲面. 由性质知，介于该曲面和 xOy 平面之间的空间区域的体积是 1；$P\{(X,Y) \in G\}$ 的值等于以 G 为底，以曲面 $z = f(x,y)$ 为顶的曲顶柱体的体积.

例 3.3 已知二维随机变量 (X,Y) 的联合密度函数为
$$f(x,y) = \begin{cases} k\mathrm{e}^{-2x-3y}, & x>0, y>0; \\ 0, & \text{其他}. \end{cases}$$
试求：

(1) 常数 k；

(2) 联合分布函数 $F(x,y)$；

(3) 概率 $P\{X+2Y \leqslant 1\}$.

解 (1) 利用联合密度函数的性质，
$$1 = \int_{-\infty}^{+\infty} \int_{-\infty}^{+\infty} f(x,y) \mathrm{d}x \mathrm{d}y = \int_0^{+\infty} \int_0^{+\infty} k\mathrm{e}^{-2x-3y} \mathrm{d}x \mathrm{d}y$$
$$= k \int_0^{+\infty} \mathrm{e}^{-2x} \mathrm{d}x \int_0^{+\infty} \mathrm{e}^{-3y} \mathrm{d}y$$

$$= \frac{k}{6}.$$

得 $k=6$,且

$$f(x,y) = \begin{cases} 6e^{-2x-3y}, & x>0, y>0; \\ 0, & 其他. \end{cases}$$

(2) 由定义

$$F(x,y) = \int_{-\infty}^{x}\int_{-\infty}^{y} f(u,v)\,dv\,du = \begin{cases} \int_{0}^{x}\int_{0}^{y} 6e^{-2u-3v}\,dv\,du, & x>0, y>0; \\ 0, & 其他. \end{cases}$$

$$= \begin{cases} (1-e^{-2x})(1-e^{-3y}), & x>0, y>0; \\ 0, & 其他. \end{cases}$$

(3) $P\{X+2Y \leqslant 1\} = \iint_{x+2y\leqslant 1} f(x,y)\,dy\,dx = \int_{0}^{1}dx \int_{0}^{\frac{1}{2}(1-x)} 6e^{-2x-3y}\,dy$

$$= 2\int_{0}^{1}(e^{-2x} - e^{-\frac{3}{2}} \cdot e^{-\frac{1}{2}x})\,dx$$

$$\approx 0.513\,5.$$

若连续型随机变量 (X,Y) 的概率密度 $f(x,y)$ 为

$$f(x,y) = \begin{cases} \dfrac{1}{A}, & (x,y) \in G; \\ 0, & 其他, \end{cases}$$

其中 G 为平面有界区域,A 是其面积,则称 (X,Y) 在 G 上服从均匀分布.

若 G_1 是 G 内面积为 A_1 的子区域,则

$$P\{(X,Y) \in G_1\} = \frac{1}{A}\iint_{G_1} dx\,dy = \frac{A_1}{A}.$$

此概率仅与 G_1 的面积有关(成正比),而与 G_1 在 G 内的位置无关,这正是均匀分布的"均匀"含义. 均匀分布常可用来描述几何概型.

例 3.4(约会问题) 两人相约 7 点到 8 点间在某地会面,先到者等候另一人 20 分钟,若另一方过时不到就可离去,试求这两人能会面的概率.

解 以 X,Y 分别表示两人到达时刻(单位:min),则 (X,Y) 在 $\{0 \leqslant X \leqslant 60; 0 \leqslant Y \leqslant 60\}$ 上服从均匀分布. 而两人会面的充要条件为

$$|X-Y| \leqslant 20, \quad 0 \leqslant X \leqslant 60, \quad 0 \leqslant Y \leqslant 60.$$

利用几何概率,所求概率为

$$p = \frac{60^2 - 2 \times \frac{1}{2} \times 40^2}{60^2} = \frac{5}{9}.$$

下面利用本节知识求解该问题. 由 X,Y 相互独立且服从均匀分布,二维随机

变量(X,Y)的密度函数为

$$f(x,y)=\begin{cases}\dfrac{1}{3\,600}, & 0\leqslant x\leqslant 60, 0\leqslant y\leqslant 60;\\ 0, & \text{其他}.\end{cases}$$

所以,

$$P\{|X-Y|\leqslant 20\}=\iint_{|x-y|\leqslant 20}f(x,y)\mathrm{d}\sigma=\frac{5}{9}.$$

二维正态分布也是一种常见的连续型随机分布.

设二维随机变量(X,Y),若密度函数为

$$f(x,y)=\frac{1}{2\pi\sigma_1\sigma_2\sqrt{1-\rho^2}}$$
$$\exp\left\{-\frac{1}{2(1-\rho^2)}\left[\left(\frac{x-\mu_1}{\sigma_1}\right)^2-2\rho\frac{(x-\mu_1)(y-\mu_2)}{\sigma_1\sigma_2}+\left(\frac{y-\mu_2}{\sigma_2}\right)^2\right]\right\}.$$

称(X,Y)服从正态分布,其中$\mu_1,\mu_2,\sigma_1,\sigma_2,\rho$为参数,$|\rho|<1$,记为

$$(X,Y)\sim N(\mu_1,\mu_2,\sigma_1^2,\sigma_2^2,\rho).$$

关于二维随机变量的以上讨论可推广到$n(n>2)$维随机变量的情况.

一般地,设E是一个随机试验,它的样本空间$S=\{e\}$,$X_1=X_1(e),X_2=X_2(e),\cdots,X_n=X_n(e)$是定义在$S$上的随机变量,由它们构成的一个$n$维向量$(X_1,X_2,\cdots,X_n)$叫做$n$维随机向量,或$n$维随机变量.

对于任意n个实数$x_1,x_2,\cdots,x_n$,n元函数

$$F(x_1,x_2,\cdots,x_n)=P\{X_1\leqslant x_1,X_2\leqslant x_2,\cdots,X_n\leqslant x_n\},$$

称其为n维随机变量$(X_1,X_2,\cdots,X_n)$的分布函数或随机变量$X_1,X_2,\cdots,X_n$的联合分布函数.它具有类似于二维随机变量的分布函数的性质,这里不再赘述.

3.2 边 缘 分 布

二维随机变量(X,Y)作为一个整体,具有分布函数$F(x,y)$.而X和Y都是一维随机变量,自然也有分布函数,将它们分别记为$F_X(x),F_Y(y)$,依次称为二维随机变量(X,Y)关于X和关于Y的边缘分布函数.边缘分布函数可以由(X,Y)的分布函数来确定.事实上

$$F_X(x)=P\{X\leqslant x,Y<+\infty\}=\lim_{y\to+\infty}F(x,y)=F(x,+\infty),$$

即

$$F_X(x)=F(x,+\infty).$$

同理

$$F_Y(y)=F(+\infty,y).$$

3.2.1 离散型随机变量的边缘分布律

对于离散型随机变量的边缘分布,人们常用分布律来研究其统计规律.

设二维随机变量(X,Y)的分布律为
$$P\{X=x_i,Y=y_j\}=p_{ij},\quad i,j=1,2,\cdots,$$
则$x_i(i=1,2,\cdots)$是随机变量X的所有可能取值,由概率的性质及事件的互不相容性知
$$P\{X=x_i\}=P\{X=x_i,\bigcup_j(Y=y_j)\}=\sum_j P\{X=x_i,Y=y_j\}$$
$$=\sum_j p_{ij}=p_i.,$$
这就是随机变量X的分布律,由于其位于二维联合分布表格的边缘上,一般称为(X,Y)关于X的边缘分布律.

同样(X,Y)关于Y的边缘分布律为
$$P\{Y=y_j\}=\sum_i p_{ij}=p_{\cdot j},\quad j=1,2,\cdots.$$
同理也可以给出(X,Y)关于X和Y的边缘分布函数
$$F_X(x)=\sum_{x_i\leqslant x}\sum_j p_{ij};$$
$$F_Y(y)=\sum_i\sum_{y_j\leqslant y}p_{ij}.$$

3.2.2 连续型随机变量的边缘密度函数

设连续型随机变量(X,Y)的分布函数$F(x,y)$和密度函数$f(x,y)$满足
$$F(x,y)=\int_{-\infty}^{x}\int_{-\infty}^{y}f(u,v)\mathrm{d}u\mathrm{d}v.$$
其边缘分布函数分别为
$$F_X(x)=F(x,+\infty)=\int_{-\infty}^{x}\left(\int_{-\infty}^{+\infty}f(u,v)\mathrm{d}v\right)\mathrm{d}u;$$
$$F_Y(y)=F(+\infty,y)=\int_{-\infty}^{y}\left(\int_{-\infty}^{+\infty}f(u,v)\mathrm{d}u\right)\mathrm{d}v.$$
边缘密度函数分别为
$$f_X(x)=\int_{-\infty}^{+\infty}f(x,y)\mathrm{d}y;$$
$$f_Y(y)=\int_{-\infty}^{+\infty}f(x,y)\mathrm{d}x.$$

例 3.5 设随机变量(X,Y)的联合密度函数为

3.2 边缘分布

$$f(x,y)=\begin{cases} Cx^2 y, & x^2\leqslant y\leqslant 1; \\ 0, & 其他. \end{cases}$$

试求:(1)常数 C;(2)边缘密度函数.

解 (1) 由 $\int_{-\infty}^{+\infty}\int_{-\infty}^{+\infty} f(x,y)\mathrm{d}x\mathrm{d}y = 1$,得

$$\int_{-1}^{1}\mathrm{d}x\int_{x^2}^{1} Cx^2 y\mathrm{d}y = C\int_{-1}^{1} x^2\left(\frac{1}{2}-\frac{x^4}{2}\right)\mathrm{d}x = \frac{4}{21}C = 1,$$

从而

$$C=\frac{21}{4}.$$

(2) 当 $x\in[-1,1]$ 时,有

$$f_X(x)=\int_{-\infty}^{+\infty} f(x,y)\mathrm{d}y = \int_{x^2}^{1}\frac{21}{4}x^2 y\mathrm{d}y = \frac{21}{8}x^2(1-x^4);$$

故 X 的边缘密度函数为

$$f_X(x)=\begin{cases} \dfrac{21}{8}x^2(1-x^4), & -1\leqslant x\leqslant 1; \\ 0, & 其他. \end{cases}$$

当 $y\in[0,1]$ 时,有

$$f_Y(y)=\int_{-\infty}^{+\infty} f(x,y)\mathrm{d}x = \int_{-\sqrt{y}}^{\sqrt{y}}\frac{21}{4}yx^2\mathrm{d}x = \frac{7}{2}y^{\frac{5}{2}},$$

故

$$f_Y(y)=\begin{cases} \dfrac{7}{2}y^{\frac{5}{2}}, & 0\leqslant y\leqslant 1; \\ 0, & 其他. \end{cases}$$

例 3.6 设随机变量 $(X,Y)\sim N(\mu_1,\mu_2,\sigma_1^2,\sigma_2^2,\rho)$,求边缘密度函数.

解 因为 X 和 Y 联合密度函数为

$$f(x,y)=\frac{1}{2\pi\sigma_1\sigma_2\sqrt{1-\rho^2}}$$
$$\cdot\exp\left\{-\frac{1}{2(1-\rho^2)}\left[\left(\frac{x-\mu_1}{\sigma_1}\right)^2 - 2\rho\frac{(x-\mu_1)(y-\mu_2)}{\sigma_1\sigma_2} + \left(\frac{y-\mu_2}{\sigma_2}\right)^2\right]\right\},$$

故

$$f_X(x)=\int_{-\infty}^{+\infty} f(x,y)\mathrm{d}y = \frac{\mathrm{e}^{\frac{(x-\mu_1)^2}{2\sigma_1^2}}}{2\pi\sigma_1\sigma_2\sqrt{1-\rho^2}}\int_{-\infty}^{+\infty}\mathrm{e}^{\frac{-1}{2(1-\rho^2)}\left(\frac{y-\mu_2}{\sigma_2}-\rho\frac{x-\mu_1}{\sigma_1}\right)^2}\mathrm{d}y,$$

令

$$u=\frac{1}{\sqrt{1-\rho^2}}\left(\frac{y-\mu_2}{\sigma_2}-\rho\frac{x-\mu_1}{\sigma_1}\right),$$

则有

$$f_X(x)=\frac{1}{2\pi\sigma_1}\mathrm{e}^{-\frac{(x-\mu_1)^2}{2\sigma_1^2}}\int_{-\infty}^{+\infty}\mathrm{e}^{-\frac{u^2}{2}}\mathrm{d}u=\frac{1}{\sqrt{2\pi}\sigma_1}\mathrm{e}^{-\frac{(x-\mu_1)^2}{2\sigma_1^2}},\quad -\infty<x<+\infty;$$

同理

$$f_Y(y)=\frac{1}{\sqrt{2\pi}\sigma_2}\mathrm{e}^{-\frac{(y-\mu_2)^2}{2\sigma_2^2}},\quad -\infty<y<+\infty.$$

上述例 3.6 表明若 $(X,Y)\sim N(\mu_1,\mu_2,\sigma_1^2,\sigma_2^2,\rho)$ 时,则 $X\sim N(\mu_1,\sigma_1^2),Y\sim N(\mu_2,\sigma_2^2)$,都与参数 ρ 无关. 这说明即使联合分布不同,边缘分布也可能相同,也就是说由边缘分布不能确定联合分布. 下面的例子进一步说明了这个结论.

例 3.7 设二维随机变量 (X,Y) 的联合密度函数为

$$f(x,y)=\frac{1}{2\pi}\mathrm{e}^{-\frac{x^2+y^2}{2}}(1+\sin x\cdot\sin y),\quad -\infty<x<+\infty,-\infty<y<+\infty.$$

试求边缘密度函数 $f_X(x),f_Y(y)$.

解 $f_X(x)=\int_{-\infty}^{+\infty}f(x,y)\mathrm{d}y=\frac{1}{2\pi}\int_{-\infty}^{+\infty}\mathrm{e}^{-\frac{x^2+y^2}{2}}(1+\sin x\cdot\sin y)\mathrm{d}y$

$$=\frac{1}{2\pi}\mathrm{e}^{-\frac{x^2}{2}}\int_{-\infty}^{+\infty}(\mathrm{e}^{-\frac{y^2}{2}}+\mathrm{e}^{-\frac{y^2}{2}}\sin x\cdot\sin y)\mathrm{d}y$$

$$=\frac{1}{2\pi}\mathrm{e}^{-\frac{x^2}{2}}\int_{-\infty}^{+\infty}\mathrm{e}^{-\frac{y^2}{2}}\mathrm{d}y$$

$$=\frac{1}{\sqrt{2\pi}}\mathrm{e}^{-\frac{x^2}{2}},\quad -\infty<x<+\infty;$$

同理可得

$$f_Y(y)=\frac{1}{\sqrt{2\pi}}\mathrm{e}^{-\frac{y^2}{2}},\quad -\infty<y<+\infty.$$

即 $X\sim N(0,1),Y\sim N(0,1)$,但 (X,Y) 并不是服从二维正态分布的.

3.3 条件分布

在第 1 章中介绍了随机事件的条件概率. 本节把条件概率引入到随机变量中,将介绍随机变量的条件分布.

3.3.1 离散型随机变量的条件分布律

设二维随机变量 (X,Y) 的联合分布律为

3.3 条件分布

$$P\{X=x_i, Y=y_j\} = p_{ij}, \quad i,j=1,2,\cdots.$$

关于 X 的边缘分布律为

$$P\{X=x_i\} = \sum_{j=1}^{+\infty} p_{ij} = p_{i\cdot}, \quad i=1,2,\cdots.$$

对于固定的 i,若 $P\{X=x_i\}>0$,则由条件概率定义有

$$P\{Y=y_j \mid X=x_i\} = \frac{P\{Y=y_j, X=x_i\}}{P\{X=x_i\}} = \frac{p_{ij}}{p_{i\cdot}}, \quad j=1,2,\cdots.$$

容易验证上述条件概率满足分布律的性质:

(1) $P\{Y=y_j \mid X=x_i\} \geqslant 0, j=1,2,\cdots$;

(2) $\sum_j P\{Y=y_j \mid X=x_i\} = \sum_j \frac{p_{ij}}{p_{i\cdot}} = 1.$

下面引入条件分布律的定义.

定义 3.3 设 (X,Y) 是二维离散型随机变量,对于固定的 i,若 $P\{X=x_i\}>0$,则称

$$P\{Y=y_j \mid X=x_i\} = \frac{P\{Y=y_j, X=x_i\}}{P\{X=x_i\}} = \frac{p_{ij}}{p_{i\cdot}}, \quad j=1,2,\cdots$$

为在 $X=x_i$ 条件下随机变量 Y 的**条件分布律**.

同样,若对固定的 j,若 $P\{Y=y_j\}>0$,则称

$$P\{X=x_i \mid Y=y_j\} = \frac{P\{X=x_i, Y=y_j\}}{P\{Y=y_j\}} = \frac{p_{ij}}{p_{\cdot j}}, \quad i=1,2,\cdots$$

为在 $Y=y_j$ 条件下随机变量 X 的**条件分布律**.

例 3.8 一射手进行射击,每次击中目标的概率为 $p(0<p<1)$,射击进行到击中目标两次为止. 设 X 表示首次击中目标所进行的射击次数,Y 表示总共进行的射击次数,试求 X 和 Y 的联合分布律及条件分布律.

解 按题意,$Y=n$ 就表示在第 n 次射击时击中目标,且在第 1 次到第 $n-1$ 次射击中恰有一次击中目标. 已知各次射击是相互独立的,于是不论 $m(m<n)$ 是多少,概率 $P\{X=m, Y=n\}$ 都应等于

$$p \cdot p \cdot \underbrace{q \cdot q \cdot \cdots \cdot q}_{n-2} = p^2 q^{n-2}, \quad q=1-p,$$

即得 X 和 Y 的联合分布律为

$$P\{X=m, Y=n\} = p^2 q^{n-2}, \quad n=2,3,\cdots; m=1,2,\cdots,n-1.$$

而

$$\begin{aligned}
P\{X=m\} &= \sum_{n=m+1}^{\infty} P\{X=m, Y=n\} = \sum_{n=m+1}^{\infty} p^2 q^{n-2} \\
&= p^2 \sum_{n=m+1}^{\infty} q^{n-2} = \frac{p^2 q^{m-1}}{1-q} \\
&= pq^{m-1}, \quad m=1,2,\cdots.
\end{aligned}$$

$$P\{Y=n\} = \sum_{m=1}^{n-1} P\{X=m, Y=n\} = \sum_{m=1}^{n-1} p^2 q^{n-2}$$
$$= (n-1)p^2 q^{n-2}, \quad n=2,3,\cdots.$$

于是,得到所求的条件分布律为

当 $n=2,3,\cdots$ 时,

$$P\{X=m|Y=n\} = \frac{p^2 q^{n-2}}{(n-1)p^2 q^{n-2}} = \frac{1}{n-1}, \quad m=1,2,\cdots,n-1;$$

当 $m=1,2,\cdots$ 时,

$$P\{Y=n|X=m\} = \frac{p^2 q^{n-2}}{pq^{m-1}} = pq^{n-m-1}, \quad n=m+1, m+2, \cdots.$$

3.3.2 二维连续型随机变量的条件分布律

当 (X,Y) 是二维连续型随机变量时,由于 $P\{X=x\}=0$ 及 $P\{Y=y\}=0$,所以就不能像离散型随机变量那样来定义条件分布.下面将利用极限的方法来处理.

固定 y,设对于任意固定的 $\varepsilon>0$,若 $P\{y-\varepsilon<Y\leqslant y+\varepsilon\}>0$,则

$$P\{X\leqslant x|y-\varepsilon<Y\leqslant y+\varepsilon\} = \frac{P\{X\leqslant x, y-\varepsilon<Y\leqslant y+\varepsilon\}}{P\{y-\varepsilon<Y\leqslant y+\varepsilon\}}$$

给出了在条件 $y-\varepsilon<Y\leqslant y+\varepsilon$ 下随机变量 X 的分布函数.据此引入下面的定义.

定义 3.4 固定变量 y,对于任意固定的 $\varepsilon>0$,若 $P\{y-\varepsilon<Y\leqslant y+\varepsilon\}>0$,且对于任意实数 x,极限

$$\lim_{\varepsilon\to 0^+} P\{X\leqslant x|y-\varepsilon<Y\leqslant y+\varepsilon\} = \lim_{\varepsilon\to 0^+} \frac{P\{X\leqslant x, y-\varepsilon<Y\leqslant y+\varepsilon\}}{P\{y-\varepsilon<Y\leqslant y+\varepsilon\}}$$

存在,则称此极限为在条件 $Y=y$ 下 X 的**条件分布函数**,记作 $F_{X|Y}(x|y)$.

设连续型随机变量 (X,Y) 的联合分布函数为 $F(x,y)$,概率密度为 $f(x,y)$,且 $f(x,y)$ 在点 (x,y) 处连续,则

$$\begin{aligned}
F_{X|Y}(x|y) &= \lim_{\varepsilon\to 0^+} \frac{P\{X\leqslant x, y-\varepsilon<Y\leqslant y+\varepsilon\}}{P\{y-\varepsilon<Y\leqslant y+\varepsilon\}} \\
&= \lim_{\varepsilon\to 0^+} \frac{F(x,y+\varepsilon)-F(x,y-\varepsilon)}{F_Y(y+\varepsilon)-F_Y(y-\varepsilon)} \\
&= \frac{\lim_{\varepsilon\to 0^+}\left\{\dfrac{F(x,y+\varepsilon)-F(x,y)}{\varepsilon} + \dfrac{F(x,y-\varepsilon)-F(x,y)}{-\varepsilon}\right\}}{\lim_{\varepsilon\to 0^+}\left\{\dfrac{F_Y(y+\varepsilon)-F_Y(y)}{\varepsilon} + \dfrac{F_Y(y-\varepsilon)-F_Y(y)}{-\varepsilon}\right\}} \\
&= \frac{\dfrac{\partial F(x,y)}{\partial y}}{\dfrac{\mathrm{d}}{\mathrm{d}y}F_Y(y)},
\end{aligned}$$

3.3 条件分布

即
$$F_{X|Y}(x \mid y) = \frac{\int_{-\infty}^{x} f(u,y)\mathrm{d}u}{f_Y(y)} = \int_{-\infty}^{x} \frac{f(u,y)}{f_Y(y)}\mathrm{d}u,$$

显然上式要求 $f_Y(y) > 0$.

记 $f_{X|Y}(x|y)$ 为在条件 $Y=y$ 下 X 的条件概率密度,则有
$$f_{X|Y}(x|y) = \frac{f(x,y)}{f_Y(y)}, \quad f_Y(y) > 0.$$

类似可证,当 $f_X(x) > 0$ 时,函数
$$F_{Y|X}(y \mid x) = \frac{\int_{-\infty}^{y} f(x,v)\mathrm{d}v}{f_X(x)} = \int_{-\infty}^{y} \frac{f(x,v)}{f_X(x)}\mathrm{d}v,$$
$$f_{Y|X}(y|x) = \frac{f(x,y)}{f_X(x)},$$

分别是在 $X=x$ 条件下随机变量 Y 的条件分布函数及条件分布密度.

需要说明的是,$F_{X|Y}(x|y)$ 及 $f_{X|Y}(x|y)$ 仅是 x 的函数,而 y 是常数,对每一 $f_Y(y) > 0$ 的 y 处,只要满足定义的要求,都可以定义相应的函数. $F_{Y|X}(y|x)$ 与 $f_{Y|X}(y|x)$ 也有相仿的论述.

结合边缘分布,可以得到下面几个类似于全概率公式与贝叶斯公式的结论. 这里要求表达式要有意义.

$$f_X(x) = \int_{-\infty}^{+\infty} f(x,y)\mathrm{d}y = \int_{-\infty}^{+\infty} f_{X|Y}(x|y)f_Y(y)\mathrm{d}y;$$

$$f_Y(y) = \int_{-\infty}^{+\infty} f(x,y)\mathrm{d}x = \int_{-\infty}^{+\infty} f_{Y|X}(y|x)f_X(x)\mathrm{d}x;$$

$$f_{X|Y}(x|y) = \frac{f(x,y)}{f_Y(y)} = \frac{f_{Y|X}(y|x)f_X(x)}{f_Y(y)};$$

$$f_{Y|X}(y|x) = \frac{f(x,y)}{f_X(x)} = \frac{f_{X|Y}(x|y)f_Y(y)}{f_X(x)}.$$

例 3.9 设二维随机变量 (X,Y) 在圆域 $x^2+y^2 \leqslant 1$ 上服从均匀分布,求条件概率密度 $f_{X|Y}(x|y)$.

解 随机变量 (X,Y) 的概率密度为
$$f(x,y) = \begin{cases} \dfrac{1}{\pi}, & x^2+y^2 \leqslant 1; \\ 0, & \text{其他}. \end{cases}$$

其边缘概率密度
$$f_Y(y) = \int_{-\infty}^{+\infty} f(x,y)\mathrm{d}x = \int_{-\sqrt{1-y^2}}^{\sqrt{1-y^2}} \frac{1}{\pi}\mathrm{d}x = \begin{cases} \dfrac{2}{\pi}\sqrt{1-y^2}, & -1 \leqslant y \leqslant 1; \\ 0, & \text{其他}. \end{cases}$$

于是,当$-1<y<1$时,有
$$f_{X|Y}(x|y)=\frac{1}{2\sqrt{1-y^2}}, \quad -\sqrt{1-y^2}\leqslant x\leqslant \sqrt{1-y^2}.$$
在其他点处,$f_{X|Y}(x|y)=0$.

例 3.10 设$(X,Y)\sim N(\mu_1,\mu_2,\sigma_1^2,\sigma_2^2,\rho)$,求$f_{X|Y}(x|y)$.

解 由(X,Y)服从正态分布及上面的结论,当$-\infty<y<+\infty$时,

$$f_{X|Y}(x|y)=\frac{f(x,y)}{f_Y(y)}$$

$$=\frac{\dfrac{1}{2\pi\sigma_1\sigma_2\sqrt{1-\rho^2}}e^{-\frac{1}{2(1-\rho^2)}\left[\frac{(x-\mu_1)^2}{\sigma_1^2}-2\rho\frac{(x-\mu_1)(y-\mu_2)}{\sigma_1\sigma_2}+\frac{(y-\mu_2)^2}{\sigma_2^2}\right]}}{\dfrac{1}{\sqrt{2\pi}\sigma_2}e^{-\frac{(y-\mu_2)^2}{2\sigma_2^2}}}$$

$$=\frac{1}{\sqrt{2\pi}\sigma_1\sqrt{1-\rho^2}}e^{-\frac{1}{2\sigma_1^2(1-\rho^2)}\left[(x-\mu_1)-\frac{\sigma_1}{\sigma_2}\rho(y-\mu_2)\right]^2}, \quad -\infty<x<+\infty.$$

3.4 随机变量的独立性

独立性是概率论中随机事件间关系的一个非常重要的性质,数理统计中许多方法与结论都是在事件独立的条件下得到的.本节利用事件的独立性的概念引出两个随机变量的独立性,并把它推广到有限多个随机变量的独立性.

3.4.1 两个随机变量的独立性

定义 3.5 设$F(x,y)$,$F_X(x)$,$F_Y(y)$分别是二维随机变量(X,Y)的分布函数及边缘分布函数.若对于任意实数x,y,有
$$P\{X\leqslant x,Y\leqslant y\}=P\{X\leqslant x\}P\{Y\leqslant y\},$$
即
$$F(x,y)=F_X(x)F_Y(y),$$
则称随机变量X和Y**相互独立**.

若(X,Y)是离散型随机变量,则X和Y相互独立的充要条件是
$$P\{X=x_i,Y=y_j\}=P\{X=x_i\}P\{Y=y_j\},$$
即
$$p_{ij}=p_{i\cdot}\cdot p_{\cdot j}, \quad i,j=1,2,\cdots.$$
这里p_{ij},$p_{i\cdot}$,$p_{\cdot j}$分别是(X,Y),X,Y的分布律.

若(X,Y)是连续型随机变量,X和Y是相互独立的充要条件是联合密度等于边缘密度的乘积,即

3.4 随机变量的独立性

$$f(x,y)=f_X(x) \cdot f_Y(y).$$

两个随机变量的独立性的判断方法还有很多,比如利用条件分布与非条件分布的关系等.

若两个随机变量 X,Y 相互独立,则 $g_1(X)$ 与 $g_2(Y)$ 也相互独立,其中 $g_1(x)$ 与 $g_2(y)$ 是两个连续函数.

例 3.11 已知随机变量 (X,Y) 的联合分布律如表 3.2 所示.

表 3.2

Y \ X	1	2	3
1	$\frac{1}{3}$	a	b
2	$\frac{1}{6}$	$\frac{1}{9}$	$\frac{1}{18}$

试确定常数 a,b,使 X 与 Y 相互独立.

解 先求出 (X,Y) 关于 X 和 Y 的边缘分布律,如表 3.3 所示.

表 3.3

Y \ X	1	2	3	$p_{\cdot j}$
1	$\frac{1}{3}$	a	b	$\frac{1}{3}+a+b$
2	$\frac{1}{6}$	$\frac{1}{9}$	$\frac{1}{18}$	$\frac{1}{3}$
$p_{i\cdot}$	$\frac{1}{2}$	$\frac{1}{9}+a$	$\frac{1}{18}+b$	1

要使 X 和 Y 独立,必有

$$p_{ij}=p_{i\cdot} \cdot p_{\cdot j}, \quad i=1,2,3; j=1,2.$$

得

$$P\{X=2,Y=2\}=P\{X=2\} \cdot P\{Y=2\},$$
$$P\{X=3,Y=2\}=P\{X=3\} \cdot P\{Y=2\},$$

即

$$\frac{1}{9}=\left(a+\frac{1}{9}\right) \cdot \frac{1}{3}, \quad \frac{1}{18}=\left(b+\frac{1}{18}\right) \cdot \frac{1}{3},$$

解得

$$a=\frac{2}{9}, \quad b=\frac{1}{9}.$$

经验证,此时 X 与 Y 相互独立.

例 3.12 设 (X,Y) 的联合密度函数为

$$f(x,y)=\begin{cases}2\mathrm{e}^{-(2x+y)}, & x>0, y>0;\\ 0, & 其他.\end{cases}$$

求：(1) $f_{X|Y}(x|y)$ 及 $f_{Y|X}(y|x)$，并判断 X 与 Y 的独立性；

(2) $P\{X\leqslant 2|Y\leqslant 1\}$ 及 $P\{X\leqslant 2|Y=1\}$.

解 (1) 由于 $y\leqslant 0, f_Y(y)=0, f_{X|Y}(x|y)=0$；

当 $y>0$ 时，$f_Y(y)=\int_0^{+\infty}2\mathrm{e}^{-(2x+y)}\mathrm{d}x=\mathrm{e}^{-y}$；

当 $x>0, y>0$ 时，$f_{X|Y}(x|y)=\dfrac{2\mathrm{e}^{-(2x+y)}}{\mathrm{e}^{-y}}=2\mathrm{e}^{-2x}$. 即

$$f_{X|Y}(x|y)=\begin{cases}2\mathrm{e}^{-2x}, & x>0, y>0;\\ 0, & 其他.\end{cases}$$

类似地

$$f_{Y|X}(y|x)=\begin{cases}\mathrm{e}^{-y}, & x>0, y>0;\\ 0, & 其他.\end{cases}$$

经计算可得

$$f_{X|Y}(x|y)=f_X(x),\quad f_{Y|X}(y|x)=f_Y(y),$$

所以 X 与 Y 是相互独立的.

(2) $P\{X\leqslant 2|Y\leqslant 1\}=\dfrac{P\{X\leqslant 2, Y\leqslant 1\}}{P\{Y\leqslant 1\}}$

$$=\dfrac{P\{X\leqslant 2\}P\{Y\leqslant 1\}}{P\{Y\leqslant 1\}}=\int_{-\infty}^{2}f_X(x)\mathrm{d}x$$

$$=\int_0^2 2\mathrm{e}^{-2x}\mathrm{d}x$$

$$=1-\mathrm{e}^{-4}\approx 0.9817.$$

例 3.13 若二维随机变量 (X,Y) 服从正态分布 $N(\mu_1,\mu_2,\sigma_1^2,\sigma_2^2,\rho)$，试证 X 与 Y 相互独立的充要条件是 $\rho=0$.

证明 因为 (X,Y) 的联合密度函数为

$$f(x,y)=\dfrac{1}{2\pi\sigma_1\sigma_2\sqrt{1-\rho^2}}\mathrm{e}^{\frac{-1}{2(1-\rho^2)}\left(\frac{(x-\mu_1)^2}{\sigma_1^2}-2\rho\frac{(x-\mu_1)(y-\mu_2)}{\sigma_1\sigma_2}+\frac{(y-\mu_2)^2}{\sigma_2^2}\right)},$$

其中 $-\infty<x<+\infty, -\infty<y<+\infty$. 边缘密度函数分别为

$$f_X(x)=\dfrac{1}{\sqrt{2\pi}\sigma_1}\mathrm{e}^{-\frac{(x-\mu_1)^2}{2\sigma_1^2}},\quad -\infty<x<+\infty,$$

3.4 随机变量的独立性

$$f_Y(y) = \frac{1}{\sqrt{2\pi}\sigma_2} e^{-\frac{(y-\mu_2)^2}{2\sigma_2^2}}, \quad -\infty < y < +\infty.$$

易见

$$f(x,y) = f_X(x) \cdot f_Y(y),$$

即 X 与 Y 独立的充要条件是 $\rho = 0$.

3.4.2 n 个随机变量的独立性

下面把随机变量的独立性推广到多个随机变量的情形.

定义 3.6 设 n 维随机变量为 $(X_1, X_2, \cdots, X_n)$,若对任意实数 $x_1, x_2, \cdots, x_n$ 有

$$P\{X_1 \leqslant x_1, X_2 \leqslant x_2, \cdots, X_n \leqslant x_n\} = P\{X_1 \leqslant x_1\} P\{X_2 \leqslant x_2\} \cdots P\{X_n \leqslant x_n\},$$

则称随机变量 $X_1, X_2, \cdots, X_n$ 是**相互独立**的.

若 $(X_1, X_2, \cdots, X_n)$ 的联合分布函数及关于随机变量 X_k 的边缘分布函数分别记为

$$F(x_1, x_2, \cdots, x_n), \quad F_{X_k}(x_k), \quad k = 1, 2, \cdots, n,$$

则随机变量 $X_1, X_2, \cdots, X_n$ 相互独立可等价地表示为

$$F(x_1, x_2, \cdots, x_n) = F_{X_1}(x_1) F_{X_2}(x_2) \cdots F_{X_n}(x_n).$$

若 $(x_1, x_2, \cdots, x_n)$ 是 n 维离散型随机变量 $(X_1, X_2, \cdots, X_n)$ 的任意一组可能的取值,则类似于二维随机变量,$X_1, X_2, \cdots, X_n$ 相互独立的充要条件是

$$P\{X_1 = x_1, X_2 = x_2, \cdots, X_n = x_n\} = P\{X_1 = x_1\} P\{X_2 = x_2\} \cdots P\{X_n = x_n\}.$$

当 n 维随机变量 $(X_1, X_2, \cdots, X_n)$ 是连续型时,若 $f(x_1, x_2, \cdots, x_n)$ 是联合密度函数,而 $f(x_1), f(x_2), \cdots, f(x_n)$ 分别是关于 $X_1, X_2, \cdots, X_n$ 的边缘密度函数,则 $X_1, X_2, \cdots, X_n$ 相互独立的充要条件是

$$f(x_1, x_2, \cdots, x_n) = f(x_1) f(x_2) \cdots f(x_n).$$

设有 m 维随机变量 $(X_1, X_2, \cdots, X_m)$ 与 n 维随机变量 $(Y_1, Y_2, \cdots, Y_n)$,函数 $F_1(x_1, x_2, \cdots, x_m)$ 及 $F_2(y_1, y_2, \cdots, y_n)$ 分别是它们的分布函数,而 $F(x_1, x_2, \cdots, x_m, y_1, y_2, \cdots, y_n)$ 是 $m+n$ 维随机变量 $(X_1, X_2, \cdots, X_m, Y_1, Y_2, \cdots, Y_n)$ 的分布函数. 若

$$F(x_1, x_2, \cdots, x_m, y_1, y_2, \cdots, y_n) = F_1(x_1, x_2, \cdots, x_m) F_2(y_1, y_2, \cdots, y_n)$$

成立,则称随机变量 $(X_1, X_2, \cdots, X_m)$ 与 $(Y_1, Y_2, \cdots, Y_n)$ 相互独立.

下面的结论在数理统计中有着重要的作用.

设随机变量 $(X_1, X_2, \cdots, X_m)$ 与 $(Y_1, Y_2, \cdots, Y_n)$ 相互独立,则 $X_i (i=1, 2, \cdots, m)$ 与 $Y_j (j=1, 2, \cdots, n)$ 相互独立. 且当 h, g 连续时,$h(X_1, X_2, \cdots, X_m)$ 与 $g(Y_1, Y_2, \cdots, Y_n)$ 相互独立.

3.5 两个随机变量的函数的分布

在第 2 章中曾讨论了单个随机变量的函数的分布,在本节中将讨论两个随机变量的函数的分布.

设二维随机变量 (X,Y) 的概率分布已知,且 $Z=g(X,Y)$,这里 $g(x,y)$ 一般是连续的二元函数.为了求 Z 的概率分布,一般把用 Z 表示的随机事件转化为用 X,Y 表示的随机事件.

例 3.14 设 X 与 Y 相互独立,且都服从标准正态分布.求 $Z=X^2+Y^2$ 的概率密度函数.

解 因为 X 与 Y 相互独立,且

$$f_X(x)=\frac{1}{\sqrt{2\pi}}\mathrm{e}^{-\frac{x^2}{2}}, \quad f_Y(y)=\frac{1}{\sqrt{2\pi}}\mathrm{e}^{-\frac{y^2}{2}},$$

所以当 $z>0$ 时,Z 的分布函数为

$$\begin{aligned}F_Z(z) &= P\{Z\leqslant z\} = P\{X^2+Y^2\leqslant z\} = \iint_{x^2+y^2\leqslant z}f_X(x)f_Y(y)\mathrm{d}x\mathrm{d}y \\ &= \frac{1}{2\pi}\iint_{x^2+y^2\leqslant z}\mathrm{e}^{-\frac{x^2+y^2}{2}}\mathrm{d}x\mathrm{d}y = \frac{1}{2\pi}\int_0^{2\pi}\int_0^{\sqrt{z}}\mathrm{e}^{-\frac{r^2}{2}}r\mathrm{d}r\mathrm{d}\theta \\ &= 1-\mathrm{e}^{-\frac{z}{2}};\end{aligned}$$

当 $z\leqslant 0$ 时,$F_Z(z)=0$. 故

$$f_Z(z)=\begin{cases}\dfrac{1}{2}\mathrm{e}^{-\frac{z}{2}}, & z>0; \\ 0, & z\leqslant 0.\end{cases}$$

以下利用上面的一般方法来讨论一些简单函数的分布.

3.5.1 离散型随机变量的和的分布

已知 (X,Y) 的联合分布律为 $P\{X=x_i,Y=y_j\}=p_{ij}$,$i,j=1,2,\cdots$,$Z=X+Y$,求 Z 的分布律.

设 X 的取值为 $x_i(i=1,2,\cdots)$,Y 的取值为 $y_j(j=1,2,\cdots)$,则 $Z=X+Y$ 的取值为 $x_i+y_j(i,j=1,2,\cdots)$,当 $Z=z$ 时,$X+Y=z$,若取 $X=x_i$,则 $Y=z-x_i$,因此事件 $\{X+Y=z\}=\bigcup_{i=1}^{\infty}\{X=x_i,Y=z-x_i\}$,对不同的 i,此为互不相容的事件的和事件,所以有

$$P\{Z=z\}=P\{\bigcup_{i=1}^{\infty}(X=x_i,Y=z-x_i)\}=\sum_{i=1}^{\infty}P\{X=x_i,Y=z-x_i\}.$$

若 $Y=y_j, X=z-y_j$，这时得出另一种形式

$$P\{Z=z\} = \sum_{j=1}^{\infty} P\{X=z-y_j, Y=y_j\}.$$

若 X, Y 相互独立，则有

$$P\{Z=z\} = \sum_{i=1}^{\infty} P\{X=x_i\}P\{Y=z-x_i\},$$

或

$$P\{Z=z\} = \sum_{j=1}^{\infty} P\{X=z-y_j\}P\{Y=y_j\}.$$

上述两式称为离散型随机变量的卷积公式.

例 3.15 设随机变量 X 与 Y 相互独立，它们分别服从参数为 λ_1 和 λ_2 的泊松分布，证明：随机变量 $Z=X+Y$ 服从参数为 $\lambda_1+\lambda_2$ 的泊松分布.

证明 由题意知

$$P\{X=k_1\} = \frac{\lambda_1^{k_1}}{k_1!}e^{-\lambda_1}, \quad k_1=0,1,2,\cdots,$$

$$P\{Y=k_2\} = \frac{\lambda_2^{k_2}}{k_2!}e^{-\lambda_2}, \quad k_2=0,1,2,\cdots.$$

Z 的所有可能取值为 $0,1,2,\cdots$，而

$$\begin{aligned}
P\{Z=i\} &= P\{X+Y=i\} = \sum_{k=0}^{i} P\{X=k\}P\{Y=i-k\} \\
&= \sum_{k=0}^{i} \frac{\lambda_1^k}{k!}e^{-\lambda_1} \cdot \frac{\lambda_2^{i-k}}{(i-k)!}e^{-\lambda_2} \\
&= e^{-(\lambda_1+\lambda_2)} \cdot \frac{1}{i!} \sum_{k=0}^{i} \frac{i!}{k!(i-k)!} \lambda_1^k \cdot \lambda_2^{i-k} \\
&= \frac{(\lambda_1+\lambda_2)^i}{i!} e^{-(\lambda_1+\lambda_2)}, \quad i=0,1,2,\cdots.
\end{aligned}$$

故 $Z=X+Y$ 服从以 $\lambda_1+\lambda_2$ 为参数的泊松分布.

3.5.2 连续型随机变量和的分布

设二维连续型随机变量 (X,Y) 的联合密度函数为 $f(x,y)$，$Z=X+Y$ 的分布函数为

$$\begin{aligned}
F_Z(z) &= P\{Z \leqslant z\} = P\{X+Y \leqslant z\} \\
&= \iint_{x+y \leqslant z} f(x,y) \mathrm{d}y \mathrm{d}x \\
&= \int_{-\infty}^{+\infty} \mathrm{d}x \int_{-\infty}^{z-x} f(x,y) \mathrm{d}y,
\end{aligned}$$

作变换 $y=u-x$ 得

$$F_Z(z) = \int_{-\infty}^{+\infty} \mathrm{d}x \int_{-\infty}^{z} f(x, u-x) \mathrm{d}u$$
$$= \int_{-\infty}^{z} \left[\int_{-\infty}^{+\infty} f(x, u-x) \mathrm{d}x \right] \mathrm{d}u \triangleq \int_{-\infty}^{z} f_Z(u) \mathrm{d}u.$$

由密度函数定义知

$$f_Z(z) = \int_{-\infty}^{+\infty} f(x, z-x) \mathrm{d}x$$

或

$$f_Z(z) = \int_{-\infty}^{+\infty} f(z-y, y) \mathrm{d}y.$$

若 X, Y 相互独立,则有

$$f_Z(z) = \int_{-\infty}^{+\infty} f(x, z-x) \mathrm{d}x = \int_{-\infty}^{+\infty} f_X(x) f_Y(z-x) \mathrm{d}x,$$
$$f_Z(z) = \int_{-\infty}^{+\infty} f(z-y, y) \mathrm{d}y = \int_{-\infty}^{+\infty} f_X(z-y) f_Y(y) \mathrm{d}y.$$

以上两式称为连续型随机变量的卷积公式,记为

$$f_Z = f_X * f_Y.$$

例 3.16 设 (X, Y) 服从二维正态分布 $N(0, 0, 1, 1, 0)$,试求 $Z=X+Y$ 的密度函数.

解 由题意可知 X 与 Y 是相互独立的,且都服从标准正态分布.因此 Z 的密度函数

$$f_Z(z) = f_X(z) * f_Y(z) = \int_{-\infty}^{+\infty} f_X(x) f_Y(z-x) \mathrm{d}x$$
$$= \frac{1}{2\pi} \int_{-\infty}^{+\infty} \mathrm{e}^{-\frac{x^2}{2}} \mathrm{e}^{-\frac{(z-x)^2}{2}} \mathrm{d}x = \frac{1}{2\pi} \mathrm{e}^{-\frac{z^2}{4}} \int_{-\infty}^{+\infty} \mathrm{e}^{-(x-\frac{z}{2})^2} \mathrm{d}x,$$

令 $u = x - \dfrac{z}{2}$,得

$$f_Z(z) = \frac{1}{2\pi} \mathrm{e}^{-\frac{z^2}{4}} \int_{-\infty}^{+\infty} \mathrm{e}^{-u^2} \mathrm{d}u = \frac{1}{2\pi} \mathrm{e}^{-\frac{z^2}{4}} \cdot \sqrt{\pi} = \frac{1}{2\sqrt{\pi}} \mathrm{e}^{-\frac{z^2}{4}}, \quad -\infty < Z < +\infty,$$

即 Z 服从正态分布 $N(0, 2)$.

一般地,若 X 与 Y 相互独立,且

$$X \sim N(\mu_1, \sigma_1^2), \quad Y \sim N(\mu_2, \sigma_2^2),$$

则

$$Z = X + Y \sim N(\mu_1 + \mu_2, \sigma_1^2 + \sigma_2^2).$$

更一般地,若 $a_1, a_2, \cdots, a_n$ 是实数,而 $X_1, X_2, \cdots, X_n$ 相互独立,且

$$X_k \sim N(\mu_k, \sigma_k^2), \quad k = 1, 2, \cdots, n,$$

则结合第 2 章中关于正态分布的结论可得
$$Z = \sum_{k=1}^{n} a_k X_k \sim N(\sum_{k=1}^{n} a_k \mu_k, \sum_{k=1}^{n} a_k^2 \sigma_k^2),$$
即服从正态分布的有限多个相互独立的随机变量的线性组合仍然服从正态分布.

【相关阅读】

拉普拉斯和解析概率论

概率论起源于 17 世纪人们对机会游戏的数学规律的讨论. 许多数学家, 如帕斯卡、费马、惠更斯、詹姆斯·伯努利等都对早期概率论的发展做出了重要贡献. 在 18 世纪以前, 概率研究的对象主要限于赌博和一些离散的有限数目集合的研究, 所用的数学方法主要是组合数学等初等数学的方法. 18 世纪, 伯努利和棣莫弗的著作极大地引起了人们对概率论在其他领域的应用的兴趣, 吸引了许多纯粹数学家的目光, 他们纷纷将更多的数学方法, 如解析的方法和几何的方法引进概率论. 人们对于概率论的规律性应用于政治和社会领域的研究的兴趣日趋浓烈. 就是在这个时候, 拉普拉斯登上了概率论研究的舞台.

拉普拉斯是法国著名数学家、天文学家、物理学家, 有"法国的牛顿"之称. 拉普拉斯家境贫寒, 在邻居的周济下才得到读书的机会. 大学毕业后, 在数学家达朗贝尔的推荐下到巴黎陆军学校任教. 1773 年拉普拉斯被选为法国科学院副院士, 并于 1785 年当选为正式院士. 1816 年被选为法兰西科学院院士, 一年后任该院主席. 拉普拉斯在天体力学、宇宙体系理论和解析概率论 3 个方面做出了巨大贡献, 使他成为历史上在数理学科方面最著名的科学家之一.

拉普拉斯从 1772 年开始对事件的概率及机会对策进行了深入的研究, 于 1774 年正式提出了概率的如下定义:

如果各种情况都是等可能的, 则一个事件的概率等于有利情况的数目除以所有可能情况的数目.

这实质上就是概率的古典定义. 在总结前人和自己的研究成果的基础上, 拉普拉斯于 1812 年出版了著名的《解析概率论》. 这是一本承上启下的著作. 它的出版标志着古典概率论的成熟, 同时将概率论发展到解析概率论的阶段. 在此书中拉普拉斯综合整理了 40 年以来几乎所有已知的概率和统计的问题, 汇集了他自己以前概率理论研究的所有成果. 在本书中, 拉普拉斯将解析的方法引入概率论当中. 今天概率论中一些重要的概念, 如期望、特征函数等都来自此书, 著名的拉普拉斯变换就是在该书述及的. 拉普拉斯的概率论在 19 世纪的概率发展史上占据了中心和统治地位. 在此后的整整一个多世纪的时间内, 概率论甚至统计学的研究都是在拉普拉斯的《解析概率论》的框架内开展的.在解析概率论阶段,研究方法主要是微积分、微分方程、差分方程、特殊函数等解析方法,从而使概率在这个阶段取得了快速的发展,并且在应用方面取得了巨大的成就.

拉普拉斯才华横溢,他在许多领域都做出了非凡的贡献.他被认为是天体力学的主要奠基人,是天体演化学说的创立者之一,是解析概率论的创始人,是应用数学的先驱.

拉普拉斯在政治上是一个机会主义者.在法国大革命时期,随着政局的动荡、改朝换代,他也随波逐流,反复不断地扮演了共和派与保皇派的双重角色,他机灵到能够使敌对的双方在不论哪一方上台掌权时,都相信他是自己的一个忠诚的支持者,因此每次改朝换代后他都能获得更好的差使和更大的头衔.拉普拉斯的另一个缺点是:在他的著作中,他常常完全不提前人和同时代人的论述与功绩,给人的印象是其著作中的思想似乎完全出自于他本人.拉普拉斯虽然有以上缺点,但是作为一个科学家,他的贡献是巨大的.同时,他也能慷慨帮助和鼓励年轻的一代.数学家泊松、柯西都曾得到过他的帮助和鼓励.

拉普拉斯学识渊博,但仍学而不厌.他的遗言是:"我们知道的是微小的,我们不知道的是无限的."

习 题 3
(A)

1. 设随机变量 U 在区间 $(-2,2)$ 上服从均匀分布,随机变量 X,Y 分别为
$$X=\begin{cases}-1, & \text{若 } U\leqslant-1; \\ 1, & \text{若 } U>-1,\end{cases} \qquad Y=\begin{cases}-1, & \text{若 } U\leqslant 1; \\ 1, & \text{若 } U>1.\end{cases}$$
求 X 与 Y 的联合分布律.

2. 将两封信随机地往编号为 Ⅰ、Ⅱ、Ⅲ、Ⅳ 的 4 个邮筒内投放,X_i 表示第 i 个邮筒内,信的数目 $(i=1,2)$.试分别写出 $X_i(i=1,2)$ 的联合分布律与边缘分布.

3. 随机变量 (X,Y) 的联合概率密度函数
$$f(x,y)=\begin{cases}k(6-x-y), & 0<x<2,2<y<4; \\ 0, & \text{其他}.\end{cases}$$
试求:(1)常数 k;(2)$P\{X\leqslant 1,Y\leqslant 3\}$;(3)$P\{X\leqslant 1.5\}$;(4)$P\{X+Y\leqslant 4\}$.

4. 设二维随机变量 (X,Y) 的联合密度函数
$$f(x,y)=\begin{cases}Ce^{-2x-y}, & x>0,y>0; \\ 0, & \text{其他}.\end{cases}$$
试求:(1)常数 C;(2)$P\{X>1,Y>1\}$;(3)分布函数 $F(x,y)$.

5. 设随机变量 (X,Y) 的联合概率密度为
$$f(x,y)=\begin{cases}Cxe^{-y}, & 0<x<y; \\ 0, & \text{其他}.\end{cases}$$

求:(1)常数 C;(2)$P\{X+Y<1\}$.

6. 设二维随机变量 (X,Y) 的联合密度函数为
$$f(x,y)=\begin{cases}4xy, & 0<x<1, 0<y<1;\\ 0, & \text{其他}.\end{cases}$$

求:(1)$P\{0<X<\dfrac{1}{2},\dfrac{1}{4}<Y<1\}$;(2)$P\{X=Y\}$;(3)$P\{X<Y\}$;(4)$P\{X\leqslant Y\}$.

7. 设随机变量 (X,Y) 的联合概率密度为
$$f(x,y)=\begin{cases}C, & 0<|x|<y<1;\\ 0, & \text{其他}.\end{cases}$$

求:(1)常数 C;(2)$P\{Y>2X\}$;(3)$F(0.5,0.5)$.

8. 设二维随机变量 (X,Y) 的联合密度函数为
$$f(x,y)=\begin{cases}\dfrac{1}{2}, & 0\leqslant x\leqslant 1, 0\leqslant y\leqslant 2;\\ 0, & \text{其他}.\end{cases}$$

求 X 与 Y 中至少有一个小于 $\dfrac{1}{2}$ 的概率.

9. 一台机器生产直径为 X 的轴,另一台机器生产内径为 Y 的轴套. 设 (X,Y) 的密度函数为
$$f(x,y)=\begin{cases}2\,500, & 0.49<x<0.51, 0.51<y<0.53;\\ 0, & \text{其他}.\end{cases}$$

如果轴套的内径比轴的直径大 0.004 但不大于 0.036,则两者就能很好地配合成套. 现随机地选择轴和轴套,问两者能很好地配合的概率是多少?

10. 随机变量 (X,Y) 的联合密度函数
$$f(x,y)=\begin{cases}4.8y(2-x), & 0\leqslant x\leqslant 1, 0\leqslant y\leqslant x;\\ 0, & \text{其他}.\end{cases}$$

求边缘概率密度函数.

11. 设二维随机变量 (X,Y) 的联合密度为
$$f(x,y)=\begin{cases}ky(1-x-y), & x>0, y>0, x+y<1;\\ 0, & \text{其他}.\end{cases}$$

求(1)常数 k;(2)边缘密度函数 $f_X(x)$ 及 $f_Y(y)$.

12. 设随机变量 (X,Y) 的概率密度为
$$f(x,y)=\begin{cases}1, & |y|<x, 0<x<1;\\ 0, & \text{其他}.\end{cases}$$

求条件概率密度 $f_{Y|X}(y|x)$ 及 $f_{X|Y}(x|y)$.

13. 设二维随机变量 (X,Y) 的联合密度函数为
$$f(x,y)=\begin{cases}8xy, & 0\leqslant x\leqslant y\leqslant 1;\\ 0, & \text{其他}.\end{cases}$$

求边缘密度函数 $f_X(x)$ 及 $f_Y(y)$,并判断 X 与 Y 是否独立.

14. 设随机变量 X 与 Y 相互独立,它们的密度函数分别为

$$f_X(x)=\begin{cases} \dfrac{1}{1\,000}e^{-\frac{x}{1\,000}}, & x>0; \\ 0, & x\leqslant 0. \end{cases}$$

$$f_Y(y)=\begin{cases} \dfrac{1}{2\,000}e^{-\frac{y}{2\,000}}, & y>0; \\ 0, & y\leqslant 0. \end{cases}$$

试求:(1)联合密度函数 $f(x,y)$;(2)$P\{X>1\,000,Y>1\,000\}$,$P\{Y>X\}$.

15. 设随机变量 X 与 Y 相互独立,X 在区间 $(0,1)$ 上服从均匀分布,Y 的密度函数

$$f_Y(y)=\begin{cases} \dfrac{1}{2}e^{-\frac{y}{2}}, & y>0; \\ 0, & y\leqslant 0. \end{cases}$$

(1) 求 (X,Y) 的联合密度函数;
(2) 求方程 $a^2+2Xa+Y=0$ 关于 a 有实根的概率.

16. 设随机变量 X 在区间 $(0,1)$ 上服从均匀分布,在 $X=x(0<x<1)$ 的条件下,随机变量 Y 在区间 $(0,x)$ 上服从均匀分布,求:
(1) 随机变量 X 和 Y 的联合概率密度;
(2) Y 的边缘概率密度;
(3) 概率 $P\{X+Y>1\}$.

17. 设随机变量 X 与 Y 相互独立,其密度函数分别为

$$f_X(x)=\begin{cases} 1, & 0\leqslant x\leqslant 1; \\ 0, & 其他, \end{cases} \qquad f_Y(y)=\begin{cases} e^{-y}, & y>0; \\ 0, & y\leqslant 0, \end{cases}$$

求随机变量 $Z=X+Y$ 的密度函数.

18. 在一简单电路中,两电阻 R_1 和 R_2 串联连接,设 R_1 与 R_2 相互独立,其概率密度函数均为

$$f(x)=\begin{cases} \dfrac{10-x}{50}, & 0\leqslant x\leqslant 10; \\ 0, & 其他. \end{cases}$$

求总电阻 $R=R_1+R_2$ 的概率密度函数.

19. 设二维随机变量 (X,Y) 的概率密度为

$$f(x,y)=\begin{cases} 1, & 0<x<1, 0<y<2x; \\ 0, & 其他. \end{cases}$$

求:(1) $f_X(x),f_Y(y)$;
(2) $Z=2X-Y$ 的分布函数 $F_Z(z)$.

20. 设随机变量 X 与 Y 相互独立,且服从同一分布.X 的分布律为

$$P\{X=i\}=\dfrac{1}{3}, \quad i=1,2,3.$$

又设 $U=\max(X,Y)$,$V=\min(X,Y)$.求出二维随机变量 (U,V) 的联合分布律及随机变量 U 及 V 各自的边缘分布律.

21. 已知随机变量 X 与 Y 独立,其分布律分别如表 3.4 与表 3.5 所示.

表 3.4		
X	1	0
P	0.4	0.6

表 3.5			
Y	−1	0	1
P	0.2	0.3	0.5

分别求随机变量 $Z=\max(X,Y)$ 与 $W=X-Y$ 的分布律.

22. 设随机变量 X 与 Y 独立,其中 X 的概率分布为
$$X\sim\begin{pmatrix} 1 & 2 \\ 0.3 & 0.7 \end{pmatrix},$$
而 Y 的概率密度为 $f(y)$,求随机变量 $U=X+Y$ 的概率密度 $g(u)$.

(B)

1. 设 $F_1(x)$ 和 $F_2(x)$ 分别是随机变量 X_1 与 X_2 的分布函数,若
$$F(x)=\frac{3}{5}F_1(x)-bF_2(x)$$
为另外一个随机变量的分布函数,试求 b 的值.

2. 已知随机变量 X 服从参数为 λ 的指数分布,求 $Y=\min(X,2)$ 的分布函数.

3. 已知随机变量 X 的分布函数为 $F(x)$,且 $Y=3X+1$,求 (X,Y) 的联合分布函数.

4. 设随机变量 (X,Y) 的联合分布密度函数为
$$f(x,y)=\begin{cases} 1, & 0\leqslant x\leqslant 2, \max(0,x-1)\leqslant y\leqslant \min(1,x); \\ 0, & 其他. \end{cases}$$
求边缘密度 $f_X(x), f_Y(y)$.

5. 若随机变量 (X,Y) 的分步履如表 3.6 所示.

表 3.6

Y \ X	1	2	3
1	$\frac{1}{6}$	$\frac{1}{9}$	$\frac{1}{18}$
2	$\frac{1}{3}$	α	β

则 α,β 应该满足什么条件? 若 X,Y 相互独立,则 α,β 应该满足什么条件?

6. 设随机变量 X,Y 相互独立,且同分布,(X,Y) 的密度函数为
$$f_T(t)=\begin{cases} e^{-t}, & t>0; \\ 0, & t\leqslant 0. \end{cases}$$
证明:随机变量 $U=X+Y$ 和随机变量 $V=\dfrac{X}{Y}$ 相互独立.

第4章 随机变量的数字特征

第2章和第3章介绍了随机变量的分布,如分布律、分布密度以及分布函数,这些都能完整地反映随机变量的统计规律性.然而,在实际问题中求一个随机变量的分布往往不是一件容易的事情,有时甚至是不可能的;其次许多实际问题仅要求知道随机变量分布的某些数字特性,并不需要求出其分布函数.例如,要分析一批灯泡的质量,一般只需要知道该批灯泡的平均寿命,以及各个灯泡的寿命与平均寿命的偏离程度.如果平均寿命长且各灯泡的寿命与平均寿命的偏离程度小,则该批灯泡的质量就好.可见平均寿命以及偏离程度这两个数字都从某一个侧面反映了灯泡的寿命这个随机变量的某些重要特征.这些能反映随机变量分布特征的量称为随机变量的数字特征.另一方面,对于某些类型的分布,如果知道它的一些数字特征,就完全可以确定它的分布.因此随机变量的数字特征在实际应用和理论研究上都有重要的意义.

本章将介绍随机变量常用的数字特征.主要有数学期望、方差、协方差及相关系数等.期望表示随机变量的平均值,方差则反映了随机变量对其均值的偏离程度,协方差与相关系数描述了两个随机变量的某种关系.

4.1 随机变量的数学期望

数学期望的定义来自平均值的概念,它实质上是一个加权平均值.本节将讨论离散型和连续型随机变量的数学期望,随机变量函数的数学期望和性质.

4.1.1 离散型随机变量的数学期望

为了引入离散型随机变量的数学期望,首先看一个例子.

例 4.1 甲、乙两射手进行射击训练,已知在 100 次射击中命中环数与次数记录分别如表 4.1 和表 4.2 所示.

试问如何评定甲、乙射手的技术优劣?

表 4.1

环数	8	9	10
次数	30	10	60

表 4.2

环数	8	9	10
次数	20	50	30

解 从上面的成绩表很难看出两个射手的技术优劣.实际生活中一般用平均环数来评价射手的技术.

甲平均射中的环数为

$(8\times30+9\times10+10\times60)\div100=8\times0.3+9\times0.1+10\times0.6=9.3$(环);

乙平均射中的环数为

$(8\times20+9\times50+10\times30)\div100=8\times0.2+9\times0.5+10\times0.3=9.1$(环).

故从平均射中的环数看,甲的技术优于乙.

这里存在一个问题,射手的技术是客观的,但是根据上面的计算方法,在不同的试验中可能会得到不同的结果.若设 X 表示击中的环数,上面的计算过程中的数据 $0.3,0.1$ 等就是在 100 次射击中事件 $\{X=k\}$ 发生的频率,当射击次数相当大时,这个频率就接近事件 $\{X=k\}$ 在一次试验中发生的概率 p_k,这样平均环数就可以表示为 $\sum_{k=1}^{n}kp_k$,其和称之为随机变量 X 的数学期望或平均值.

定义 4.1 设离散型随机变量 X 的分布律为

$$P\{X=x_k\}=p_k, \quad k=1,2,\cdots.$$

若级数 $\sum_{k=1}^{\infty}x_kp_k$ 绝对收敛,则称其和为随机变量 X 的**数学期望**或**平均值**,简称**期望**或**均值**,记为 $E(X)$,即

$$E(X)=\sum_{k=1}^{\infty}x_kp_k.$$

若级数 $\sum_{k=1}^{\infty}x_kp_k$ 不绝对收敛,则称随机变量 X 的数学期望不存在.

例 4.2 设随机变量 X 的分布律如表 4.3 所示.

表 4.3

X	-1	3
p	$\frac{2}{3}$	$\frac{1}{3}$

求 $E(X)$.

解 $E(X)=-1\times\dfrac{2}{3}+3\times\dfrac{1}{3}=\dfrac{1}{3}.$

若将此例视为甲、乙两人"赌博",甲赢的概率为 $\dfrac{1}{3}$,输的概率为 $\dfrac{2}{3}$,但甲每赢一次可从乙处得 3 元,而每输一次,要给乙 1 元,则 $E(X)=\dfrac{1}{3}$ 是指甲平均每次可赢 $\dfrac{1}{3}$ 元.

每个"赌徒"在参加赌博时,心中首要盘算这个数字. 这正是称 $E(X)$ 为"期望"的原因.

例 4.3 已知随机变量 X 服从参数 p 的(0-1)分布,求其数学期望 $E(X)$.

解 $E(X)=0\times(1-p)+1\times p=p.$

例 4.4 已知 X 服从几何分布,其分布律为
$$P\{X=k\}=pq^{k-1}, \quad k=1,2,\cdots, 且\ 0<p<1, q=1-p.$$
求数学期望 $E(X)$.

解
$$\begin{aligned}E(X) &= \sum_{k=1}^{\infty} x_k p_k = p\sum_{k=1}^{\infty} kq^{k-1} \\ &= p \cdot \frac{1}{1-q}\Big(\sum_{k=1}^{\infty} kq^{k-1} - q\sum_{k=1}^{\infty} kq^{k-1}\Big) \\ &= \frac{p}{1-q}\Big(\sum_{k=1}^{\infty} q^{k-1}\Big) = \frac{p}{1-q} \cdot \frac{1}{1-q} \\ &= \frac{p}{(1-q)^2} = \frac{1}{p}.\end{aligned}$$

4.1.2 连续型随机变量的数学期望

定义 4.2 设连续型随机变量 X 的密度函数为 $f(x)$. 若积分 $\int_{-\infty}^{+\infty} xf(x)\mathrm{d}x$ 绝对收敛,称该积分值为随机变量 X 的**数学期望**或**平均值**,简称**期望**或**均值**,记为 $E(X)$,即
$$E(X) = \int_{-\infty}^{+\infty} xf(x)\mathrm{d}x.$$

若积分 $\int_{-\infty}^{+\infty} xf(x)\mathrm{d}x$ 不绝对收敛,则称随机变量 X 的数学期望不存在.

例 4.5 设随机变量 X 的密度函数为
$$f(x)=\begin{cases}2(1-x), & 0<x<1;\\ 0, & 其他.\end{cases}$$
求 $E(X)$.

解 $E(X) = \int_{-\infty}^{\infty} xf(x)\mathrm{d}x = \int_0^1 x \cdot 2(1-x)\mathrm{d}x = \frac{1}{3}.$

下面看一个数学期望不存在的例子.

例 4.6 设随机变量 X 服从柯西(Cauchy)分布,其密度函数为
$$f(x) = \frac{1}{\pi(1+x^2)}, \quad -\infty<x<+\infty.$$
试证 X 的数学期望不存在.

证明 因为

$$\int_{-\infty}^{+\infty} |x| f(x) \mathrm{d}x = \int_{-\infty}^{+\infty} \frac{|x|}{\pi(1+x^2)} \mathrm{d}x$$

$$= 2\int_{0}^{+\infty} \frac{x}{\pi(1+x^2)} \mathrm{d}x$$

$$= \frac{1}{\pi} \ln(1+x^2) \Big|_{0}^{+\infty} = +\infty.$$

即 $\int_{-\infty}^{+\infty} xf(x)\mathrm{d}x$ 不绝对收敛,所以 $E(x)$ 不存在.

4.1.3 随机变量的函数的数学期望

前面介绍了随机变量的数学期望的定义,我们知道随机变量的函数仍然是随机变量,如何来求随机变量的函数的数学期望?当然,一个最容易想到的办法是先将它的分布求出,然后再利用随机变量的数学期望的定义来求.但求解随机变量函数的分布并不是一件容易的事.下面的定理说明可以不求出函数的分布而直接计算其数学期望.

定理 4.1 设随机变量 Y 是随机变量 X 的函数,且 $Y=g(X)$(g 一般为连续函数).

(1) 设 X 为离散型变量,其分布律为

$$P\{X=x_k\}=p_k, \quad k=1,2,\cdots.$$

若级数 $\sum_{k=1}^{\infty} g(x_k)p_k$ 绝对收敛,则有

$$E(Y) = E[g(X)] = \sum_{k=1}^{\infty} g(x_k)p_k;$$

(2) 设 X 为连续型变量,其密度函数为 $f(x)$. 若积分 $\int_{-\infty}^{+\infty} g(x)f(x)\mathrm{d}x$ 绝对收敛,则有

$$E(Y) = E[g(X)] = \int_{-\infty}^{+\infty} g(x)f(x)\mathrm{d}x.$$

此定理可推广至两个或两个以上随机变量的函数的情况. 以二维随机变量为例有下列结论.

设 Z 是随机变量 X,Y 的函数,且 $Z=g(X,Y)$(g 一般是连续函数).

(1) 若二维离散型随机变量 (X,Y) 的分布律为 $P(X=x_i,Y=y_j)=p_{ij}$,$i,j=1,2,\cdots$,则有

$$E(Z) = E[g(X,Y)] = \sum_{j}\sum_{i} g(x_i,y_j)p_{ij}.$$

(2) 若二维连续型随机变量(X,Y)的概率密度为$f(x,y)$,则有

$$E(Z)=E[g(X,Y)]=\int_{-\infty}^{+\infty}\int_{-\infty}^{+\infty}g(x,y)f(x,y)\mathrm{d}x\mathrm{d}y.$$

例 4.7 已知离散型随机变量 X 的可能取值为 $-1,0,1$,$E(X)=0.1$,$E(X^2)=0.9$,求 $P\{X=-1\}$,$P\{X=0\}$ 和 $P\{X=1\}$.

解 由题知

$$\begin{cases} P\{X=-1\}+P\{X=0\}+P\{X=1\}=1;\\ -P\{X=-1\}+P\{X=1\}=0.1;\\ P\{X=-1\}+P\{X=1\}=0.9. \end{cases}$$

解之得

$$P\{X=-1\}=0.4,\quad P\{X=0\}=0.1,\quad P\{X=1\}=0.5.$$

例 4.8 设二维随机变量(X,Y)的密度函数为

$$f(x,y)=\begin{cases} x+y, & 0\leqslant x\leqslant 1,0\leqslant y\leqslant 1;\\ 0, & \text{其他}. \end{cases}$$

求 $E(XY)$.

解
$$\begin{aligned} E(XY) &= \int_{-\infty}^{+\infty}\int_{-\infty}^{+\infty}xyf(x,y)\mathrm{d}x\mathrm{d}y\\ &= \int_{0}^{1}\int_{0}^{1}xy(x+y)\mathrm{d}x\mathrm{d}y\\ &= \frac{1}{3}. \end{aligned}$$

4.1.4 数学期望的性质

下面给出几个数学期望的常用性质. 在以下的讨论中,均假设所讨论的随机变量的数学期望存在,且对连续型随机变量给予证明,至于对离散型随机变量的证明只需将积分换为类似的离散求和即可.

性质 1 设 C 为常数,则有 $E(C)=C$.

证明 可将 C 看成离散型随机变量. 分布律为 $P\{X=C\}=1$ 故由定义即得 $E(X)=C$.

性质 2 设 C 为常数,X 为随机变量,则有 $E(CX)=CE(X)$.

证明 设 X 的密度函数为 $f(x)$,则有

$$E(CX)=\int_{-\infty}^{+\infty}Cxf(x)\mathrm{d}x=C\int_{-\infty}^{+\infty}xf(x)\mathrm{d}x=CE(X).$$

性质 3 设 X,Y 为任意两个随机变量,则有 $E(X+Y)=E(X)+E(Y)$.

证明 设二维随机变量(X,Y)的密度函数为 $f(x,y)$,边缘密度函数分别为 $f_X(x),f_Y(y)$ 则

4.1 随机变量的数学期望

$$E(X+Y) = \int_{-\infty}^{+\infty}\int_{-\infty}^{+\infty}(x+y)f(x,y)\mathrm{d}x\mathrm{d}y$$
$$= \int_{-\infty}^{+\infty}\int_{-\infty}^{+\infty}xf(x,y)\mathrm{d}x\mathrm{d}y + \int_{-\infty}^{+\infty}\int_{-\infty}^{+\infty}yf(x,y)\mathrm{d}x\mathrm{d}y$$
$$= E(Y)+E(X).$$

综合性质 2、3，有 $E(C_1X+C_2Y)=C_1E(X)+C_2E(Y)$. 即两个随机变量的线性组合的数学期望等于两个随机变量数学期望的线性组合. 将此结论推广有 $E(\sum_{i=1}^{n}C_iX_i) = \sum_{i=1}^{n}C_iE(X_i)$.

性质 4 设 X,Y 是两个相互独立的随机变量，则 $E(XY)=E(X)E(Y)$. 此结论推广到若 $X_i(i=1,2,\cdots,n)$ 相互独立，则有 $E(\prod_{i=1}^{n}X_i) = \prod_{i=1}^{n}E(X_i)$.

需要说明的是 $E(XY)=E(X)E(Y)$ 是 X,Y 相互独立的必要而不充分条件.

例 4.9 设二维随机变量 (X,Y) 的密度函数为 $f(x,y)=\begin{cases}\dfrac{1}{\pi}, & x^2+y^2\leqslant 1;\\ 0, & \text{其他}.\end{cases}$ 试验证 $E(XY)=E(X)E(Y)$，但 X 和 Y 不独立.

证明 因为

$$E(XY) = \iint_{x^2+y^2\leqslant 1}\frac{xy}{\pi}\mathrm{d}x\mathrm{d}y = \frac{1}{\pi}\int_{-1}^{1}x\mathrm{d}x\int_{-\sqrt{1-x^2}}^{\sqrt{1-x^2}}y\mathrm{d}y$$
$$= \frac{1}{\pi}\int_{-1}^{1}x\mathrm{d}x\int_{-\sqrt{1-x^2}}^{\sqrt{1+x^2}}y\mathrm{d}y = 0,$$
$$E(X) = \iint_{x^2+y^2\leqslant 1}\frac{x}{\pi}\mathrm{d}x\mathrm{d}y = 0,$$
$$E(Y) = \iint_{x^2+y^2\leqslant 1}\frac{y}{\pi}\mathrm{d}x\mathrm{d}y = 0,$$

所以 $E(XY)=E(X)E(Y)$.

X 的边缘密度函数

$$f_X(x) = \int_{-\infty}^{+\infty}f(x,y)\mathrm{d}y = \int_{-\sqrt{1-x^2}}^{\sqrt{1-x^2}}\frac{1}{\pi}\mathrm{d}y = \frac{2}{\pi}\sqrt{1-x^2}, \quad -1\leqslant x\leqslant 1,$$

即

$$f_X(x)=\begin{cases}\dfrac{2}{\pi}\sqrt{1-x^2}, & -1\leqslant x\leqslant 1;\\ 0, & \text{其他}.\end{cases}$$

同理可得 Y 的边缘密度函数

$$f_Y(y)=\begin{cases}\dfrac{2}{\pi}\sqrt{1-y^2}, & -1\leqslant y\leqslant 1;\\ 0, & 其他.\end{cases}$$

因为 $f(x,y)\neq f_X(x)f_Y(y)$，所以 X 和 Y 是不独立的.

4.1.5 数学期望的简单应用举例

数学期望反映了随机变量的分布的数字特征，在实际中有广泛的应用.下面用几个简单的例子来介绍数学期望的一些应用.

例 4.10 据统计年龄为 65 岁的人在过去 10 年内死亡的人中，正常死亡的概率为 0.98，因事故死亡的概率为 0.02. 保险公司开办老人事故死亡保险，参加者需交纳保险费 100 元. 若 10 年内因事故死亡，公司赔偿 a 元，问如何确定 a，才能使公司可期望获益；若有 1 000 人投保，公司期望总获益多少？

解 设 X_i 表示公司从第 i 个投保者身上所得的收益 $(i=1\sim 1\,000)$. 则其分布为

$$X_i\sim\begin{pmatrix}100 & 100-a\\ 0.98 & 0.02\end{pmatrix}.$$

要使公司期望获益，则

$$E(X_i)=100\times 0.98+(100-a)\times 0.02=100-0.02a>0,$$

即

$$100<a<5\,000.$$

公司每笔赔偿小于 5 000 元则能使公司获益.公司期望总收益为

$$E\Big(\sum_{i=1}^{1\,000}X_i\Big)=\sum_{i=1}^{1\,000}E(X_i)=100\,000-20a.$$

若公司每笔赔偿 4 000 元，则能使公司期望总获益 20 000 元.

例 4.11 在一个人数很多的团体中普查某种疾病，为此要抽验 N 个人的血，可以用两种方法进行.(1)将每个人的血都分别去验，这就需验 N 次.(2)按 k 个人一组进行分组，先把从 k 个人抽来的血混合在一起进行检验，如果这混合血液呈阴性反应，就说明 k 个人的血都呈阴性反应，这样，这 k 个人的血就只需验一次.若呈阳性，则再对这 k 个人的血液分别进行化验.这样，这 k 个人的血就共需验 $k+1$ 次.假设每个人化验呈阳性的概率为 p，且这些人的试验反应是相互独立的.试说明当 p 较小时，选取适当的 k，按第二种方法可以减少化验的次数.并说明 k 取什么值时最适宜.

解 各人的血液呈阴性反应的概率为 $q=1-p$. 因而 k 个人的混合血液呈阴性反应的概率为 q^k，k 个人的混合血液呈阳性反应的概率为 $1-q^k$.

设以 k 个人为一组时，组内每人化验的次数为 X，则 X 是一个随机变量，其分

布律如表 4.4 所示

表 4.4

X	$\dfrac{1}{k}$	$\dfrac{k+1}{k}$
p_k	q^k	$1-q^k$

X 的数学期望为

$$E(X)=\frac{1}{k}\times q^k+\left(1+\frac{1}{k}\right)(1-q^k)=1-q^k+\frac{1}{k},$$

N 个人平均需化验的次数为

$$N\left(1-q^k+\frac{1}{k}\right).$$

由此可知,只要选择 k,使

$$1-q^k+\frac{1}{k}<1,$$

则 N 个人平均需化验的次数小于 N. 当 p 固定时,选取 k,使得

$$L=1-q^k+\frac{1}{k},$$

L 小于 1 且取到最小值,这时就能得到最好的分组方法.

例如,$p=0.1,q=1-p=0.9$,当 $k=4$ 时,$L=1-q^k+\dfrac{1}{k}$ 取到最小值. 此时得到最好的分组方法. 若 $N=1\,000$,此时以 $k=4$ 分组,按第二种方法平均只需化验

$$1\,000\times\left(1-0.9^4+\frac{1}{4}\right)=594(次),$$

这样平均可以减少 40% 的工作量.

4.2 方　　差

4.2.1 方差的定义

数学期望反映了随机变量的平均取值的大小. 但是在许多实际问题中,只知均值是不够的,还应知道随机变量的取值在均值附近的变化情况. 例如,在考察两批灯泡的质量时,经测试它们的平均寿命是相同的,但是第一批灯泡的寿命相对都集中在平均值附近,而第二批灯泡的寿命值比较分散. 显然第一批灯泡的质量比较稳定,而第二批灯泡的质量就参差不齐了. 于是仅从均值无法区分优劣的两批灯泡通过上面的方法就可以做出判断了. 那么能否用 $X-E(X)$ 的均值来描述 X 与其均值 $E(X)$ 的平均偏离程度呢? 由于会出现正负偏差抵消,事实

上，$E[X-E(X)]=E(X)-E(X)=0$，所以不能用 $E[X-E(X)]$ 来刻画平均偏离程度．用 $E(|X-E(X)|)$ 来衡量 X 的离散程度，虽然避免了正负偏差抵消的可能，但由于在数学上处理含绝对值的量比较麻烦．因此，通常采用 $E\{[X-E(x)]^2\}$ 来表示随机变量 X 的离散程度．于是得到下面的定义．

定义 4.3 设 X 是一个随机变量，若 $E\{[X-E(X)]^2\}$ 存在，则称 $E\{[X-E(X)]^2\}$ 为 X 的方差，记为 $D(X)$ 或 $\text{Var}(X)$，即

$$D(X)=E\{[X-E(X)]^2\}.$$

又记 $\sigma(X)=\sqrt{D(X)}$，称为**标准差**或**均方差**.

由定义可知，随机变量 X 的方差描述了 X 的取值与其数学期望的平均偏离程度．若 $D(X)$ 较小，则 X 的取值比较集中；反之，若 $D(X)$ 较大，则 X 的取值比较分散．因此 $D(X)$ 是刻画 X 取值分散程度的量．它是衡量 X 取值分散程度即稳定性的一个尺度．

定义表明，方差 $D(X)$ 实际上是随机变量 X 的函数 $g(X)=[X-E(X)]^2$ 的数学期望．由随机变量的函数的数学期望的计算方法可知：当 X 是离散型随机变量时，若分布律为 $P(X=x_k)=p_k(k=1,2,\cdots)$，则

$$D(X)=\sum_k [x_k-E(X)]^2 p_k.$$

对于连续型随机变量，若 X 的密度函数为 $f(x)$，则有

$$D(X)=\int_{-\infty}^{+\infty}[x-E(X)]^2 f(x)\mathrm{d}x.$$

实际计算中常用下面的公式

$$D(X)=E(X^2)-[E(X)]^2.$$

事实上，

$$\begin{aligned}D(X)&=E[X-E(X)]^2=E\{X^2-2XE(X)+[E(X)]^2\}\\&=E(X^2)-2E(X)E(X)+[E(X)]^2\\&=E(X^2)-[E(X)]^2.\end{aligned}$$

例 4.12 设随机变量 X 服从(0-1)分布，分布律为

$$P\{X=1\}=p,\quad P\{X=0\}=1-p=q.$$

求 $D(X)$.

解 由于

$$E(X)=p,\quad E(X^2)=1^2\times p+0^2\times q=p,$$

故

$$D(X)=E(X^2)-[E(X)]^2=p-p^2=p(1-p)=pq.$$

例 4.13 设随机变量 X 的密度函数为

$$f(x)=\begin{cases}2(1-x),&0<x<1;\\0,&\text{其他}.\end{cases}$$

求 $D(X)$.

解 由于

$$E(X) = \int_{-\infty}^{+\infty} xf(x)\mathrm{d}x = \int_0^1 2x(1-x)\mathrm{d}x = \frac{1}{3},$$

而

$$E(X^2) = \int_{-\infty}^{+\infty} x^2 f(x)\mathrm{d}x = \int_0^1 2x^2(1-x)\mathrm{d}x = \frac{1}{6},$$

所以

$$D(X) = E(X^2) - [E(X)]^2 = \frac{1}{18}.$$

4.2.2 方差的性质

假设以下随机变量的方差均存在,则有如下性质:

性质 1 设 C 为常数,则 $D(C)=0$.
性质 2 设 X 为随机变量,C 为常数,则有 $D(CX)=C^2 D(X)$.
性质 3 设随机变量 X 与 Y 相互独立,则有 $D(X+Y)=D(X)+D(Y)$.
性质 4 $D(X)=0$ 的充要条件是 X 以概率 1 取常数 C,即 $P\{X=C\}=1$,显然,这里 $C=E(X)$.

性质 1,性质 2,性质 4 的证明由读者自己完成,我们只证明性质 3.

证明 由方差的定义与数学期望的性质,有

$$\begin{aligned}D(X+Y)&=E\{[(X+Y)-E(X+Y)]^2\}=E\{[(X-E(X))+(Y-E(Y))]^2\}\\&=E\{[X-E(X)]^2\}+E\{[Y-E(Y)]^2\}+2E\{[X-E(X)][Y-E(Y)]\}\\&=D(X)+D(Y)+2E\{[X-E(X)][Y-E(Y)]\}.\end{aligned}$$

当 X 与 Y 相互独立时,随机变量 $X-E(X)$ 与 $Y-E(Y)$ 也相互独立,由数学期望的性质知,

$$E\{[X-E(X)][Y-E(Y)]\}=0.$$

从而有

$$D(X+Y)=D(X)+D(Y).$$

性质 3 可推广到有限多个相互独立的随机变量之和的情形.即若 $X_1, X_2, \cdots, X_n$ 相互独立,则有

$$D(X_1+X_2+\cdots+X_n)=D(X_1)+D(X_2)+\cdots+D(X_n).$$

4.3 常见随机变量的数字特征

前两节讨论了随机变量的数学期望和方差的定义与性质.这一节介绍几种常

见分布的随机变量的数学期望与方差.

4.3.1 二项分布

若随机变量 X 服从参数为 n,p 的二项分布,即 $X \sim B(n,p)$,其分布律为
$$P\{X=k\} = C_n^k p^k q^{n-k}, \quad k=0,1,2,\cdots,n,$$
其中 $0<p<1, p+q=1$,则

在 n 重伯努利试验中,每次试验事件 A 发生的概率为 p,不发生的概率为 $q=1-p$,若引入随机变量
$$X_i = \begin{cases} 1, & \text{第 } i \text{ 次试验} A \text{ 发生}; \\ 0, & \text{第 } i \text{ 次试验} A \text{ 不发生}, \end{cases} \quad i=1,2,\cdots,n,$$
则 A 发生的次数为
$$X = X_1 + X_2 + \cdots + X_n,$$
而 $X \sim B(n,p)$, $X_i \sim (0\text{-}1)$,且 $X_1, X_2, \cdots, X_n$ 是相互独立的,于是由数学期望的性质可得
$$E(X) = E(X_1 + X_2 + \cdots + X_n) = E(X_1) + E(X_2) + \cdots + E(X_n) = nE(X_i)$$
$$= np,$$
$$D(X) = D(X_1 + X_2 + \cdots + X_n) = D(X_1) + D(X_2) + \cdots + D(X_n) = nD(X_i)$$
$$= npq.$$

4.3.2 泊松分布

若随机变量 X 服从参数为 λ 的泊松分布,即 $X \sim P(\lambda)$,其分布律为
$$P(X=k) = \frac{\lambda^k}{k!} e^{-\lambda}, \quad k=0,1,2,\cdots; \lambda>0.$$
则
$$E(X) = \sum_{k=0}^{\infty} k p_k = \sum_{k=0}^{\infty} k \cdot \frac{\lambda^k}{k!} e^{-\lambda} = \lambda e^{-\lambda} \sum_{k=1}^{\infty} \frac{\lambda^{k-1}}{(k-1)!}$$
$$= \lambda e^{-\lambda} \sum_{k=0}^{\infty} \frac{\lambda^k}{k!} = \lambda e^{-\lambda} \cdot e^{\lambda} = \lambda,$$
$$E(X^2) = \sum_{k=0}^{\infty} k^2 \frac{\lambda^k}{k!} e^{-\lambda} = e^{-\lambda} \sum_{k=1}^{\infty} (k-1) \frac{\lambda^k}{(k-1)!} + e^{-\lambda} \sum_{k=1}^{\infty} \frac{\lambda^k}{(k-1)!}$$
$$= \lambda^2 + \lambda,$$
故
$$D(X) = E(X^2) - E^2(X) = \lambda.$$

4.3.3 均匀分布

若随机变量 X 在区间 (a,b) 上服从均匀分布,即 $X \sim U(a,b)$,其密度函数

$$f(x)=\begin{cases}\dfrac{1}{b-a}, & a<x<b;\\ 0, & 其他,\end{cases}$$

则

$$E(X)=\int_a^b x\,\frac{1}{b-a}\mathrm{d}x=\frac{a+b}{2},$$

$$\begin{aligned}D(X)&=E(X^2)-[E(X)]^2\\ &=\int_a^b x^2\,\frac{1}{b-a}\mathrm{d}x-\left(\frac{a+b}{2}\right)^2\\ &=\frac{(b-a)^2}{12}.\end{aligned}$$

4.3.4 指数分布

若随机变量 X 服从以 λ 为参数的指数分布,即 $X\sim E(\lambda)$,其密度函数

$$f(x)=\begin{cases}\lambda\mathrm{e}^{-\lambda x}, & x\geqslant 0;\\ 0, & x<0,\end{cases}$$

则

$$E(X)=\int_0^{+\infty}x\cdot\lambda\mathrm{e}^{-\lambda x}\mathrm{d}x=-\left(x\mathrm{e}^{-\lambda x}\Big|_0^{+\infty}-\int_0^{+\infty}\mathrm{e}^{-\lambda x}\mathrm{d}x\right)=\frac{1}{\lambda},$$

$$\begin{aligned}D(X)&=E(X^2)-[E(X)]^2=\int_0^{+\infty}x^2\cdot\lambda\mathrm{e}^{-\lambda x}\mathrm{d}x-\left(\frac{1}{\lambda}\right)^2\\ &=\frac{2}{\lambda^2}-\frac{1}{\lambda^2}\\ &=\frac{1}{\lambda^2}.\end{aligned}$$

4.3.5 正态分布

若随机变量 X 服从参数为 μ,σ 的正态分布,即 $X\sim N(\mu,\sigma^2)$,其密度函数

$$f(x)=\frac{1}{\sqrt{2\pi}\sigma}\mathrm{e}^{-\frac{(x-\mu)^2}{2\sigma^2}},\quad -\infty<x<+\infty,$$

则

$$\begin{aligned}E(X)&=\int_{-\infty}^{+\infty}x\cdot\frac{1}{\sqrt{2\pi}\sigma}\mathrm{e}^{-\frac{(x-\mu)^2}{2\sigma^2}}\mathrm{d}x\\ &=\frac{1}{\sqrt{2\pi}\sigma}\int_{-\infty}^{+\infty}(x-\mu)\mathrm{e}^{-\frac{(x-\mu)^2}{2\sigma^2}}\mathrm{d}x+\frac{1}{\sqrt{2\pi}\sigma}\int_{-\infty}^{+\infty}\mu\mathrm{e}^{-\frac{(x-\mu)^2}{2\sigma^2}}\mathrm{d}x,\end{aligned}$$

令 $\dfrac{x-\mu}{\sigma}=t$,得

$$E(X) = \dfrac{\sigma}{\sqrt{2\pi}}\int_{-\infty}^{+\infty} t\mathrm{e}^{-\frac{t^2}{2}}\mathrm{d}t + \mu\int_{-\infty}^{+\infty}\dfrac{1}{\sqrt{2\pi}}\mathrm{e}^{-\frac{t^2}{2}}\mathrm{d}t$$
$$= \mu,$$
$$D(X) = E[X-\mu]^2 = \int_{-\infty}^{+\infty}(x-\mu)^2 \cdot \dfrac{1}{\sqrt{2\pi}\sigma}\mathrm{e}^{-\frac{(x-\mu)^2}{2\sigma^2}}\mathrm{d}x$$
$$= \sigma^2\int_{-\infty}^{+\infty}\dfrac{1}{\sqrt{2\pi}}\mathrm{e}^{-\frac{t^2}{2}}\mathrm{d}t,$$

故

$$D(X) = \sigma^2.$$

上面的结果表明,一些常见分布的随机变量的数学期望或方差一旦知道,分布中的参数也就确定,从而可以确定其分布.因此求出其数字特征是非常重要的.我们将在后面讨论这方面的内容.

4.4 协方差与相关系数

通过前面的学习知道,对于二维随机变量(X,Y),仅仅讨论单个随机变量 X 或 Y 是不够的.除了要研究 X 和 Y 的期望与方差以外,还要讨论能反映它们关系的数字特征.在 4.3 节中,当 X 和 Y 相互独立时,$E\{[X-E(X)][Y-E(Y)]\}=0$,显然当 $E\{[X-E(X)][Y-E(Y)]\}\neq 0$ 时,X 和 Y 不应该相互独立,而是有某种关系,因此有如下定义.

定义 4.4 设(X,Y)是一个二维随机变量.若 $E\{[X-E(X)][Y-E(Y)]\}$ 存在,则称它是随机变量 X 与 Y 的**协方差**,记为 $\mathrm{cov}(X,Y)$,即

$$\mathrm{cov}(X,Y) = E\{[X-E(X)][Y-E(Y)]\}.$$

而当 $D(X)>0,D(Y)>0$ 时,

$$\rho_{XY} = \dfrac{\mathrm{cov}(X,Y)}{\sqrt{D(X)}\sqrt{D(Y)}}$$

称为随机变量 X 与 Y 的**相关系数**,其为一个无量纲的量.

由 $\mathrm{cov}(X,Y)$ 定义,可以得到以下计算公式.

当(X,Y)是二维离散型随机变量,且其分布律为 $P\{X=x_i, Y=y_j\}=p_{ij}$($i, j=1,2,\cdots$)时,

$$\mathrm{cov}(X,Y) = \sum_i \sum_j [x_i - E(X)][y_j - E(Y)]p_{ij};$$

当(X,Y)是二维连续型随机变量,且概率密度为 $f(x,y)$时,

4.4 协方差与相关系数

$$\mathrm{cov}(X,Y) = \int_{-\infty}^{+\infty}\int_{-\infty}^{+\infty} [x-E(X)][y-E(Y)] f(x,y)\,\mathrm{d}x\mathrm{d}y.$$

协方差有如下的性质：

性质 1 $\mathrm{cov}(X,Y) = \mathrm{cov}(Y,X)$.

性质 2 $\mathrm{cov}(aX,bY) = ab\,\mathrm{cov}(X,Y)$，$a,b$ 为常数.

性质 3 $\mathrm{cov}(X+Y,Z) = \mathrm{cov}(X,Z) + \mathrm{cov}(Y,Z)$.

性质 4 $\mathrm{cov}(X,Y) = E(XY) - E(X)E(Y)$.

上面的性质都可以由协方差的定义直接得到证明，这里就不再赘述.

令

$$X^* = \frac{X-E(X)}{\sqrt{D(X)}}, \quad Y^* = \frac{Y-E(Y)}{\sqrt{D(Y)}}.$$

即 X^*, Y^* 分别是 X 与 Y 的标准化随机变量. 由协方差的定义，可知

$$\rho_{XY} = \mathrm{cov}(X^*, Y^*).$$

下面讨论相关系数的性质，进一步来说明相关系数是反映了随机变量间的一种相互关系.

相关系数的性质如下：

性质 1 $|\rho_{XY}| \leqslant 1$.

证明 由于 $\rho_{XY} = \mathrm{cov}(X^*, Y^*)$，而

$$\begin{aligned} D(X^* \pm Y^*) &= D(X^*) + D(Y^*) \pm 2\mathrm{cov}(X^*, Y^*) \\ &= 1 + 1 \pm 2\mathrm{cov}(X^*, Y^*) \\ &= 2(1 \pm \rho_{XY}) \geqslant 0, \end{aligned}$$

即

$$1 \pm \rho_{XY} \geqslant 0,$$
$$|\rho_{XY}| \leqslant 1.$$

性质 2 $|\rho_{XY}| = 1$ 的充分必要条件是 X 与 Y 以概率 1 线性相关，即 $P\{Y = aX + b\} = 1$，其中 $a \neq 0, a, b$ 为常数.

证明 若 $P\{Y = aX + b\} = 1, a \neq 0$，则

$$E(Y) = aE(X) + b, \quad D(Y) = a^2 D(X).$$
$$\begin{aligned} \mathrm{cov}(X,Y) &= E\{[X-E(X)][(aX+b) - E(aX+b)]\} \\ &= aE\{[X-E(X)]^2\} \\ &= aD(X). \end{aligned}$$

因此

$$\rho_{XY} = \frac{\mathrm{cov}(X,Y)}{\sqrt{D(X)}\sqrt{D(Y)}} = \frac{aD(X)}{|a|D(X)} = \pm 1.$$

反之，若 $|\rho_{XY}| = 1$，由性质 1 的证明可得

$$D(X^* \pm Y^*) = 0, \quad E(X^* \pm Y^*) = 0.$$

根据方差的性质,有
$$P\{X^* \pm Y^* = 0\} = 1,$$
即
$$P\left\{Y = \pm \frac{\sqrt{D(Y)}}{\sqrt{D(X)}} X \mp \frac{\sqrt{D(Y)}}{\sqrt{D(X)}} E(X) + E(Y)\right\} = 1.$$

上面的结果表明,相关系数 ρ_{XY} 是刻画随机变量 X,Y 线性相关程度的度量. $|\rho_{XY}|$ 越接近 1,随机变量 X 与 Y 的线性关系越明显;反之,线性关系越差.

当随机变量 X 与 Y 的相关系数 $\rho_{XY}=0$ 时,称 X 与 Y 不相关.

当随机变量 X 与 Y 的相关系数 ρ_{XY} 存在时,若 X 与 Y 相互独立,则 $\mathrm{cov}(X,Y)=0$,从而有 $\rho_{XY}=0$,即相互独立的随机变量是不相关的;反之,若 X 与 Y 不相关,则 X 与 Y 却不一定是相互独立的.

不相关与独立是两个不同的概念,不相关是就线性关系而言的,而独立性是就一般关系而言的.下面的例子可以清楚的说明这层区别.

例 4.14 设随机变量 $\theta \sim U(0, 2\pi), X = \cos\theta, Y = \sin\theta$,则

$$E(X) = \frac{1}{2\pi}\int_0^{2\pi} \cos\theta \mathrm{d}\theta = 0, \quad E(Y) = \frac{1}{2\pi}\int_0^{2\pi} \sin\theta \mathrm{d}\theta = 0,$$

$$\mathrm{cov}(X,Y) = E(XY) = \frac{1}{2\pi}\int_0^{2\pi} \sin\theta\cos\theta \mathrm{d}\theta = 0,$$

$$D(X) = E(X^2) = \frac{1}{2\pi}\int_0^{2\pi} \cos^2\theta \mathrm{d}\theta = \frac{1}{2},$$

$$D(Y) = E(Y^2) = \frac{1}{2\pi}\int_0^{2\pi} \sin^2\theta \mathrm{d}\theta = \frac{1}{2},$$

$$\rho_{XY} = \frac{\mathrm{cov}(X,Y)}{\sqrt{D(X)}\sqrt{D(Y)}} = 0.$$

计算表明 X 与 Y 不相关,它们不具有线性关系,但有 $X^2 + Y^2 = 1$. X 与 Y 有严格的函数关系.

例 4.15 设随机变量 (X,Y) 的联合密度函数为

$$f(x,y) = \begin{cases} \dfrac{1}{\pi}, & x^2 + y^2 \leqslant 1; \\ 0, & \text{其他}. \end{cases}$$

试证:X 与 Y 不相关,但 X 与 Y 不相互独立.

证明 X 与 Y 的边缘密度分别为

$$f_X(x) = \int_{-\infty}^{+\infty} f(x,y)\mathrm{d}y = \begin{cases} \dfrac{2\sqrt{1-x^2}}{\pi}, & -1 \leqslant x \leqslant 1; \\ 0, & \text{其他}. \end{cases}$$

$$f_Y(y)=\int_{-\infty}^{+\infty}f(x,y)\mathrm{d}x=\begin{cases}\dfrac{2\sqrt{1-y^2}}{\pi},&-1\leqslant y\leqslant 1;\\ 0,&\text{其他}.\end{cases}$$

显然 $f(x,y)\neq f_X(x)f_Y(y)$，即 X 与 Y 不相互独立. 但是由于

$$E(X)=\int_{-1}^{1}\frac{2x\sqrt{1-x^2}}{\pi}\mathrm{d}x=0,$$

$$E(Y)=\int_{-1}^{1}\frac{2y\sqrt{1-y^2}}{\pi}\mathrm{d}y=0,$$

$$\operatorname{cov}(X,Y)=E(XY)=\iint\limits_{x^2+y^2\leqslant 1}\frac{1}{\pi}xy\mathrm{d}x\mathrm{d}y=0,$$

容易验证

$$D(X)>0,\quad D(Y)>0.$$

从而有 $\rho_{XY}=0$. 即 X 与 Y 不相关.

例 4.16 设 (X,Y) 服从二维正态分布，即 $(X,Y)\sim N(\mu_1,\mu_2,\sigma_1^2,\sigma_2^2,\rho)$，求 ρ_{XY}.

解 由 $X\sim N(\mu_1,\sigma_1^2)$，$Y\sim N(\mu_2,\sigma_2^2)$，即

$$E(X)=\mu_1,\quad D(X)=\sigma_1^2,\quad E(Y)=\mu_2,\quad D(Y)=\sigma_2^2.$$

而

$$\operatorname{cov}(X,Y)=\int_{-\infty}^{+\infty}\int_{-\infty}^{+\infty}(x-\mu_1)(y-\mu_2)f(x,y)\mathrm{d}x\mathrm{d}y$$

$$=\frac{1}{2\pi\sigma_1\sigma_2\sqrt{1-\rho^2}}\int_{-\infty}^{+\infty}\int_{-\infty}^{+\infty}(x-\mu_1)(y-\mu_2)$$

$$\cdot \mathrm{e}^{-\frac{1}{2(1-\rho^2)}\left[\frac{(x-\mu_1)^2}{\sigma_1^2}-2\rho\frac{(x-\mu_1)(y-\mu_2)}{\sigma_1\sigma_2}+\frac{(y-\mu_2)^2}{\sigma_2^2}\right]}\mathrm{d}x\mathrm{d}y$$

$$=\frac{1}{2\pi\sigma_1\sigma_2\sqrt{1-\rho^2}}\int_{-\infty}^{+\infty}\left[\int_{-\infty}^{+\infty}(y-\mu_2)\mathrm{e}^{-\frac{1}{2(1-\rho^2)}\left(\frac{y-\mu_2}{\sigma_2}-\rho\frac{x-\mu_1}{\sigma_1}\right)^2}\mathrm{d}y\right](x-\mu_1)\mathrm{e}^{-\frac{(x-\mu_1)^2}{2\sigma_1^2}}\mathrm{d}x.$$

令

$$t=\frac{1}{\sqrt{1-\rho^2}}\left(\frac{y-\mu_2}{\sigma_2}-\rho\frac{x-\mu_1}{\sigma_1}\right),\quad u=\frac{x-\mu_1}{\sigma_1},$$

则有

$$\operatorname{cov}(X,Y)=\frac{1}{2\pi}\int_{-\infty}^{+\infty}\int_{-\infty}^{+\infty}(\sigma_1\sigma_2\sqrt{1-\rho^2}\,tu+\rho\sigma_1\sigma_2 u^2\mathrm{e}^{\frac{u^2}{2}\frac{t^2}{2}})\mathrm{d}t\mathrm{d}u$$

$$=\frac{\rho\sigma_1\sigma_2}{2\pi}\left(\int_{-\infty}^{+\infty}u^2\mathrm{e}^{-\frac{u^2}{2}}\mathrm{d}u\right)\left(\int_{-\infty}^{+\infty}\mathrm{e}^{-\frac{t^2}{2}}\mathrm{d}t\right)+\frac{\sigma_1\sigma_2\sqrt{1-\rho^2}}{2\pi}\left(\int_{-\infty}^{+\infty}u\mathrm{e}^{-\frac{u^2}{2}}\mathrm{d}u\right)\left(\int_{-\infty}^{+\infty}t\mathrm{e}^{-\frac{t^2}{2}}\mathrm{d}t\right)$$

$$= \frac{\rho\sigma_1\sigma_2}{2\pi}\sqrt{2\pi}\cdot\sqrt{2\pi}$$

$$=\rho\sigma_1\sigma_2,$$

于是

$$\rho_{XY}=\frac{\mathrm{cov}(X,Y)}{\sqrt{D(X)}\sqrt{D(Y)}}=\rho.$$

结果表明二维正态随机变量 (X,Y) 的密度函数中的参数 ρ 就是 X 与 Y 的相关系数. 对于二维正态随机变量 (X,Y), X 与 Y 相互独立的充要条件是 $\rho=0$, 因此对二维正态随机变量 (X,Y) 来说, X 与 Y 不相关和 X 与 Y 相互独立是等价的.

4.5 矩、协方差矩阵

本节简要介绍随机变量的另外几个数字特征. 它们在后面的数理统计的学习中将会用到.

定义 4.5 设 X 与 Y 是随机变量. 若 $E(X^k)(k=1,2,\cdots)$ 存在, 则称它为 X 的 **k 阶原点矩**.

若 $E\{[X-E(X)]^k\}(k=1,2,\cdots)$ 存在, 则称它为 X 的 **k 阶中心矩**.

若 $E(X^kY^l)(k,l=1,2,\cdots)$ 存在, 则称它为 X 与 Y 的 **$k+l$ 阶混合矩**.

若 $E\{[X-E(X)]^k[Y-E(Y)]^l\}(k,l=1,2,\cdots)$ 存在, 则称它为 X 与 Y 的 **$k+l$ 阶混合中心矩**.

由定义可知, 数学期望 $E(X)$ 又叫做 X 的一阶原点矩, 方差 $D(X)$ 叫做 X 的二阶中心矩, 协方差 $\mathrm{cov}(X,Y)$ 叫做 X,Y 的二阶混合中心矩.

下面介绍 n 维随机变量的协方差矩阵.

设 n 维随机变量 $(X_1,X_2,\cdots,X_n)$ 的二阶混合中心矩 $c_{ij}=\mathrm{cov}(X_i,X_j)=E\{[X_i-E(X_i)][X_j-E(X_j)]\}(i,j=1,2,\cdots,n)$ 都存在, 则称矩阵

$$\boldsymbol{C}=\begin{pmatrix} c_{11} & c_{12} & \cdots & c_{1n} \\ c_{21} & c_{22} & \cdots & c_{2n} \\ \vdots & \vdots & & \vdots \\ c_{n1} & c_{n2} & \cdots & c_{nn} \end{pmatrix}$$

为 n 维随机变量 $(X_1,X_2,\cdots,X_n)$ 的**协方差矩阵**, 由于 $c_{ij}=c_{ji}(i\neq j,i,j=1,2,\cdots,n)$, 所以协方差矩阵是对称矩阵.

有了协方差矩阵, 对二维正态随机变量 $(X_1,X_2)\sim N(\mu_1,\mu_2,\sigma_1^2,\sigma_2^2,\rho)$, 引入下列记号:

$$\boldsymbol{X}=\begin{pmatrix}x_1\\x_2\end{pmatrix},\quad \boldsymbol{\mu}=\begin{pmatrix}\mu_1\\\mu_2\end{pmatrix}.$$

(X_1, X_2) 的协方差矩阵为

$$C = \begin{pmatrix} c_{11} & c_{12} \\ c_{21} & c_{22} \end{pmatrix} = \begin{pmatrix} \sigma_1^2 & \rho\sigma_1\sigma_2 \\ \rho\sigma_1\sigma_2 & \sigma_2^2 \end{pmatrix},$$

矩阵的行列式 $|C| = \sigma_1^2 \sigma_2^2 (1-\rho^2)$, C 的逆阵为

$$C^{-1} = \frac{1}{|C|} \begin{pmatrix} \sigma_2^2 & -\rho\sigma_1\sigma_2 \\ -\rho\sigma_1\sigma_2 & \sigma_1^2 \end{pmatrix}.$$

于是 (X_1, X_2) 的概率密度可写成

$$f(x_1, x_2) = \frac{1}{(2\pi)^{\frac{2}{2}} |C|^{\frac{1}{2}}} \exp\left[-\frac{1}{2} (\boldsymbol{X}-\boldsymbol{\mu})^\top \boldsymbol{C}^{-1} (\boldsymbol{X}-\boldsymbol{\mu})\right].$$

推广到 n 维正态随机变量 $(X_1, X_2, \cdots, X_n)$ 的情况. 引入矩阵

$$\boldsymbol{X} = \begin{pmatrix} x_1 \\ x_2 \\ \vdots \\ x_n \end{pmatrix}, \quad \boldsymbol{\mu} = \begin{pmatrix} \mu_1 \\ \mu_2 \\ \vdots \\ \mu_n \end{pmatrix} = \begin{pmatrix} E(X_1) \\ E(X_2) \\ \vdots \\ E(X_n) \end{pmatrix}.$$

n 维正态随机变量 $(X_1, X_2, \cdots, X_n)$ 的概率密度定义为

$$f(x_1, x_2, \cdots, x_n) = \frac{1}{(2\pi)^{\frac{n}{2}} |C|^{\frac{1}{2}}} \exp\left[-\frac{1}{2} (\boldsymbol{X}-\boldsymbol{\mu})^\top \boldsymbol{C}^{-1} (\boldsymbol{X}-\boldsymbol{\mu})\right],$$

其中 C 是 $(X_1, X_2, \cdots, X_n)$ 的协方差矩阵.

n 维正态随机变量具有下列 3 条重要性质.

(1) n 维随机变量 $(X_1, X_2, \cdots, X_n)$ 服从 n 维正态分布的充要条件是 $X_1, X_2, \cdots, X_n$ 的任意的线性组合

$$l_1 X_1 + l_2 X_2 + \cdots + l_n X_n$$

服从一维正态分布.

(2) 若随机变量 $(X_1, X_2, \cdots, X_n)$ 服从 n 维正态分布,设 $Y_1, Y_2, \cdots, Y_k$ 是 $X_1, X_2, \cdots, X_n$ 的线性函数,则 $(Y_1, Y_2, \cdots, Y_k)$ 服从多维正态分布.

这一性质称为正态随机变量的线性组合不变性.

(3) n 维随机变量 $(X_1, X_2, \cdots, X_n)$ 服从 n 维正态分布,则"$X_1, X_2, \cdots, X_n$ 相互独立"与"$X_1, X_2, \cdots, X_n$ 两两不相关"等价.

【相关阅读】

高斯和正态分布

正态分布是概率统计中一个非常常用的分布. 正态分布的概念是由德国数学

家、天文学家棣莫弗于1733年首次提出的,但是由于德国数学家高斯率先将其应用于天文学的研究,因此正态分布也称高斯分布.高斯的这项工作对后世产生了极大的影响,他使正态分布有了"高斯分布"的名称,同时后世之所以将最小二乘法的发明权归于他,也是出于这一工作的原因.

高斯是一位伟大的数学家,有"数学王子"之称,他所做的重要贡献不胜枚举.

1809年,高斯发表了《天体运动理论》.在书的末尾,他写了一节"数据结合"的问题,实际上涉及的就是这个误差分布的确定问题.

设真值为 θ,n 个独立的观测值为 $x_1, x_2, \cdots, x_n$. 其联合概率密度为

$$L(\theta) = L(\theta, x_1, x_2, \cdots, x_n) = \prod_{i=1}^{n} f(x_i, \theta),$$

其中 $f(x, \theta)$ 为待定的误差密度函数.在后面的过程中高斯采用了不同于拉普拉斯的方法,他提出了两个新的想法.首先,他没有采用贝叶斯的推理方式,而是直接把使 $L(\theta)$ 达到最大的 $\hat{\theta} = \hat{\theta}(X_1, X_2, \cdots, X_n)$ 作为 θ 的估计.现在,$L(\theta)$ 称为似然函数,$\hat{\theta}$ 称为 θ 的极大似然估计.其次,高斯把问题倒过来,先承认算术平均 $\bar{X}$ 是应取的估计,然后去找误差函数 f 来满足这一点,即找这样的 f,使得 $\hat{\theta}$ 就是 $\bar{X}$. 高斯证明只有在 $f(x) = \dfrac{1}{\sqrt{2\pi}\sigma} e^{-\frac{x^2}{2\sigma^2}}$ 的条件下结论才成立,这里 $\sigma > 0$,这就是正态分布 $N(0, \sigma^2)$.

高斯的这项工作对后世的影响极大,德国的10马克钞票上正面还曾印有正态分布 $N(0, \sigma^2)$ 的密度曲线.

习 题 4

(A)

1. 设随机变量 X 的分布律如表4.5所示.

表 4.5

X	-1	0	$\dfrac{1}{2}$	1	2
P	$\dfrac{1}{3}$	$\dfrac{1}{6}$	$\dfrac{1}{6}$	$\dfrac{1}{12}$	$\dfrac{1}{4}$

求:(1) $E(X)$;(2) $E(-X+1)$;(3) $E(X^2)$.

2. 已知 $X \sim B(n, p)$,且 $E(X) = 12$,$D(X) = 8$,求 n, p 的值.

3. 设随机变量 X 具有分布律

$$P\{X = k\} = \frac{1}{5}, \quad k = 1, 2, 3, 4, 5.$$

求:(1) $E(X)$;(2) $E(X^2)$ 及 $E(X+2)^2$.

习 题 4

4. 设 X 是 n 重伯努利试验中事件 A 出现的次数,$P(A)=p$,令
$$Y=\begin{cases}0, & \text{当 } X \text{ 为偶数}; \\ 1, & \text{当 } X \text{ 为奇数}.\end{cases}$$
求 $E(Y)$.

5. 随机变量 X 取非负整数值 $n(n\geq 0)$ 的概率为 $P_n=A\dfrac{B^n}{n!}$,其中 A,B 为常数,已知 $E(X)=2$,试确定 A 与 B.

6. 已知甲、乙两箱中装有同种产品,其中甲箱中装有 3 件合格品和 3 件次品,乙箱中仅装有 3 件合格品. 从甲箱中任取 3 件产品放入乙箱后,求:

(1) 乙箱中次品件数的数学期望;

(2) 从乙箱中任取一件产品是次品的概率.

7. 设随机变量 X 的密度函数为
$$f(x)=\begin{cases}ax, & 0<x<2; \\ cx+b, & 2\leq x<4; \\ 0, & \text{其他}.\end{cases}$$
已知 $E(X)=2,P\{1<X<3\}=\dfrac{3}{4}$,求 a,b,c 的值.

8. 据统计,一位 40 岁的健康者(体检未发现病症)在未来 5 年之内仍然生存或自杀的概率为 $p(0<p<1,p$ 为已知$)$,在 5 年内死亡(非自杀)的概率为 $1-p$,保险公司开办 5 年期限的人寿保险,条件是参加者需交保险费 a 元(a 已知). 若 5 年之内死亡(非自杀),公司赔偿 b 元($b>a$),问 b 的取值定在什么范围内公司才能可望获益?

9. 设随机变量 X 的密度函数为
$$f(x)=\begin{cases}6x(1-x), & 0\leq x\leq 1; \\ 0, & \text{其他}.\end{cases}$$
求 $E(X)$.

10. 已知 X 与 Y 相互独立,且
$$f_X(x)=\begin{cases}2x, & 0\leq x\leq 1; \\ 0, & \text{其他}.\end{cases}$$
$$f_Y(y)=\begin{cases}e^{-(y-5)}, & y>5; \\ 0, & y\leq 5.\end{cases}$$
求 $E(XY)$.

11. 设随机变量 X 服从拉普拉斯分布,其概率密度为
$$f(x)=\dfrac{1}{2}e^{-|x|},\quad -\infty<x<+\infty.$$
求 $E(X)$ 及 $D(X)$.

12. 某捕鱼队面临下个星期是否出海捕鱼的选择. 如果出海遇到好天气,则可以得到 5 000 元的收益;如果出海后天气变坏,则将损失 2 000 元;如果不出海,则无论如何都要承担 1 000 元的损失. 已知下个星期期间天气好的概率为 0.6,天气坏的概率为 0.4,问应该如何选择最佳方案

并说明理由.

13. 设随机变量 (X,Y) 的分布律如表 4.6 所示.

表 4.6

Y\X	-1	0	1
-1	$\frac{1}{8}$	$\frac{1}{8}$	$\frac{1}{8}$
0	$\frac{1}{8}$	0	$\frac{1}{8}$
1	$\frac{1}{8}$	$\frac{1}{8}$	$\frac{1}{8}$

求 $\text{cov}(X,Y)$,并判断 X 与 Y 的独立性.

14. 设随机变量 X 和 Y 相互独立,并都服从参数为 λ 的泊松分布.求随机变量 $U=X+2Y$ 和 $V=X-2Y$ 的相关系数 ρ.

15. 设二维随机变量 (X,Y) 的密度函数为
$$f(x,y)=\begin{cases}\frac{1}{8}(x+y), & 0\leqslant x\leqslant 2, 0\leqslant y\leqslant 2;\\ 0, & \text{其他}.\end{cases}$$
求:(1) $E(X),E(Y)$;(2) $D(X),D(Y)$;(3) $\text{cov}(X,Y),\rho_{XY}$.

16. 设随机变量 X 与 Y 的方差分别为 25 和 36,相关系数为 0.4,求 $D(X+Y)$ 和 $D(X-Y)$.

17. 设二维随机变量 $(X,Y)\sim N\left(1,0,3^2,4^2,-\frac{1}{2}\right)$, $Z=\frac{X}{3}+\frac{Y}{2}$. 试求:(1) $E(Z),D(Z)$;(2) X 和 Z 的相关系数 ρ_{XZ};(3) X 和 Z 是否相互独立.

18. 设 (X,Y) 在区域 G 上服从均匀分布,其中 G 由 x 轴、y 轴及直线 $x+y=1$ 围成.(1) 求 $E(X),E(3X+2Y),E(XY)$;(2) 判断随机变量 X 与 Y 的独立性.

19. 设连续型随机变量 X 的概率密度 $f(x)$ 为偶函数,且 $E(X^2)<+\infty$,求 $\text{cov}(X,|X|)$,并说明 X 与 $|X|$ 的相关性.

20. 设随机变量 (X,Y) 的概率密度为
$$f(x,y)=\begin{cases}1, & |y|<x, 0<x<1;\\ 0, & \text{其他}.\end{cases}$$
求:(1) $E(X),E(Y)$;(2) $\text{cov}(X,Y)$.

(B)

1. 设随机变量 X 服从参数为 1 的指数分布,求随机变量 $Z=X+e^{-2X}$ 的期望.

2. 设随机试验成功的概率为 $\frac{3}{4}$,失败的概率为 $\frac{1}{4}$,独立重复地实验直到成功两次为止,求所进行的实验次数的数学期望.

习 题 4

3. 设随机变量 X 的密度函数为

$$f(x)=\begin{cases} \dfrac{1}{2}\cos\dfrac{x}{2}, & 0\leqslant x\leqslant\pi; \\ 0, & \text{其他}. \end{cases}$$

对随机变量 X 独立重复地观察 4 次,用 Y 表示观察值大于 $\dfrac{\pi}{3}$ 的次数,求 Y^2 的数学期望.

4. 设随机变量 X 服从参数为 1 的泊松分布,随机变量

$$X_k=\begin{cases} 0, & Y\leqslant k; \\ 1, & Y>k, \end{cases} \quad k=0,1.$$

求:(1) $E\{X_0-X_1\}$;(2) X_0 与 X_1 是否相关.

5. 设 X 服从参数为 2 的泊松分布,$Y=3X-2$,求 $E(Y),D(Y),\text{cov}(X,Y),\rho_{XY}$.

6. 设随机变量 (X,Y) 的密度函数为

$$f(x,y)=\begin{cases} \dfrac{1}{\pi}, & x^2+y^2\leqslant 1; \\ 0, & \text{其他}. \end{cases}$$

证明 X 和 Y 是不相关的,且 X 和 Y 不互相独立.

7. 设随机变量 X 的概率密度函数为

$$f(x)=\dfrac{1}{\pi(1+x^2)}, \quad x\in(-\infty,+\infty),$$

求 $E\{\min(1,|X|)\}$.

8. 设随机变量 $X\sim U(0,1), Y\sim U(1,3), X$ 与 Y 相互独立,求 $E(XY),D(XY)$.

第 5 章 大数定律与中心极限定理

概率论与数理统计是一门研究随机现象及其统计规律性的数学分支.但是,只有通过对随机现象进行大量的观测,才能发现其统计规律性.为了研究大数量的随机现象的规律,就必然涉及极限理论的研究.极限理论的研究,在概率论的发展历史中占有重要地位,它不仅是概率论成为一门成熟的数学学科的重要标志之一.而且也是现代概率论的重要研究对象.本章将介绍两个主要的极限理论:大数定律与中心极限定理.这一章能使我们更好地理解概率的定义以及正态分布的普遍性.

5.1 大数定律

一般地讲,大数定律泛指大量随机现象的平均水平的稳定性,如频率等的稳定性.大数定律是自然界中普遍存在的,经实践证明了的定律.随机现象结果的出现具有随机性,但是当一种随机现象大量重复出现,或者大量随机现象共同作用时所产生的平均结果,实际上却是稳定的.例如,医院出生的每个婴儿可能是男孩也可能是女孩,这是随机性的表现,但从医院出生的大量婴儿来看,男孩与女孩的比例是均衡和稳定的.

在引入大数定律之前先来介绍一个非常有用的结论.

5.1.1 切比雪夫不等式

定理 5.1(切比雪夫不等式) 若随机变量 X 具有数学期望 $E(X)=\mu$,方差 $D(X)=\sigma^2$,则对任意 $\varepsilon>0$,不等式

$$P\{|X-\mu|\geqslant\varepsilon\}\leqslant\frac{\sigma^2}{\varepsilon^2}$$

或

$$P\{|X-\mu|<\varepsilon\}>1-\frac{\sigma^2}{\varepsilon^2}$$

成立.

证明 下面只就连续型随机变量的情况证明.设 X 的概率密度为 $f(x)$,则

$$P\{|X-\mu|\geqslant\varepsilon\}=\int_{|x-\mu|\geqslant\varepsilon}f(x)\mathrm{d}x$$

$$\leqslant\int_{|x-\mu|\geqslant\varepsilon}\frac{(x-\mu)^2}{\varepsilon^2}f(x)\mathrm{d}x$$

$$\leqslant \frac{1}{\varepsilon^2}\int_{-\infty}^{+\infty}(x-\mu)^2 f(x)\mathrm{d}x = \frac{\sigma^2}{\varepsilon^2}.$$

由于切比雪夫不等式只利用随机变量的数学期望 $E(X)$ 及方差 $D(X)$ 就可对 X 的概率分布进行估计,因此它在理论研究及实际应用中有重要意义. 从切比雪夫不等式还可以看出,当方差越小时,事件 $\{|X-E(X)|\geqslant\varepsilon\}$ 发生的概率也越小,从而可知,方差确实是一个描述随机变量与其期望值离散程度的量. 这里需要指出,当 $\frac{\sigma^2}{\varepsilon^2}\geqslant 1$ 时,上述的不等式就成为必然结果. 下面给出一个例子来说明切比雪夫不等式的简单应用.

例 5.1 设电站供电网有 10 000 盏电灯,夜晚每盏灯开灯的概率均为 0.7,假定每盏灯的开、关是相互独立的,使用切比雪夫不等式估计夜晚同时开着的灯数在 6 800 到 7 200 盏之间的概率.

解 令 X 表示在夜晚同时开着灯的数目,则 X 服从 $n=10\,000, p=0.7$ 的二项分布,这时 $D(X)=npq=2\,100, E(X)=7\,000$,由切比雪夫不等式可得

$$P\{6\,800 < X < 7\,200\} = P\{|X-7\,000|<200\} \geqslant 1-\frac{2\,100}{200^2} \approx 0.95.$$

利用不等式的计算结果表明,在 10 000 盏灯中,开着的灯数在 6 800 到 7 200 的概率大于 0.95. 这个概率的精确值可以利用二项分布计算,求得为 0.999 99. 这说明切比雪夫不等式用来估计概率时精度不足够高. 但它在理论上有着很好的应用,在大数定律的证明过程中,用这个不等式可以使证明非常简洁.

5.1.2 大数定律

下面的定理是由俄国数学家切比雪夫于 1866 年证明的一个应用相当普遍的结论.

定理 5.2(切比雪夫大数定律) 设随机变量 $X_1, X_2, \cdots, X_n, \cdots$ 相互独立,每一随机变量的数学期望 $E(X_1), E(X_2), \cdots, E(X_n), \cdots$ 和有限的方差 $D(X_1), D(X_2), \cdots, D(X_n), \cdots$ 存在,并且它们有公共上界 c,即 $D(X_i) \leqslant c$,对所有的正整数 i 都成立,则对任意的 $\varepsilon > 0$,皆有

$$\lim_{n\to\infty} P\left\{\left|\frac{1}{n}\sum_{k=1}^{n} X_k - \frac{1}{n}\sum_{k=1}^{n} E(X_k)\right| < \varepsilon\right\} = 1.$$

证明 因为 $X_1, X_2, \cdots$ 相互独立,所以

$$D\left(\frac{1}{n}\sum_{i=1}^{n} X_i\right) = \frac{1}{n^2}\sum_{i=1}^{n} D(X_i) < \frac{1}{n^2}nc = \frac{c}{n}.$$

又由于

$$E\left(\frac{1}{n}\sum_{i=1}^{n} X_i\right) = \frac{1}{n}\sum_{i=1}^{n} E(X_i),$$

由切比雪夫不等式,可得

$$P\left\{\left|\frac{1}{n}\sum_{k=1}^{n}X_k - \frac{1}{n}\sum_{i=1}^{n}E(X_i)\right| < \varepsilon\right\} \geqslant 1 - \frac{D\left(\frac{1}{n}\sum_{i=1}^{n}X_i\right)}{\varepsilon^2} \geqslant 1 - \frac{c}{n\varepsilon^2},$$

所以

$$1 \geqslant P\left\{\left|\frac{1}{n}\sum_{k=1}^{n}X_k - \frac{1}{n}\sum_{k=1}^{n}E(X_k)\right| < \varepsilon\right\} \geqslant 1 - \frac{c}{n\varepsilon^2},$$

因此

$$\lim_{n\to\infty}P\left\{\left|\frac{1}{n}\sum_{k=1}^{n}X_k - \frac{1}{n}\sum_{k=1}^{n}E(X_k)\right| < \varepsilon\right\} = 1.$$

切比雪夫大数定律表明在 n 充分大时,相互独立的随机变量的算术平均值 $\overline{X} = \frac{1}{n}\sum_{i=1}^{n}X_i$ 与数学期望的算术平均值有比较大的差别几乎是不可能的. 也就是说,经算术平均后得到的随机变量 $\overline{X}$ 的值比较密集地聚集在它的数学期望 $E(\overline{X})$ 附近,其随机性不再明显,并当 n 无限增加时其几乎变成了一个常数.

由切比雪夫大数定律可以得到以下非常有用的推论.

推论 5.1 设相互独立的随机变量 $X_1, X_2, \cdots, X_n, \cdots$ 服从同一分布,并且存在数学期望 μ 及方差 σ^2,则对任意正数 ε,有 $\lim\limits_{n\to\infty}P\left\{\left|\frac{1}{n}\sum_{k=1}^{n}X_i - \mu\right| < \varepsilon\right\} = 1$.

上述推论,使人们使用算术平均值法则有了理论依据. 如果要测量某一物理量 a,在不变的条件下重复进行 n 次,得到 n 个测量值 $X_1, X_2, \cdots, X_n$,它们可以看成 n 个相互独立且服从同一分布的随机变量,并且数学期望为 a,n 次测量得到的平均值可作为 a 的近似值,即

$$a \approx \frac{X_1 + X_2 + \cdots + X_n}{n},$$

则由此所产生的误差是很小的.

下面介绍依概率收敛的概念.

设 $Y_1, Y_2, \cdots, Y_n, \cdots$ 是一随机变量序列,a 是一个常数,若对于任意正数 ε,有 $\lim\limits_{n\to\infty}P\{|Y_n - a| < \varepsilon\} = 1$,则称序列 $Y_1, Y_2, \cdots, Y_n, \cdots$ 依概率收敛于 a,记为 $Y_n \xrightarrow{P} a$.

依概率收敛有如下的性质:

设 $X_n \xrightarrow{P} a, Y_n \xrightarrow{P} b$,而函数 $g(x,y)$ 在点 (a,b) 处连续,则 $g(X_n, Y_n) \xrightarrow{P} g(a,b)$.

利用上面的定义可以给出切比雪夫大数定律的另一叙述.

设随机变量 $X_1, X_2, \cdots, X_n, \cdots$ 相互独立,每一随机变量的数学期望 $E(X_1)$, $E(X_2), \cdots, E(X_n), \cdots$ 和有限的方差 $D(X_1), D(X_2), \cdots, D(X_n), \cdots$ 存在,并且它们有公共上界 c,即 $D(X_i) \leqslant c$ 对所有的正整数 i 都成立,则

$$\frac{1}{n}\sum_{k=1}^{n}X_k \xrightarrow{P} \frac{1}{n}\sum_{k=1}^{n}E(X_k).$$

定理 5.3(伯努利大数定律) 设 μ_n 是 n 重伯努利试验中事件 A 出现的次数,而 p 是事件 A 在每次试验中出现的概率,则对任意 $\varepsilon>0$,都有

$$\lim_{n\to\infty}P\left\{\left|\frac{\mu_n}{n}-p\right|<\varepsilon\right\}=1.$$

证明 由 $\mu_n \sim B(n,p)$,因此

$$\mu_n = X_1 + X_2 + \cdots + X_n,$$

其中 $X_1, X_2, \cdots, X_n$ 相互独立,且都服从以 p 为参数的 (0-1) 分布,因而 $E(X_k)=p, D(X_k)=p(1-p), k=1,2,\cdots,n$,由切比雪夫大数定律的推论,得

$$\lim_{n\to\infty}P\left\{\left|\frac{1}{n}\sum_{k=1}^{n}X_i-p\right|<\varepsilon\right\}=1,$$

即

$$\lim_{n\to\infty}P\left\{\left|\frac{\mu_n}{n}-p\right|<\varepsilon\right\}=1.$$

伯努利大数定律从理论上证明了随机现象的频率具有稳定性.显然,伯努利大数定律是切比雪夫大数定律的一个特例.

定理 5.4(辛钦大数定律) 若随机变量序列 $X_1, X_2, \cdots, X_n, \cdots$ 相互独立,服从相同的分布,且数学期望存在

$$E(X_k)=\mu, \quad k=1,2,\cdots.$$

则对任意的正数 ε,有

$$\lim_{n\to\infty}P\left\{\left|\frac{1}{n}\sum_{k=1}^{n}X_k-\mu\right|<\varepsilon\right\}=1.$$

辛钦大数定律的证明这里略去.在数理统计中我们将会看到,辛钦大数定律是参数矩估计方法的理论基础.

5.2 中心极限定理

通过前几章的讨论可知,正态分布在概率论中占有特殊的地位.在实际应用中,人们遇到的许多随机变量都服从或近似服从正态分布.为什么大量的随机变量都服从正态分布呢?李雅普诺夫证明了在某些一般的充分条件下,某个随机变量如果是由相互独立的随机因素的综合影响而成的,也就是说随机变量可以看

成一系列相互独立的随机变量的和,则这个随机变量就近似服从正态分布.在概率论中,把研究大量独立随机变量和的分布以正态分布为极限的这一类定理统称为中心极限定理.历史上,许多数学家建立了众多的中心极限定理.本节仅介绍几个常用的中心极限定理.因定理的证明一般需要较多的数学知识,所以下面一般只给出结论而不予证明.

5.2.1 独立同分布的中心极限定理

定理 5.5(独立同分布的中心极限定理) 设随机变量 $X_1, X_2, \cdots, X_n, \cdots$ 相互独立,服从同一分布,且具有有限的数学期望和方差:$E(X_i)=\mu, D(X_i)=\sigma^2 \neq 0$, $i=1,2,\cdots$,则随机变量

$$Y_n = \frac{\sum_{k=1}^{n} X_k - n\mu}{\sqrt{n}\sigma}$$

的分布函数 $F_n(x)$ 对任意的 $x \in (-\infty, +\infty)$,都有

$$\lim_{n\to\infty} F_n(x) = \lim_{n\to\infty} P\left\{\frac{\sum_{k=1}^{n} X_k - n\mu}{\sqrt{n}\sigma} \leqslant x\right\} = \frac{1}{\sqrt{2\pi}} \int_{-\infty}^{x} e^{-\frac{t^2}{2}} dt.$$

定理告诉人们,当 n 很大时,均值为 μ,方差为 $\sigma^2 > 0$ 的独立同分布的随机变量 $X_1, X_2, \cdots, X_n$ 之和 $\sum_{k=1}^{n} X_k$ 近似服从正态分布 $N(n\mu, n\sigma^2)$,这样人们就可以利用正态分布来对 $\sum_{k=1}^{n} X_k$ 进行理论分析或进行实际计算. 这个结果也是数理统计中大样本统计推断的理论依据.

利用上面的定理,可以得到以下的推论.

推论 5.2(棣莫弗-拉普拉斯定理) 设随机变量 $\eta_n(n=1,2,\cdots)$ 服从参数为 $n, p(0<p<1)$ 的二项分布,则对于任意 x,有

$$\lim_{n\to\infty} P\left\{\frac{\eta_n - np}{\sqrt{np(1-p)}} \leqslant x\right\} = \int_{-\infty}^{x} \frac{1}{\sqrt{2\pi}} e^{-\frac{t^2}{2}} dt.$$

证明 由于服从二项分布的随机变量 η_n 可视为 n 个相互独立的、服从同一参数 p 的(0-1)分布的随机变量 $X_1, X_2, \cdots, X_n$ 之和,即 $\eta_n = \sum_{k=1}^{n} X_k$,其中 $E(X_k) = p, D(X_k) = pq(q=1-p), k=1,2,\cdots,n$. 由独立同分布中心极限定理,可得

$$\lim_{n\to\infty} P\left\{\frac{\eta_n - np}{\sqrt{np(1-p)}} \leqslant x\right\} = \lim_{n\to\infty} P\left\{\frac{\sum_{k=1}^{n} X_k - np}{\sqrt{npq}} \leqslant x\right\}$$

5.2 中心极限定理

$$= \int_{-\infty}^{x} \frac{1}{\sqrt{2\pi}} e^{-\frac{t^2}{2}} dt.$$

棣莫弗-拉普拉斯定理表明,二项分布的极限分布是正态分布. 所以当 n 充分大时,服从二项分布的随机变量 η_n 的概率计算可以转化为正态随机变量的概率的计算:

$$P\{\eta_n = k\} \approx \frac{1}{\sqrt{2\pi npq}} e^{-\frac{(k-np)^2}{2npq}};$$

$$P\{a < \eta_n \leqslant b\} = P\left\{\frac{a-np}{\sqrt{npq}} < \frac{\eta_n - np}{\sqrt{npq}} \leqslant \frac{b-np}{\sqrt{npq}}\right\}$$

$$\approx \Phi\left(\frac{b-np}{\sqrt{npq}}\right) - \Phi\left(\frac{a-np}{\sqrt{npq}}\right).$$

众所周知,当 n 很大时,二项分布的计算非常麻烦,而当 p 很小时,可以利用泊松分布来近似. 一般地,利用上面的公式计算是非常简洁的.

例 5.2 某公司有 500 辆汽车参加保险,在一年里每辆汽车出事故的概率为 0.006,参加保险的汽车每年交 800 元的保险费,若出事故,保险公司最多赔偿 5 万元,试利用中心极限定理,计算保险公司一年赚钱不小于 20 万元的概率.

解 设 X 表示 500 辆汽车中出事故的车辆数,则 X 服从 $n=500, p=0.006$ 的二项分布,这时

$$np = 500 \times 0.006 = 3, \quad npq = 3 \times 0.994 = 2.982.$$

而保险公司一年赚钱不小于 20 万元就是事件 $\{500 \times 800 \geqslant 500 \times 800 - 50\,000X \geqslant 200\,000\}$,即事件 $\{0 \leqslant X \leqslant 4\}$. 根据棣莫弗-拉普拉斯定理,有

$$P\{0 \leqslant X \leqslant 4\} = P\left\{\frac{0-3}{\sqrt{2.982}} \leqslant \frac{X-3}{\sqrt{2.982}} \leqslant \frac{4-3}{\sqrt{2.982}}\right\}$$

$$\approx \Phi\left(\frac{1}{\sqrt{2.982}}\right) - \Phi\left(\frac{-3}{\sqrt{2.982}}\right) = \Phi(0.579) - \Phi(-1.737)$$

$$= 0.7190 + 0.9591 - 1$$

$$= 0.6781.$$

可见,保险公司在一年里赚钱不小于 20 万元的概率为 0.6781. 在实际中,保险公司是通过数据分析来确定保费与赔偿金额的.

例 5.3 一个复杂的系统由 K 个相互独立起作用的部件组成. 在运行期间,每个部件损坏的概率为 0.1,而为了使整个系统正常工作,至少必需 80% 的部件工作. 问 K 为多少才能使整个系统的可靠性达到 0.95?

解 由题设可知,系统中能够正常工作的部件数 X 服从二项分布:

$$X \sim B(K, 0.9).$$

于是
$$P\{X\geqslant 0.8K\}=1-P\{X<0.8K\}=1-P\left\{\frac{X-0.9K}{\sqrt{K\times 0.9\times 0.1}}<\frac{0.8K-0.9K}{\sqrt{K\times 0.9\times 0.1}}\right\}$$
$$\approx 1-\Phi\left(-\frac{\sqrt{K}}{3}\right)=\Phi\left(\frac{\sqrt{K}}{3}\right)\geqslant 0.95$$
$$=\Phi(1.645),$$

因此
$$\frac{\sqrt{K}}{3}\geqslant 1.645,$$
即
$$K\geqslant 24.4.$$
所以 K 至少为 25 才能使系统的可靠性达到 0.95.

5.2.2 李雅普诺夫中心极限定理

定理 5.6(李雅普诺夫定理) 若随机变量序列 $X_1, X_2, \cdots, X_n, \cdots$ 相互独立,而且数学期望与方差都存在
$$E(X_k)=\mu_k, D(X_k)=\sigma_k^2\neq 0, \quad k=1,2\cdots.$$
记
$$B_n^2 = \sum_{k=1}^n \sigma_k^2,$$
$$Y_n = \frac{\sum_{k=1}^n X_k - \sum_{k=1}^n E(X_k)}{\sqrt{\sum_{k=1}^n D(X_k)}} = \frac{\sum_{k=1}^n X_k - \sum_{k=1}^n \mu_k}{B_n}.$$

若存在正数 δ,使得
$$\lim_{n\to\infty}\frac{1}{B_n^{2+\delta}}\sum_{k=1}^n |X_k-\mu_k|^{2+\delta}=0,$$
则对任意实数 x,有
$$\lim_{n\to\infty}P\{Y_n\leqslant x\}=\lim_{n\to\infty}P\left\{\frac{\sum_{k=1}^n X_k-\sum_{k=1}^n \mu_k}{B_n}\leqslant x\right\}=\int_{-\infty}^x \frac{1}{\sqrt{2\pi}}e^{-\frac{t^2}{2}}dt.$$

定理说明,无论随机变量 $X_k(k=1,2,\cdots)$ 服从什么分布,只要它满足定理的条件,它的和 $\sum_{k=1}^\infty X_k$ 当 n 很大时,就近似服从正态分布. 这也说明为什么正态分布在概率论中占有极为重要的地位.

【相关阅读】

概率论简史

17~18 世纪数学获得了巨大的进步. 当时数学领域出现了众多的生长点, 后来都发展成为完整的数学分支. 除了分析学这一大系统外, 概率论就是这一时期的重大成就之一.

概率论作为研究随机现象的数量规律的一门科学, 它却起源于对赌博问题的研究. 早在文艺复兴时的 16 世纪, 意大利学者卡丹与塔塔里亚等人已经从数学角度研究过赌博问题. 他们的研究除了赌博外还与当时的人口、保险业等有关. 但由于卡丹等人的思想未引起重视, 概率的概念也不明确, 因此很快就被人淡忘了.

17 世纪中叶, 法国贵族德•梅勒在一次和赌友掷骰子中, 遇到了如何分配赌注的问题. 该问题可以简化为:

甲、乙两人同掷一枚硬币. 规定: 正面朝上, 甲得一点; 若反面朝上, 乙得一点, 先积满 3 点者赢取全部赌注. 假定在甲得 2 点、乙得 1 点时, 赌局由于某种原因中止了, 问应该怎样分配赌注才算公平合理.

于是梅勒就写信向当时法国最具权威的数学家帕斯卡请教, 正是这封信使概率论向前迈出来第一步. 这个问题也把帕斯卡难住了, 他苦苦思考了两三年, 到 1654 年才算有了点眉目, 于是写信给他的好友费马. 两人通过书信对这个问题进行了深入的讨论. 后来, 荷兰数学家惠更斯也加入了他们的讨论. 惠更斯把讨论结果写成一本书——《论赌博中的计算》, 所以概率的发展被认为是从帕斯卡与费马开始的.

在概率问题早期的研究中, 逐步建立了事件、概率和随机变量等重要概念以及它们的基本性质. 后来由于许多社会问题和工程技术问题, 如人口统计、保险理论、天文观测、误差理论、产品检验和质量控制等问题的提出, 均促进了概率论的发展, 从 17 世纪到 19 世纪, 伯努利、棣莫弗、拉普拉斯、高斯、泊松、切比雪夫、马尔可夫等著名数学家都对概率论的发展做出了杰出的贡献. 1713 年问世的雅各布•伯努利所著的《推测术》被认为是概率论的第一本专著. 伯努利在该书中, 表述并证明了著名的"大数定律". 所谓"大数定律", 简单地说, 就是当实验次数很大时, 事件出现的频率与概率有较大偏差的可能性很小. 这一定理第一次在单一的概率值与众多现象的统计度量之间建立了演绎关系, 构成了从概率论通向更广泛应用领域的桥梁. 因此, 伯努利被称为概率论的奠基人. 而 1812 年拉普拉斯的《解析概率论》给出了我们现在称之为古典概率的定义. 他把概率论发展到了"解析概率论"的阶段. 但是, 随着概率论中各个领域获得大量成果, 以及概率论在其他基础学科和工程技术上的应用, 由拉普拉斯给出的概率定义的局限性很快便暴露了出来, 甚至无法适用于一般的随机现象.因此可以说,到20世纪初,概率论的一些基本概念,诸如概率等尚没有确切的定义,概率论作为一个数学分支,缺乏严格的理论基础.为概率论确定严密的理论基础的是数学家柯尔莫哥洛夫.1933年,他发表了著名的《概率论的基本概念》,这是一部具有里程碑意义的著作.他利用测度的概念,给出了概率的公理化定义,为以后的概率论的迅速发展奠定了基础.

20世纪以来,由于物理学、生物学、工程技术、农业技术和军事技术发展的推动,概率论飞速发展,理论课题不断扩大与深入,应用范围大大拓宽.在最近几十年中,概率论的方法被引入各个工程技术学科和社会学科.目前,概率论在近代物理、自动控制、地震预报和气象预报、工厂产品质量控制、农业试验和公用事业等方面都得到了重要应用.有越来越多的概率论方法被引入到经济、金融和管理科学,概率论成为它们的有力工具。现在,概率论已发展成为一门与实际紧密相连而又理论严谨的数学科学.它内容丰富,结论深刻,有别开生面的研究课题,有自己独特的概念和方法,已经成为近代数学一个有特色的分支.

习 题 5

（A）

1. 如果 $X_1, X_2, \cdots, X_n$ 是 n 个相互独立,且服从相同分布的随机变量,$E(X_i) = \mu, D(X_i) = 8 (i=1,\cdots,n)$. 对于 $\overline{X} = \dfrac{1}{n}\sum_{i=1}^{n} X_i$,写出 $\overline{X}$ 所满足的切比雪夫不等式,并估计 $P(|\overline{X} - \mu| < 4)$.

2. 已知正常男性血液中,每一毫升中的白细胞数平均是7300,均方差是700.利用切比雪夫不等式估计每毫升含白细胞数在5200～9400的概率.

3. 设备零件的重量都是随机变量,它们相互独立且服从相同的分布,其数学期望为0.5 kg,均方差为0.1 kg.问5 000只零件的总重量超过2 510 kg的概率是多少?

4. 根据以往的经验,某种电子元件的寿命服从均值为100 h的指数分布.现随机地取16只,设它们的寿命是相互独立的.求这16只元件的寿命总和大于1 920 h的概率.

5. 一本书共有一百万个印刷符号,排版时每个符号被排错的概率为0.000 1,校对时其被改正的概率为0.9.求在校对后错误不多于15个的概率.

6. 求数 k,使得掷1 000次质地均匀硬币出现"正面"的次数在440至 k 次之间的概率为0.5.

7. 计算机在进行加法运算时,对每个加数取整(取为最接近于它的整数).设所有的取整误差相互独立且都服从区间 $(-0.5, 0.5)$ 上的均匀分布.

(1) 求在1500个数相加时,误差总和的绝对值超过15的概率.

(2) 欲使误差总和的绝对值小于10的概率不小于90%,最多能允许几个数相加?

8. 一个复杂的系统由100个相互独立运行的部件组成.在整个运行期间每个部件损坏的概率为0.10.为了使整个系统起作用,至少需要有85个部件正常工作,求整个系统起作用的概率.

9. 某车间有 200 台车床,在生产时间内由于需要检修,常需停车,设开工率为 0.6,并设每台车床的工作是独立的,且在开工时需电力 1 kW,问应供应该车间多少瓦电力,才能以 99.9% 的概率保证该车间不会因供电不足而影响生产.

10. 设船舶在某海区航行,已知每遭受一次波浪冲击,纵摇角度大于 6° 的概率为 $p=\dfrac{1}{3}$,若船舶遭受了 90 000 次波浪冲击,问其中有 29 500～30 500 次纵摇角大于 6° 的概率是多少?

(B)

1. 某系统由 100 个部件组成,运行期间每个部件是否正常工作相互独立,各个部件不正常工作的概率为 0.1,如果至少 85 个部件完好时系统才能正常工作,求系统正常工作的概率. 如果上述的系统由 n 个部件组成,至少 80% 的部件完好系统才能正常工作,问 n 至少为多少才能使得系统正常工作的概率不小于 0.95?

2. 一盒同型号的螺丝共有 100 个,已知该型号的螺丝的质量是一个随机变量,期望值为 100 g,标准差为 10 g,求一盒螺丝的质量超过 10.2 kg 的概率.

3. 某市保险公司开办一年人身保险业务,被保险人每年需交付保险费 160 元,若一年内发生重大人身事故,其本人或者家属可以获得 2 万元赔金. 已知该市人员一年内发生重大人身事故的概率为 0.005,现有 5 000 人参加此项保险,问保险公司一年内从此项业务所得的总收益在 20 万元到 40 万元之间的概率是多少?

4. 在每次试验中,事件 A 发生的概率为 0.5,利用切比雪夫不等式估计,在 1 000 次独立重复试验中,事件 A 发生的次数在 400 到 600 之间的概率是多少?

第 6 章 数理统计的基础知识

概率是一个由抽象模型发展得到的数学规律,它的结果是建立在公理演绎的基础之上的. 而统计学是研究这些理论在实际问题中的应用,它的结论基于观测推理. 统计学主要包含了分析和设计两个部分. 分析部分,也就是数理统计,主要涉及重复试验和概率接近于 0 或者 1 事件的概率的理论分析;设计部分,也称为应用统计学部分,主要研究数据采集和试验的构造,这些可以用概率模型来充分描述. 从本章开始,介绍数理统计的一些基本概念、理论及方法. 它主要是阐述搜集、整理、分析统计数据,并据此对研究对象进行统计推断,它是统计学的基础和核心. 本章主要介绍数理统计的基本概念:总体、样本、统计量与抽样分布. 为了满足实际中应用的需要,也介绍一点应用统计的内容——抽样方法.

6.1 总体与样本

在数理统计中,往往要研究有关对象的某一项数量指标,为此要考虑与这一数量指标相联系的随机试验,并对这一数量指标进行观察或试验. 将试验中该指标的全部可能的观察值称为**总体**,也称为**母体**,其中每一个观察值称为**个体**. 这些值可能相等,也可能不相等;可能为有限个,也可能为无限个. 例如,要了解某高校一年级新生的身高和体重状况,则该校全体一年级新生的身高和体重的观测值便构成了待研究的总体,其中每一个观察值为一个个体. 个体和总体的关系就是集合的元素和集合之间的关系. 总体中所包含个体的个数称为总体的容量. 容量为有限个的称为有限总体,容量为无限个的称为无限总体. 需要注意的是,在研究总体时,不是研究总体的全部特征,而只是对它某方面的特征进行研究. 例如,前面的例子中,只是关心该高校一年级新生的身高和体重,对于其他特征如生源地、是否近视等特征并不关心. 我们还可以举出很多总体与个体的例子,如要考察某计算机学院学生拥有计算机的情况,这时,考察的总体就是该计算机学院的全体学生,而不是全校的学生,并且考察的特征是学生是否拥有计算机,而不关心其他的特征. 每一个学生便是考察的个体.

总体可以用一个随机变量 X 来描述,这样任何一个个体都对应 X 的一个取值. 随机变量 X 的分布就完全可以描述总体中人们所关心的这一数量指标的分布情况. 为研究总体所对应的随机变量的分布及其性质,一个最直观的想法是从总体中抽取一部分个体进行试验. 比如,为了研究某厂生产的某机器零部件的质量,常常是从全部产品所构成的总体中抽取一部分样本进行试验测出该部分个体的质量情况,再从个体的质量情况去推断总体的质量情况.这就是统计学中的一个基本方法:以某种方式从总体中适当地抽取样本并根据样本信息通过某种合适的方法来推断总体的性质,以达到花费较少而推断的结论又足够准确的目的.

定义 6.1 从总体 X 中随机取得的 n 个相互独立的个体 $X_1,X_2,\cdots,X_n$ 称为总体 X 的**样本**(或者子样), n 称为**样本容量**.

从总体 X 中抽取容量为 n 的样本,可以看作随机地取得 n 个独立的且与总体具有相同分布的随机变量 $X_1,X_2,\cdots,X_n$. 在研究零部件的质量的问题中,可以理解为抽取到的第 1 个零部件、第 2 个零部件、$\cdots$、第 n 个零部件的质量. 在未进行试验之前,对 n 个零部件没有任何了解,只是知道它是从总体 X 中抽取出来的,因此,它应该是与总体具有相同分布的随机变量,记为 $X_1,X_2,\cdots,X_n$. 在对零部件进行试验以后,得到了 n 个试验数据,称得到的这 n 个数据为样本 $X_1,X_2,\cdots,X_n$ 的观察值,记为 $x_1,x_2,\cdots,x_n$.

为了讨论的方便,在进行理论分析时总是把 X 的容量为 n 的一个样本看成一个 n 维随机变量 $(X_1,X_2,\cdots,X_n)$,其中每个随机变量与总体 X 具有相同的分布,且各变量之间相互独立. 相应地,在具体估计或计算时,也常把容量为 n 的样本理解为样本的观察值 $(x_1,x_2,\cdots,x_n)$. 当总体 X 为连续型随机变量,且它的密度函数为 $f(x)$ 时,也常常把样本 $(X_1,X_2,\cdots,X_n)$ 称为来自总体的密度函数为 $f(x)$ 的容量为 n 的样本,且其联合密度函数为

$$f^*(x_1,x_2,\cdots,x_n) = \prod_{i=1}^{n} f(x_i) = f(x_1)f(x_2)\cdots f(x_n).$$

此时,$x_1,x_2,\cdots,x_n$ 为一组自变量而不是样本观测值. 若总体的分布函数为 $F(x)$,则样本 $(X_1,X_2,\cdots,X_n)$ 的联合分布函数为

$$F^*(x_1,x_2,\cdots,x_n) = \prod_{i=1}^{n} F(x_i).$$

6.2 统 计 量

数理统计中基本的问题之一是统计推断,其基本思想是:借助于总体 X 的一个样本 $X_1,X_2,\cdots,X_n$,对总体 X 的未知分布或已知总体的分布但分布中含有的未知的分布参数进行推断,这类问题称为统计推断问题. 在这类问题中,困难之一就是由于总体的分布形式是事先不知道的,或者分布形式已知但参数是未知的,所以样本的分布也不能完全确定. 为了利用样本对未知的总体进行推断,还需要构造一些合适的统计量,也就是样本的函数,再利用所构造的统计量的性质,对总体的分布类型或分布中所含的未知参数进行推断. 下面就来介绍统计量的概念.

从理论上来讲,统计量可以是样本的任意形式的函数,不过,由于构造统计量

的目的是利用统计量来推断未知的总体分布或者分布中的未知参数,所以,统计量中不应该含有总体中的未知参数.

定义 6.2 设 $X_1,X_2,\cdots,X_n$ 为来自总体 X 的一个样本,称此样本的任一个不含总体分布中未知参数的函数 $g(X_1,X_2,\cdots,X_n)$ 为该样本的一个**统计量**(此处连续性条件可适当放宽,参见复旦大学《概率论》).

设 $x_1,x_2,\cdots,x_n$ 为相应于样本 $X_1,X_2,\cdots,X_n$ 的样本值,称 $g(x_1,x_2,\cdots,x_n)$ 为 $g(X_1,X_2,\cdots,X_n)$ 的观察值.

例 6.1 设总体 X 服从正态分布,且 $E(X)=5, D(X)=\sigma^2, \sigma^2$ 未知,$X_1,X_2,\cdots,X_n$ 为来自总体 X 的一个样本,令

$$S_n = X_1 + X_2 + \cdots + X_n, \quad \overline{X} = \frac{S_n}{n},$$

则 S_n 与 $\overline{X}$ 都是样本 $X_1,X_2,\cdots,X_n$ 的统计量.但是,若令

$$U = \frac{n(\overline{X}-5)}{\sigma},$$

则 U 不是该样本的统计量,因为其表达式中含有总体分布中的未知参数 σ.

根据统计量的定义,一个给定的样本可以有多个统计量.但实际上,常用的统计量并不多.下面介绍几个统计学中常用的统计量.

定义 6.3

样本平均值

$$\overline{X} = \frac{1}{n}\sum_{i=1}^{n} X_i;$$

未修正的样本方差

$$S^2 = \frac{1}{n}\sum_{i=1}^{n}(X_i-\overline{X})^2 = \frac{1}{n}\Big[\sum_{i=1}^{n} X_i^2 - n\overline{X}^2\Big];$$

(修正的)样本方差

$$S^2 = \frac{1}{n-1}\sum_{i=1}^{n}(X_i-\overline{X})^2 = \frac{1}{n-1}\Big[\sum_{i=1}^{n} X_i^2 - n\overline{X}^2\Big];$$

样本标准差

$$S = \sqrt{S^2} = \sqrt{\frac{1}{n-1}\sum_{i=1}^{n}(X_i-\overline{X})^2};$$

样本的 k 阶(原点)矩

$$A_k = \frac{1}{n}\sum_{i=1}^{n} X_i^k, \quad k=1,2,\cdots;$$

样本的 k 阶(中心)矩

$$B_k = \frac{1}{n}\sum_{i=1}^{n}(X_i-\overline{X})^k, \quad k=2,3,\cdots$$

它们的观察值分别为

$$\bar{x} = \frac{1}{n}\sum_{i=1}^{n}x_i;\quad s^2 = \frac{1}{n}\sum_{i=1}^{n}(x_i - \bar{x})^2;$$

$$s^2 = \frac{1}{n-1}\sum_{i=1}^{n}(x_i - \bar{x})^2;\quad s = \sqrt{\frac{1}{n-1}\sum_{i=1}^{n}(x_i - \bar{x})^2};$$

$$a_k = \frac{1}{n}\sum_{i=1}^{n}x_i^k,\quad k=1,2,\cdots;$$

$$b_k = \frac{1}{n}\sum_{i=1}^{n}(x_i - \bar{x})^k,\quad k=2,3,\cdots.$$

为了叙述的简便,把这些观察值仍然称为**样本均值**、**(未修正的)样本方差**、**样本方差**、**样本标准差**、**样本 k 阶矩**、**样本 k 阶中心矩**.

例 6.2 设有一组样本 $X_1, X_2, \cdots, X_{10}$ 的观测值如下:

10512　10623　10668　10554　10776
10707　10557　10581　10666　10670

求样本容量 n 以及样本均值和样本标准差.

解 样本容量 $n=10$,代入样本均值与样本标准差的计算公式,得到样本均值 $\bar{x}=10631$,样本标准差 $s=81$.

在上述的统计量中,样本均值和样本方差是最常用的统计量,它们又分别是样本原点矩与样本中心矩的特例.样本方差是用来描述样本中诸分量与样本均值的均方差异的.它的两种形式分别称为未修正的样本方差(前者)和修正的样本方差(后者).在实际应用中,后者具有更好的统计性质.

上述几个统计量也可以称为样本的矩统计量,简称为样本矩.它们皆可表示成样本的显函数,另外,还有不能表示成样本的显函数的统计量,如顺序统计量等,有兴趣的读者可以参看相关的教材.

6.3 常用的统计量的分布

统计量是样本的函数,它是一个随机变量.为了实现推断的目的,需要进一步确定统计量所服从的分布.当总体的分布函数确定时,统计量的分布是确定的.然而在实际中要求出统计量的精确分布函数,一般说来比较困难.本节介绍几个常用的已知其分布的统计量,如 χ^2 分布,F 分布与 t 分布等.鉴于这些分布在统计学中的重要性,通常称其为常用的统计分布.

6.3.1 分位点

在统计推断中,经常用到统计分布的一个数字特征——分位点(有时也称分位数).下面给出分位点的定义.

定义 6.4 设随机变量 X 的分布函数为 $F(x)$,对给定的实数 $\alpha(0<\alpha<1)$,如果实数 F_α 满足 $P\{X>F_\alpha\}=\alpha$,即 $1-F(F_\alpha)=\alpha$ 或者 $F(F_\alpha)=1-\alpha$,则称 F_α 为随机变量 X 分布水平为 α 的上(侧)分位点,或者直接称为上 α 分位点. 需要强调说明的是,数 α 一般都介于 0 与 1 之间,以下不再特别说明.

例如第 2 章介绍过的标准正态分布的分位点,标准正态分布 $N(0,1)$ 的水平上 α 分位点为 u_α,则 u_α 满足 $1-\Phi(u_\alpha)=\alpha$,即 $\Phi(u_\alpha)=1-\alpha$,图 6.1 给出了标准正态分布的水平上 α 分位点的图示.

一般来讲,直接求解分位点是比较困难的,因为常常涉及一个积分的计算问题. 对于常见的统计分布,本书附录中给出了统计分布分位点,通过查表,可以方便地得到分位点的值. 上述的分位点是从单侧的取值来描述的,对于像标准正态分布形式的对称分布(密度函数为偶函数),统计学中还常用到另外一种分位点——双(侧)分位点.

定义 6.5 设 X 是对称分布的随机变量,其分布函数为 $F(x)$,对给定的实数 α,如果实数 T_α 满足 $P\{|X|>T_\alpha\}=\alpha$,即 $F(T_\alpha)-F(-T_\alpha)=1-\alpha$,则称 T_α 为随机变量 X 分布水平为 α 的**双(侧)分位点**,也简称为分布 $F(x)$ 的**水平为分位点**,或者直接简称为**分位点**.

由对称性,$F(T_\alpha)-F(-T_\alpha)=1-\alpha$ 也可以写成 $F(T_\alpha)=1-\dfrac{\alpha}{2}$ 或者 $1-F(T_\alpha)=\dfrac{\alpha}{2}$,从而可知,水平 α 分位点实际上等于水平 $\dfrac{\alpha}{2}$ 的上分位点,即 $T_\alpha=F_{\alpha/2}$. 标准正态分布的双分位点如图 6.2 所示.

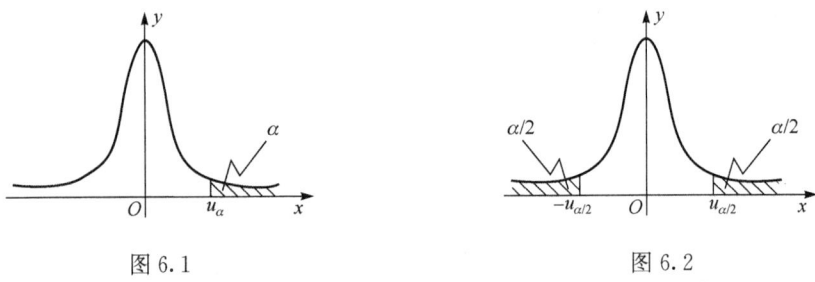

图 6.1　　　　　　　　　图 6.2

例 6.3 设 $\alpha=0.05$,求标准正态分布的水平为 0.05 的上分位点和双分位点.

解 由于 $\Phi(F_{0.05})=1-0.05=0.95$,查标准正态分布函数值表,可得 $F_{0.05}=1.645$,而水平 0.05 的双分位点为 $F_{0.025}$,它满足 $\Phi(F_{0.025})=1-0.025=0.975$,查表得到 $F_{0.025}=1.96$.

6.3.2 χ^2 分布

定义 6.6 设 $X_1,X_2,\cdots,X_n$ 是来自总体 $X\sim N(0,1)$ 的一个样本,则称统计

6.3 常用的统计量的分布

量 $\chi^2 = X_1^2 + X_2^2 + \cdots + X_n^2$ 为服从自由度为 n 的 **χ^2 分布**,记为 $\chi^2 \sim \chi^2(n)$. 这里的自由度是指上式右端包含的独立变量的个数. $\chi^2(n)$ 分布的密度函数为

$$f(x) = \begin{cases} \dfrac{1}{2^{\frac{n}{2}} \Gamma\left(\dfrac{n}{2}\right)} x^{\frac{n}{2}-1} e^{-\frac{x}{2}}, & x > 0; \\ 0, & x \leqslant 0. \end{cases}$$

其中 $\Gamma(\alpha) = \int_0^{+\infty} x^{\alpha-1} e^{-x} dx$ 为伽马函数. 密度函数 $f(x)$ 的图形如图 6.3 所示.

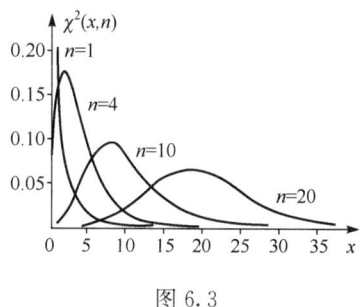

图 6.3

从图像上可以看出:当自由度 $n \geqslant 3$ 时,χ^2 分布密度函数的曲线都是单峰曲线. 曲线从原点开始递增,在 $x = n-2$ 处达到最大值,然后递减,渐近于 x 轴. 并且,函数的图形关于垂直线 $x = n-2$ 不对称. 随着自由度 n 的增大,曲线的峰值向右移动,图形变得比较平缓趋于对称,因此,当 n 充分大时,可以用正态分布来近似. 当自由度 $n = 2$ 时,曲线在 $x = 2$ 处达到最大值,然后递减;当自由度 $n = 1$ 时,曲线在 $x = 0$ 处取无穷大值,此时,y 轴为其垂直渐近线. 在后两种情况下,x 轴也同为这两种密度函数的水平渐近线.

由 χ^2 分布定义及正态分布的性质,可以得到 χ^2 分布的下列性质:

性质 1 设 $X \sim \chi^2(n_1), Y \sim \chi^2(n_2)$,且 X, Y 相互独立,则有
$$X + Y \sim \chi^2(n_1 + n_2).$$

性质 2 若 $X \sim \chi^2(n)$,则 $E(X) = n, D(X) = 2n$.

性质 1 证明 由 χ^2 分布的定义,可设
$$X = X_1^2 + X_2^2 + \cdots + X_{n_1}^2, \quad Y = X_{n_1+1}^2 + X_{n_1+2}^2 + \cdots + X_{n_1+n_2}^2,$$

其中 $X_i (i = 1, 2, \cdots, n_1 + n_2)$ 均服从 $N(0,1)$,且 $X_1, X_2, \cdots, X_{n_1}$ 相互独立,$X_{n_1+1}, X_{n_1+2}, \cdots, X_{n_1+n_2}$ 亦相互独立,又因为 X, Y 相互独立,从而 $X_i, i = 1, 2, \cdots, n_1 + n_2$ 相互独立,根据 χ^2 分布的意义,$X + Y$ 服从自由度为 $n_1 + n_2$ 的 χ^2 分布.

性质 2 证明 由于 $X_1, X_2, \cdots, X_n$ 相互独立且均服从标准正态分布,则由 $X \sim \chi^2(n)$ 知 X 与 $X_1^2 + X_2^2 + \cdots + X_n^2$ 同分布,从而得到

$$E(X) = E\left(\sum_{i=1}^n X_i^2\right) = \sum_{i=1}^n E(X_i^2) = n,$$

又 $D(X_i^2) = 2$,得到

$$D(X) = D\left(\sum_{i=1}^n X_i^2\right) = \sum_{i=1}^n D(X_i^2) = 2n.$$

例 6.4 设 $(X_1, X_2, \cdots, X_n)$ 为来自总体 $X \sim N(\mu, \sigma^2)$ 的一个样本,μ, σ^2 为已

知常数,求统计量 $U = \dfrac{1}{\sigma^2}\sum\limits_{i=1}^{n}(X_i-\mu)^2$ 的分布.

解 令 $Y_i = \dfrac{X_i-\mu}{\sigma}, i=1,2,\cdots,n$,则 $Y_1,Y_2,\cdots,Y_n$ 相互独立且都服从 $N(0,1)$ 的正态分布,由定义知 $U = \dfrac{1}{\sigma^2}\sum\limits_{i=1}^{n}(X_i-\mu)^2 = \sum\limits_{i=1}^{n}Y_i^2$ 服从自由度为 n 的 χ^2 分布,即 $U \sim \chi^2(n)$.

由于 χ^2 分布是常用的统计分布,并且通常难以直接计算,所以也制定了统计用表,见附录 2 的附表 2.3. χ^2 分布的密度函数不具有奇偶性,所以该分布只有上分位点. 由前述上分位点的定义,当随机变量 $X \sim \chi^2(n)$,且 $P\{X > \chi_\alpha^2(n)\} = P\{X < \chi_{1-\alpha}^2(n)\} = \int_{\chi_\alpha^2(n)}^{+\infty} f(x)\mathrm{d}x = \alpha$ 的点 $\chi_\alpha^2(n)$ 称为 $\chi^2(n)$ 分布的上 α 分位点. 例如,对 $\alpha = 0.1, n=25$,查表得到 $\chi_\alpha^2(25) = 34.382$,但是该表只列到 $n=45$ 为止. 费希尔(R. A. Fisher)曾证明,当 n 充分大时,近似地有

$$\chi_\alpha^2(n) \approx \dfrac{1}{2}(u_\alpha + \sqrt{2n-1})^2.$$

利用该近似式也可以得到 $\chi^2(n)$ 分布的上 α 分位点的近似值. 一般地,当 $n>45$ 时,我们都可以用上式来近似计算 $\chi_\alpha^2(n)$ 的值.

6.3.3 F 分布

下面介绍统计学中另外一种常见的分布——F 分布.

定义 6.7 设 $X \sim \chi^2(n_1), Y \sim \chi^2(n_2)$,且 X,Y 相互独立,则称

$$U = \dfrac{(X/n_1)}{(Y/n_2)} = \dfrac{n_2 X}{n_1 Y}$$

服从自由度为 (n_1, n_2) 的 **F 分布**,记为 $F \sim F(n_1, n_2)$. F 分布显然是 X, Y 的函数,又由 χ^2 分布的定义,也可以把统计量 U 看成标准正态分布 $X_1, X_2, \cdots, X_{n_1}, X_{n_1+1}, \cdots, X_{n_1+n_2}$ 的函数.

服从 F 分布的统计量 U 的密度函数为

$$f(x, n_1, n_2) = \begin{cases} \dfrac{1}{\beta\left(\dfrac{n_1}{2}, \dfrac{n_2}{2}\right)} \left(\dfrac{n_1}{n_2}\right) \left(\dfrac{n_1}{n_2}x\right)^{\frac{n_1}{2}-1} \left(1+\dfrac{n_1}{n_2}x\right)^{-\frac{1}{2}(n_1+n_2)}, & x>0; \\ 0, & x \leqslant 0, \end{cases}$$

其中 n_1, n_2 分别称为第一自由度与第二自由度,$\beta(x,y)$ 为贝塔函数,其定义为 $\beta(a,b) = \int_0^1 x^{a-1}(1-x)^{b-1}\mathrm{d}x$,它与前面介绍的 Γ 函数的关系为 $\beta(a,b) = \dfrac{\Gamma(a)\Gamma(b)}{\Gamma(a+b)}$.

若一个随机变量 X 的密度函数为上述 F 分布的密度函数,则称随机变量 X 服从自由度为 n_1, n_2 的 F 分布,记为 $X \sim F(n_1, n_2)$. F 分布的密度函数的曲线也为单峰曲线,当第一自由度 $n_1 \geqslant 3$ 时,曲线在 $x^* = \dfrac{(n_1-2)n_2}{n_1(n_2+2)}$ 处达到最大值,并且,当两个自由度都逐渐增大时,点 x^* 逐渐接近于 1,函数图形在接近于 1 的地方达到最高点. 图 6.4 给出了几个 F 分布的密度函数的图形.

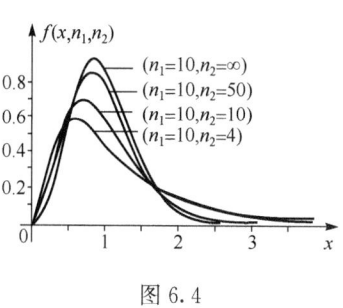

图 6.4

由于 F 分布的密度函数比较复杂,其概率值也不太容易计算,所以附录 2 的附表 2.4 也给出了 F 分布的统计用表,对常用的 α 值列出了 F 分布的水平 α 的上分位点 $F_\alpha(n_1, n_2)$ 之值. 根据上分位点的定义,当 $X \sim F(n_1, n_2)$ 时,

$$P\{X > F_\alpha(n_1, n_2)\} = P\{X < F_{1-\alpha}(n_1, n_2)\} = \alpha.$$

由于 F 分布的密度函数不是偶函数,所以 F 分布也不存在双分位点,但是在统计推断中常使用如下关系式:

$$P\{\{X < F_{1-\frac{\alpha}{2}}(n_1, n_2)\} \cup \{X > F_{\frac{\alpha}{2}}(n_1, n_2)\}\} = \alpha,$$

或者

$$P\{F_{1-\alpha/2}(n_1, n_2) < X < F_{\alpha/2}(n_1, n_2)\} = 1 - \alpha.$$

F 分布的上 α 分位点有如下的性质:

$$F_{1-\alpha}(n_1, n_2) = \frac{1}{F_\alpha(n_2, n_1)}.$$

这是因为当 $X \sim F(n_1, n_2)$ 时,可以用定义来证明 $\dfrac{1}{X} \sim F(n_2, n_1)$.

例如,当 $X \sim F(5, 10)$ 时,α 取 0.05,查表 $F_{0.05}(10, 5) = 4.74$, $F_{0.025}(10, 5) = 6.62$, $F_{0.025}(5, 10) = 4.24$,故

$$P\left\{X < \frac{1}{4.74}\right\} = 0.05, \quad P\left\{\frac{1}{6.62} \leqslant X \leqslant 4.24\right\} = 0.95.$$

6.3.4 t 分布

定义 6.8 设 $X \sim N(0,1), Y \sim \chi^2(n)$,并且 X, Y 相互独立,称随机变量

$$t = \frac{X}{\sqrt{Y/n}},$$

为服从自由度为 n 的 **t 分布**,记为 $t \sim t(n)$.

例 6.5 设随机变量 $X \sim t(n)$,证明 $X^2 \sim F(1, n)$.

证 由 $X \sim t(n)$,根据定义 X 可以表示为

$$X = \frac{U}{\sqrt{V/n}},$$

其中 $U \sim N(0,1), V \sim x^2(n)$,且 U,V 相互独立,于是

$$X^2 = \frac{U^2}{V/n},$$

注意到 $U^2 \sim X^2(1)$,由 F 分布的定义知,$X^2 \sim F(1,n)$.

由于 t 分布最初是由统计学家 W. S. Gosset 在论文中引入并应用于统计检验问题,该论文是以"student"的名字来发表的,所以 t 分布又称**为学生氏分布**. $t(n)$ 分布的概率密度函数为

$$h(t) = \frac{\Gamma[(n+1)/2]}{\sqrt{\pi n}\Gamma(n/2)}\left(1+\frac{t^2}{n}\right)^{-\frac{(n+1)}{2}}, \quad -\infty < t < +\infty.$$

图 6.5 画出了 n 取不同值时 $h(t)$ 的几个图形.

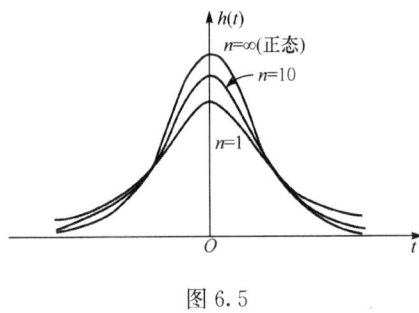

图 6.5

从图形上可以看出,$h(t)$ 的图形关于 $t=0$ 对称,为偶函数,并且当 n 充分大时,其图形类似于标准正态分布的随机变量的概率密度函数的图形. 事实上,根据 Γ 函数的性质,有

$$\lim_{n \to \infty} h(t) = \frac{1}{\sqrt{2\pi}} e^{-\frac{t^2}{2}},$$

所以,对于充分大的 n,可以用标准正态分布来近似 t 分布. 但是对于较小的 n,t 分布与标准正态分布相差就比较大. 在附录中也给出了 t 分布的数值表. 由于 t 分布的密度函数为偶函数,其分位点满足如下的性质:

$$t_{1-\alpha}(n) = -t_\alpha(n),$$

并且 $t(n)$ 分布也有双分位点,即

$$P\{-t_{\alpha/2}(n) < t(n) < t_{\alpha/2}(n)\} = 1-\alpha.$$

特别地,当 $n > 45$ 时,可以用标准正态分布的分位点来近似代替 $t(n)$ 分布的分位点

$$t_\alpha(n) \approx u_\alpha.$$

6.4 抽样方法与抽样分布

6.4.1 抽样方法

在日常工作与生活中经常会应用到抽样. 为了判断总体的某些性质,往往要借助于抽取的样本来判断. 抽样调查方法是属于应用统计学的内容,由于抽样方法的

6.4 抽样方法与抽样分布

实用性及广泛存在性,也为了能更好地了解抽样调查的方法,以便在工作和生活中更好地应用抽样调查,下面简单介绍几种常见的抽样调查的方法.

1. 随机抽样

在一个总体中,每个个体都是相互独立的. 如果总体中的每个个体都具有相同的机会被抽中,就称这样的抽样方法为随机抽样. 这种方法通常还被称为"随机抽取"、"等可能抽取"等. 由于抽取的任意性,从总体中任意选取的一个个体都是一个随机变量,这个随机变量与总体具有相同的期望和方差.

随机抽样根据放回方式的不同可以分为无放回的随机抽样和有放回的随机抽样. 无放回的随机抽样是指在总体中抽取一个个体后,下次在余下的个体中再进行随机抽样;有放回的抽样是指随机抽样抽出一个个体后,记录下抽到的结果后放回,摇匀后再进行下一次的随机抽样.

一般地,在相同的总体和相同的样本容量下,无放回的随机抽样得到的结果比有放回的随机抽样得到的结果要好. 但是,当总体的数量很大,样本量相对于总体的数量又很小时,这两种抽样方法得到的结果是相近的.

试验和理论都证明:在随机抽样下,样本均值 $\overline{X}$ 是总体均值 μ 的一个很好的估计,样本标准差 S 是总体标准差 σ 的一个很好的估计. 在样本量不大时,增加样本量可以比较好地提高估计的精确度.

2. 分块抽样

分块抽样就是先把总体 G 分成 p 个互不相交的子块 $G_1, G_2, \cdots, G_p$,然后在每块中独立地进行抽样的方法.

分块抽样是一种常用的抽样方法,它有如下的特点:

(1) 分块抽样在获得总体均值估计的同时,也可以得到各块均值的估计;

(2) 在分块时,将差别不大的个体分在同一块,使得分块抽样得到的样本更具有代表性,从而提高估计的准确度;

(3) 抽样调查的实施更加方便,调查数据的收集和处理也更加容易.

3. 系统抽样

如果把总体中的个体按一定的方式排列,先在规定的范围内随机抽取一个个体,然后按照制定好的规则确定其他个体的抽样方法称为系统抽样.

最简单的一个系统抽样方法就是取得一个个体后,按相同的间隔抽取其他个体.

系统抽样方法的优点是实施简单,只需要先随机抽得第一个个体,以后按照规定抽取其他样本就可以了. 系统抽样方法不像随机抽样方法,随机抽样方法每次都要随机抽取个体.如果预先了解总体中个体的排列规律,设计合理的系统抽样方法便可以增加估计的精度.

4. 计数抽样

在总体中抽取个体时,如果抽到的个体具有该种性质,就把该个体保留在样本内,如果抽到的个体不具有该种性质,则不把其保留在样本内,继续该过程直到抽到满足要求的样本为止.在该过程中,有两个数需要记录,一个是抽样过程中满足性质的事件的个数 k,另一个是抽取的总次数 n.

在抽样得到一些数据以后,由于采集到的数据比较大,一般借助于计算机程序或者现有的数学软件包来处理.

关于样本容量的选取问题.在抽样推断中,一般给人的感觉是样本容量越大,越能精确地反映总体的性质.实际上,在随机抽样下,一开始增加样本容量会很快地增加估计的准确程度,但是当样本容量达到一定的程度以后,继续增加样本容量对估计精确度的提高就不是很明显了,并且在实际应用中,样本容量的增加也会造成不必要的人力和财力的浪费,所以根据实际情况适当地选择样本容量也是必要的.

6.4.2 抽样分布

在统计推断中,在确定样本的容量和抽取方法进行抽取样本以后,往往要确定抽取的样本所服从的分布,这样才能借助于样本的观察值对总体进行正确的估计.在统计学中把抽取得到的样本的分布称为抽样分布.一般地讲,讨论抽样分布的途径有两个:一种是精确地求出抽样分布,这种方式往往适用于小样本的情况;另外一种是让样本容量趋于无穷,并求抽样分布的极限分布.以下主要介绍正态总体的小样本抽样分布的情形.

在讨论正态分布的抽样之前,首先介绍一个涉及正态总体样本均值与样本方差的抽样分布定理.

定理 6.1 设总体 $X \sim N(\mu, \sigma^2)$,$X_1, X_2, \cdots, X_n$ 是取自总体 X 的容量为 n 的一个样本,$\overline{X}, S^2$ 分别是样本均值和样本方差,则

(1) $\overline{X} \sim N\left(\mu, \dfrac{\sigma^2}{n}\right)$;

(2) $\dfrac{n-1}{\sigma^2} S^2 \sim \chi^2(n-1)$;

(3) $\overline{X}$ 与 S^2 相互独立.

结论(1)易证.结论(2)、(3)的证明需要用到多重积分的变量替换技巧,还要用到正交矩阵的一些性质,数学推导的技巧性强,此处省略证明,有兴趣的读者可以

参考相关教材.

该定理是讨论正态总体抽样分布的一个基础性定理.结合该定理和前面讨论过的统计量的分布,可以构造出下面的统计量,其服从已知的分布.

定理 6.2 设 $X_1, X_2, \cdots, X_n$ 为正态总体 $X \sim N(\mu, \sigma^2)$ 的一个样本,$\overline{X}, S^2$ 分别是该样本的样本均值与样本方差,则

(1) $U = \dfrac{\overline{X} - \mu}{\sigma/\sqrt{n}} \sim N(0,1)$;

(2) $\dfrac{n-1}{\sigma^2} S^2 \sim \chi^2(n-1)$;

(3) $T = \dfrac{\overline{X} - \mu}{S/\sqrt{n}} \sim t(n-1)$.

上述的定理是一个单正态总体的抽样分布.作为概率论的推导结果,该定理无需涉及正态分布中的两个参数 μ, σ^2 是否已知,结论都成立.但是作为统计量而言,在统计推断中,人们还要关心这两个参数是否已知,并且只有当该两个参数都已知时,才能作为统计量使用.

定理 6.3 设 $X \sim N(\mu_1, \sigma_1^2), Y \sim N(\mu_2, \sigma_2^2)$ 是两个相互独立的正态总体,又设 $X_1, X_2, \cdots, X_{n_1}$ 是总体 X 的容量为 n_1 的样本,$\overline{X}, S_1^2$ 分别为该样本的样本均值与样本方差.又设 $Y_1, Y_2, \cdots, Y_{n_2}$ 为正态总体 Y 的容量为 n_2 的一个样本,$\overline{Y}, S_2^2$ 分别为此样本的样本均值与样本方差,另记 S 为 S_1^2, S_2^2 加权平均,记

$$S^2 = \frac{n_1 - 1}{n_1 + n_2 - 2} S_1^2 + \frac{n_2 - 1}{n_1 + n_2 - 2} S_2^2,$$

则

(1) $\dfrac{(\overline{X} - \overline{Y}) - (\mu_1 - \mu_2)}{\sqrt{\dfrac{\sigma_1^2}{n_1} + \dfrac{\sigma_2^2}{n_2}}} \sim N(0,1)$;

(2) $F = \left(\dfrac{\sigma_2}{\sigma_1}\right)^2 \dfrac{S_1^2}{S_2^2} \sim F(n_1 - 1, n_2 - 1)$;

(3) 当 $\sigma_1^2 = \sigma_2^2 = \sigma^2$ 时,有下式成立:

$$T = \frac{(\overline{X} - \overline{Y}) - (\mu_1 - \mu_2)}{S\sqrt{\dfrac{1}{n_1} + \dfrac{1}{n_2}}} \sim t(n_1 + n_2 - 2).$$

上述的定理为后面将要讨论的比较两个正态总体的参数提供了统计量.它们在讨论双正态总体参数的置信区间与假设检验时要用到.在结论(3)中,要求两个

正态总体的方差相等,即满足条件 $\sigma_1^2=\sigma_2^2=\sigma^2$,如果结论(1)、(2)也有该条件成立,则结论(1)、(2)可以变为如下结论:

(4) $U=\dfrac{(\overline{X}-\overline{Y})-\mu}{\sigma/\sqrt{n}}\sim N(0,1)$,其中 $\mu=\mu_1-\mu_2$,$\dfrac{1}{n}=\dfrac{1}{n_1}+\dfrac{1}{n_2}$;

(5) $F=\dfrac{S_1^2}{S_2^2}\sim F(n_1-1,n_2-1)$.

例 6.6 设 $(X_1,X_2,\cdots,X_6)$ 是来自正态总体 $X\sim N(0,\sigma^2)$ 的一个样本,试求统计量 $Y=\dfrac{X_1+X_3+X_5}{\sqrt{X_2^2+X_4^2+X_6^2}}$ 的分布.

解 由 $X\sim N(0,\sigma^2)$,从而 $X_i\sim N(0,\sigma^2)$,$i=1,2,\cdots,6$,且相互独立,从而 $X_1+X_3+X_5\sim N(0,3\sigma^2)$,故

$$\frac{X_1+X_3+X_5}{\sqrt{3}\sigma}\sim N(0,1),$$

又

$$\frac{X_i}{\sigma}\sim N(0,1),\quad i=1,2,\cdots,6,\quad \frac{X_2^2+X_4^2+X_6^2}{\sigma^2}\sim \chi^2(3),$$

注意到 $X_1+X_3+X_5$ 与 $X_2^2+X_4^2+X_6^2$ 相互独立,故

$$\frac{X_1+X_3+X_5}{\sqrt{X_2^2+X_4^2+X_6^2}}=\frac{(X_1+X_3+X_5)/\sqrt{3}\sigma}{\sqrt{\dfrac{X_2^2+X_4^2+X_6^2}{3\sigma^2}}}\sim t(3),$$

即 $Y\sim t(3)$.

例 6.7 设 $X_1,X_2,\cdots,X_n$ 为来自总体 $X\sim N(0,4)$ 的一个样本,试求常数 k,使 $P\left\{\dfrac{(X_1-X_2)^2}{(X_3+X_4+X_5+X_6)^2}<k\right\}=0.95$.

解 因

$$X_1-X_2\sim N(0,8)\quad U=\frac{X_1-X_2}{\sqrt{8}}\sim N(0,1),$$

$$X_3+X_4+X_5+X_6\sim N(0,16),\quad V=\frac{X_3+X_4+X_5+X_6}{4}\sim N(0,1),$$

又因为 X_1-X_2 与 $X_3+X_4+X_5+X_6$ 相互独立,故 U,V 相互独立,且

$$U^2\sim \chi^2(1),\quad V^2\sim \chi^2(1),$$

从而

$$Y = \frac{U^2/1}{V^2/1} \sim F(1,1),$$

$$P\left\{\frac{(X_1-X_2)^2}{(X_3+X_4+X_5+X_6)^2} < k\right\} = P\{Y<2k\} = 0.95,$$

查 F 分布表知 $2k=161.4$,故 $k=80.7$.

例 6.8 在设计导弹发射装置时,主要目标之一是研究弹着点距离目标中心的方差. 对于某一类导弹发射装置,弹着点距离目标中心的距离服从正态分布 $N(9,100)$,现用该装置进行了 25 次发射试验,用 S^2 表示这 25 次试验中弹着点偏离目标中心距离的样本方差,试求 S^2 超过 50m^2 的概率.

解 由定理 6.1 知 $\frac{(n-1)S^2}{\sigma^2} \sim \chi^2(n-1)$,于是

$$\begin{aligned}P\{S^2>50\} &= P\left\{\frac{(n-1)}{\sigma^2}S^2 > \frac{(n-1)}{\sigma^2}50\right\} \\&= P\left\{\chi^2(24) > \frac{24\times 50}{100}\right\} \\&= P\{\chi^2(24) > 12\} \\&= 0.975,\end{aligned}$$

于是,以超过 0.975 的概率断言,S^2 超过 50m^2.

本节所介绍的正态总体的抽样分布以及 3 个定理在以后的章节中都有着重要的作用,要熟练掌握. 另外,对于几个定理的证明,考虑到工科学生的实际应用背景,本书没有给出具体的证明过程,感兴趣的读者可以参考其他相关教材.

【相关阅读】

数理统计的兴起与普及

数理统计是一门年轻的应用性很强的学科. 从 20 世纪初期以来,随着计算机科学的发展,数理统计获得了很大的发展. 其早期的工作,可以在地质学、生物统计学中找到源头. 地质学家 Charles Lyell 于 1830～1833 年出版了三卷《地质学原理》,书中用到了数理统计的方法;生物学家达尔文(Darwin)在进化论中的主要工作就是运用数据,运用生物统计方法得到的结果来说明问题.

数理统计的创始人之一是卡尔・皮尔逊(Karl Pearson,1857～1936). 他在著作 *Laws of Chance* 中,提出了"概率"和"相关"的概念,接着又提出了标准差、正态曲线、平均变差、均方根误差等一系列数理统计的基础术语. 并于 1901 年创办著名

的《生物统计学》杂志,使得数理统计有了自己的研究阵地,并形成了一个数理统计学派.著名的统计学家 Gosset(1876~1937)就是他的学生.

英国数学家 R. A. Fisher(1890~1962)是从数学的角度对生物统计进行研究的第一个人,也是数理统计的奠基人之一,他于 1919 年开始研究生物统计学,并致力于数理统计在农业科学和遗传学中的应用研究.他用数学知识对样本的分布给以严格的定义,研究了如何应用测量数据中的信息,如何缩减观测数据而不减少信息,以及如何对一个模型中的参数进行估计.特别是他开创了试验设计、方差分析的方法,并确立了统计推断的基本方法,奠定了数理统计的基础.同时,他还培养了一个学派.20 世纪 30~50 年代,R. A. Fisher 是数理统计研究的中心人物,他所研究的结果,实用价值很大,但是有一个缺点就是理论上欠完备.

1946 年瑞典统计学家 H. Cramer 出版了《统计数学方法》一书,这部书收集了半个世纪以来数理统计的研究成果.它的出版标志着数理统计作为一门独立的数学分支正式确立.

许宝禄先生(1910~1970)是我国最早的研究统计学的学者.他早年在北京大学教书,1936 年公费到英国留学,在当时著名的 Galton 实验室和统计系学习数理统计.当时正是统计系的鼎盛时期,实验室的主持人就是 R. A. Fisher,统计系的主任是 E. Pearson,世界的许多统计学的权威都经常到这里讲学,这里是当时世界上数理统计的研究中心.许宝禄先生一生的主要学术贡献是在多元分析及中心极限定理两个方面,这些成就与他的这一段经历是有很大的关系的.在留学期间,许宝禄先生也曾帮助 R. A. Fisher 完善了一些理论上的证明.

数理统计在近年来有所发展,但是理论上突破不大,其主要工作是它的普及与广泛使用.它几乎渗透到一切学科中去.哪里有试验,哪里有数据,哪里就少不了数理统计.数理统计方法已经成为现代社会的一个基本工具,没有它,就无法处理大量的数据及信息.数理统计的发展将推动社会的进步及科学的发展.

习 题 6
(A)

1. 设总体 $X \sim N(\mu, 6)$,从总体中抽取容量为 25 的一个样本,求样本方差 S^2 小于 9.1 的概率.

2. 设 $X_1, X_2, \cdots, X_{10}$ 是取自正态总体 $X \sim N(0, 4)$ 的一个样本,试确定常数 c,使得

$$P\left\{\sum_{i=1}^{10} X_i^2 > c\right\} = 0.05.$$

3. 已知总体 $X \sim N(10, \sigma^2)$,σ 未知,$X_1, X_2, \cdots, X_n$ 是总体 X 的一个样本,$\overline{X}, S^2$ 分别是样

本均值和样本方差.求：

(1) 构造一个关于 X 的统计量 Y，使 $Y \sim t(3)$；

(2) 设 S 的一个观察值为 $s=1.92$，求使 $P\{-\theta < \overline{X} - 10 < \theta\} = 0.95$ 的 θ 的值.

4. 简述样本均值与总体均值的关系.

5. 用 s_x^2 表示 $x_1, x_2, \cdots, x_n$ 的样本方差，用 b 表示常数，用 s_y^2 表示 $y_1, y_2, \cdots, y_n$ 的样本方差，当 $y_i = x_i + b (i=1,2,\cdots,n)$ 时，证明 $\overline{y} = a\overline{x} + b$ 并验证 $s_y^2 = s_x^2$.

6. 在调查某个城市的家庭年平均收入时，能否只在该市的娱乐场所(如电影院、游乐场、健身馆等)进行随机抽样？原因是什么？能否只在该市的公共汽车站进行抽样？为什么？

7. 某大学的计算机学院的一年级 500 名学生中有女生 218 名，在调查全年级学生的平均身高时，准备抽样调查 50 名学生.请你做以下工作，并回答以下问题：

(1) 设计一个合理的分块抽样的方案；

(2) 用分块抽样的方法得到全年级学生平均身高的估计时，是否还分别得到了男生和女生平均身高的估计.

8. 设从总体 X 得到一个容量为 10 的样本，其观察值为：4.5, 2.0, 1.0, 1.5, 3.4, 4.5, 6.5, 5.0, 3.5, 4.0，试分别计算统计量 $\overline{X} = \frac{1}{n}\sum_{i=1}^{n} X_i$ 及 $S^2 = \frac{1}{n-1}\sum_{i=1}^{n}(X_i - \overline{X})^2$ 的观察值.

9. 求总体 $X \sim N(20,3)$ 的容量分别为 10, 15 的两个独立样本均值差的绝对值大于 0.3 的概率.

10. 试证明：当 $a = \overline{X}$ 时，$\sum_{i=1}^{n}(X_i - a)^2$ 达到极小值.

11. 设总体 X 服从以 $\alpha(\alpha > 0)$ 为参数的指数分布，$X_1, X_2, \cdots, X_n$ 为来自总体的一个样本，求该样本的联合概率密度.

12. 查表求 $\chi_{0.95}^2(5), \chi_{0.05}^2(5)$ 的上分位点.

13. 查表求 $t_{0.05}(3), t_{0.01}(5)$ 的上分位点.

(B)

1. 设总体 $X \sim N(\mu, \sigma^2)$，假设要以 0.9606 的概率保证偏差 $|\overline{X} - \mu| < 0.1$，试问 $\sigma^2 = 0.25$ 时，样本容量 n 应取多大？

2. 设 $X_1, X_2, \cdots, X_n$ 是取自总体 X 的样本，$\overline{X}, S^2$ 分别为样本均值和样本方差，假定 $\mu = E(X), \sigma^2 = D(X)$ 均存在，试求 $E(\overline{X}), D(\overline{X}), E(S^2)$.

3. 设总体 $X \sim N(\mu, \sigma^2), \sigma^2 > 0$，从总体中抽取样本 $X_1, X_2, \cdots, X_{2n}$，其样本均值为 $\overline{X} = \frac{1}{2n}\sum_{i=1}^{2n} X_i$，试求统计量 $Y = \sum_{i=1}^{n}(X_i + X_{n+i} - 2\overline{X})$ 的数学期望.

4. 设 $X_1, X_2, \cdots, X_9$ 是来自总体 $X \sim N(0, 2^2)$ 的简单随机样本，试求系数 a, b, c 使
$$Q = a(X_1 + X_2)^2 + b(X_3 + X_4 + X_5)^2 + c(X_6 + X_7 + X_8 + X_9)^2$$

服从 χ^2 分布,并求其自由度.

5. 设 $X_1, X_2, \cdots, X_{10}$ 为取自总体 $X \sim N(\mu, 0.5)$ 的一个样本,

(1) 当 $\mu = 0$ 时,求 $P\left\{\sum_{i=1}^{10} X_i^2 \geqslant 4\right\}$;

(2) 当 μ 未知时,求 $P\left\{\sum_{i=1}^{10} (X_i - \overline{X})^2 \geqslant 2.85\right\}$.

6. 设总体 $X \sim N(\mu, \sigma^2)$,$X_1, X_2, \cdots, X_{n+1}$ 为来自总体 X 的一个样本容量为 $n+1$ 的样本,令随机变量 $Y_i = X_i - \dfrac{1}{n+1} \sum_{i=1}^{n+1} X_i$,$i = 1, 2, \cdots, n+1$,试求 $Y_i (i = 1, 2, \cdots, n+1)$ 的概率密度.

第7章 参数估计

统计推断是数理统计的基本内容之一. 它大致可以分为两类问题:估计问题与假设检验问题. 其中估计问题又可以分为参数估计和非参数估计. 本章主要讨论参数估计的基本问题,并介绍参数估计的主要方法——点估计方法和正态总体参数的区间估计方法.

7.1 点估计问题

7.1.1 点估计问题概述

若总体 X 的分布形式已知,但是它有一个或者多个未知参数,通常把借助于总体 X 的一个样本来估计未知参数值的问题称之为参数估计问题. 若用某种方法估计出的参数值为数轴上的一个点,则称这种方法为点估计方法. 用点估计方法来估计总体中未知参数的问题称为点估计问题. 也就是说,若已知总体的分布类型,但是不知道其中的某些参数的真值,通过点估计的方法就可以来估计出参数的值. 例如,已知某总体服从参数为 θ 的指数分布,但是不知道参数 θ 的值是多少,人们希望通过所抽取到的样本来对未知参数进行估计,这就是参数估计问题. 其中,上述的总体指数分布代表着一个总体,估计 θ 就是要把这个总体中的参数 θ 的真值具体确定出来以确定总体的具体分布信息.

用统计的语言来叙述上述的过程就是:设 $X_1,X_2,\cdots,X_n$ 是来自总体 X 的一个样本,$(x_1,x_2,\cdots,x_n)$ 为对应的样本的观测值,θ 是总体分布中的未知参数,$\theta \in \Theta$,此处的 Θ 表示参数 θ 的取值范围,称为参数空间. 尽管 θ 事先是未知的,但是其参数空间 Θ 是已知的. 为了估计未知参数 θ,要通过事先构造一个统计量 $g(X_1, X_2,\cdots,X_n)$,然后用 $g(X_1,X_2,\cdots,X_n)$ 的观测值 $g(x_1,x_2,\cdots,x_n)$ 来估计 θ 的真值,则称 $g(X_1,X_2,\cdots,X_n)$ 为 θ 的估计统计量,记为 $\hat{\theta}(X_1,X_2,\cdots,X_n)$. 称 $g(x_1, x_2,\cdots,x_n)$ 为 θ 的估计值,记为 $\hat{\theta}(x_1,x_2,\cdots,x_n)$. 在不引起混淆的情况下,估计量与估计值统称为点估计,简称估计,并记为 $\hat{\theta}$.

如果总体分布中有多个未知参数 $\theta_1,\theta_2,\cdots,\theta_r,\theta_i \in \Theta(i=1,2,\cdots,r)$,同理称统计量 $\hat{\theta}_i(X_1,X_2,\cdots,X_n)(i=1,2,\cdots,r)$ 为 θ_i 的估计量,称相应的值 $\hat{\theta}_i(x_1,x_2,\cdots,x_n)$ 为估计值. 需要说明的是由于估计量是样本的函数,因此,对于同一个参数,当所应用的估计量不同时会产生不同的估计值;同时,由于观测值的不同也会产生不同的估计结果,这也是点估计法的缺点所在.

例 7.1 在某炸药厂,一天中发生着火现象的次数 X 是一个随机变量,假设它服从以 $\lambda(\lambda>0)$ 为参数的泊松分布,参数 λ 未知,现有如表 7.1 所示的样本值,试估计参数 λ.

表 7.1

着火次数 k(单位:次)	0	1	2	3	4	5	6
发生 k 次着火的天数 n_k(单位:天)	75	90	54	22	6	2	1

解 由于 $X \sim P(\lambda)$,且 $\lambda = E(X)$,自然会想到用样本均值来估计参数 λ,所以选取统计量 $g(X_1, X_2, \cdots, X_n) = \overline{X} = \dfrac{1}{n}\sum_{i=1}^{n} X_i$,代入观测值得到

$$\overline{X} = \frac{\sum_{k=0}^{6} k n_k}{\sum_{k=0}^{6} n_k} = \frac{1}{250}(0\times 75 + 1\times 90 + 2\times 54 + 3\times 22 + 4\times 6 + 5\times 2 + 6\times 1)$$
$$= 1.22,$$

即 λ 的估计值为 1.22. 在下面的例题中我们会看到,样本均值是总体均值的一个无偏估计量,这也是本题中我们选取 $\overline{X}$ 为统计量的原因.

7.1.2 估计量的评选标准

对于总体未知参数的估计,点估计法为一个常用的方法,除此之外,还有许多其他的方法,不同方法得到的估计量是不同的;其实,即使同样适用点估计方法,由于选用统计量的不同也会导致得到的结果不同,究竟哪个方法得到的估计量"好",哪个方法得到的估计量"坏",就需要有一种衡量的标准,下面先介绍评价估计方法优劣的几个常用到的标准.

1. 无偏性

由于估计量为一个随机变量,选取估计量的一个最直观的想法,就是希望所得到的估计量 $\hat{\theta}$ 的值在真值 θ 左右,也就是 $\hat{\theta}$ 的平均值与真值相等或者相差不大,这就是无偏性的标准.

定义 7.1 设总体 X 的未知参数 θ 的一个估计量为 $\hat{\theta} = \hat{\theta}(X_1, X_2, \cdots, X_n)$,若有 $E(\hat{\theta}) = \theta$ 成立,则称 $\hat{\theta}$ 为 θ 的一个**无偏估计量**;否则,就称 $\hat{\theta}$ 为 θ 的有偏估计量.

进一步地讲,若有 $\lim\limits_{n\to\infty} E(\hat{\theta}) = \theta$,其中 n 为样本容量,则称 $\hat{\theta}$ 为 θ 的渐近无偏估计量.

例 7.2 设 $X_1, X_2, \cdots, X_n$ 为取自总体 X 的一个样本,总体 X 的均值为 μ,方差为 σ^2,则

(1) 样本均值 $\overline{X}$ 是 μ 的一个无偏估计;

(2) 修正的样本方差 S^2 是 σ^2 的一个无偏估计量;

(3) 未修正的样本方差 $\dfrac{1}{n}\sum_{n=1}^{\infty}(X_i-\overline{X})^2$ 是 σ^2 的一个有偏估计量.

解 (1) 由 $E(X_i)=E(X)=\mu(i=1,2,\cdots,n)$,有

$$E(\overline{X})=E\Big(\frac{1}{n}\sum_{i=1}^{n}X_i\Big)=\frac{1}{n}\sum_{i=1}^{n}E(X_i)=\mu,$$

由无偏估计的定义知道,$\overline{X}$ 是 μ 的一个无偏估计量.

(2) 由 $D(X_i)=D(X)=\sigma^2(i=1,2,\cdots,n)$,有

$$D(\overline{X})=\frac{1}{n^2}\sum_{i=1}^{n}D(X_i)=\frac{\sigma^2}{n},$$

于是

$$\begin{aligned}E(S^2)&=E\Big[\frac{1}{n-1}\sum_{i=1}^{n}(X_i-\overline{X})^2\Big]\\&=E\Big[\frac{1}{n-1}\sum_{i=1}^{n}(X_i^2-2X_i\overline{X}+\overline{X}^2)\Big]\\&=E\Big\{\frac{1}{n-1}\Big[\sum_{i=1}^{n}X_i^2-n(\overline{X})^2\Big]\Big\}\\&=\frac{1}{n-1}\Big[\sum_{i=1}^{n}E(X_i^2)-nE(\overline{X})^2\Big]\\&=\frac{1}{n-1}\Big\{\sum_{i=1}^{n}(\mu^2+\sigma^2)-n[D(\overline{X})+(E(\overline{X}))^2]\Big\}\\&=\frac{1}{n-1}(n\sigma^2-\sigma^2)\\&=\sigma^2,\end{aligned}$$

所以 S^2 是 σ^2 的一个无偏估计量.

(3) 由于

$$E\Big[\frac{1}{n}\sum_{i=1}^{n}(X_i-\overline{X})^2\Big]=E\Big(\frac{n-1}{n}S^2\Big)=\frac{n-1}{n}E(S^2)$$
$$=\frac{n-1}{n}\sigma^2\neq\sigma^2,$$

根据定义,未修正的样本方差是 σ^2 的有偏估计量.

例 7.3 设总体 X 服从参数为 λ 的指数分布 $X\sim E(\lambda)$,其概率密度函数为

$$f(x)=\begin{cases}\lambda e^{-\lambda x},&x>0;\\0,&x\leqslant 0.\end{cases}$$

$X_1,X_2,\cdots,X_n$ 是取自总体 X 的一个样本,试证明 $\overline{X}$ 和 $nZ=n[\min(X_1,X_2,\cdots,X_n)]$ 都是 $\dfrac{1}{\lambda}$ 的无偏估计量.

证明 因为 $E(\overline{X})=E(X)=\dfrac{1}{\lambda}$，由例 7.2 的证明可知，$\overline{X}$ 是 $\dfrac{1}{\lambda}$ 的无偏估计量. 由 $Z=\min(X_1,X_2,\cdots,X_n)$ 的概率密度为

$$f_{\min}(x)=\begin{cases}n\lambda \mathrm{e}^{-\lambda nx}, & x>0;\\ 0, & x\leqslant 0.\end{cases}$$

(读者自行推导)，知 $E(Z)=\dfrac{1}{n\lambda}$，$E(nZ)=\dfrac{1}{\lambda}$，所以根据定义有 nZ 为 $\dfrac{1}{\lambda}$ 的无偏估计量.

上述的两个例子说明：一个未知参数可以有不同的无偏估计量. 也就是说，未知参数的无偏估计量不止一个.

2. 有效性

有些时候仅凭无偏性的标准还不足以区分估计量的好坏. 例如，从上述的例题 7.3 中可以看出，同一个未知参数可以有不同的无偏估计量，无偏性说明它们都在参数的真值附近摆动，但是，这些估计量中哪一个最好呢？也就是说，无偏性的标准还不能全面精确地刻画出估计量逼近真值的程度，所以有必要选择更多的评价估计量好坏的标准. 不妨换一个角度来考虑，在评价估计量时，不仅要考虑参数的估计值在真值附近摆动，还要看其偏离平均值的偏离程度，即要求其方差也尽可能地小，这就是下面讨论的有效性的标准.

定义 7.2 设 $\hat{\theta}_1$ 和 $\hat{\theta}_2$ 都是参数 θ 的无偏估计量，若 $D(\hat{\theta}_1)\leqslant D(\hat{\theta}_2)$（对于任意的 $\theta\in\Theta$），则称估计量 $\hat{\theta}_1$ 比 $\hat{\theta}_2$ 有效.

例 7.4 当 $n>1$ 时，例 7.3 中的参数 $\dfrac{1}{\lambda}$ 的两个无偏估计 nZ 和 $\overline{X}$ 哪一个更有效？

解 由于

$$D(\overline{X})=\frac{1}{n^2}\sum_{i=1}^{n}D(X_i)=\frac{1}{n\lambda^2},\quad D(Z)=\frac{1}{n^2\lambda^2},$$

所以，当 $n>1$ 时，有

$$D(nZ)=n^2 D(Z)=\frac{1}{\lambda^2}>\frac{1}{n\lambda^2}=D(\overline{X}),$$

因此，$\overline{X}$ 比 nZ 更有效.

3. 相合性

前面讲到的评价估计量好坏的评价标准，即无偏性和有效性，是在样本容量固定的条件下来判断的. 此时差值 $\hat{\theta}-\theta$ 的大小在一定程度上反映了估计量 $\hat{\theta}$ 的优

劣.但是,当样本容量改变时,情况会怎么样呢?直观上讲,自然是希望样本容量 n 越大时,对未知参数 θ 的估计值也越精确,也就是当样本容量 n 逐渐增大时,$\hat{\theta}-\theta$ 应该在某种程度下趋近于 0. 这就是下面要介绍的相合性的标准.

定义 7.3 设 $\hat{\theta}$ 是未知参数 θ 的估计量,对于任意的 $\theta \in \Theta$,当 $n \to \infty$ 时,若 $\hat{\theta} = \hat{\theta}(X_1, X_2, \cdots, X_n)$ 依概率收敛于未知参数 θ,则称 $\hat{\theta}$ 是未知参数 θ 的**相合估计量**,也称为**一致估计量**.

相合性反映了估计量在样本容量 n 趋近于 ∞ 时的性质,这类性质在数理统计中称为大样本性质. 当样本容量固定时估计量所具有的性质称为小样本性质.

例 7.5 证明当总体 X 的 k 阶原点矩 $E(X^k)$ 存在时,样本的 k 阶原点矩 $A_k = \frac{1}{n}\sum_{j=1}^{n} X_j^k$ 是总体 X 的 k 阶原点矩 $E(X^k)$ 的相合估计.

证明 由于 $X_1, X_2, \cdots, X_n$ 相互独立,而且与总体 X 同分布,因此,$X_1^k, X_2^k, \cdots, X_n^k$ 也相互独立而且分别与 X^k 具有相同的分布,由第 5 章的辛钦大数定律知道,对于任意的 $\varepsilon > 0$,有

$$\lim_{n \to \infty} P\left\{ \left| \frac{1}{n} \sum_{j=1}^{n} X_j^k - E(X^k) \right| < \varepsilon \right\} = 1,$$

由定义 7.3,这一等式说明了样本的 k 阶原点矩 A_k 是总体的 k 阶原点矩的相合估计量. 这是下面讲到的矩估计法的理论基础.

上述介绍的是一些常见的评价估计量好坏的基本标准,它们从不同的角度描述了估计量的合理性. 当然,还有其他的一些标准,本书不在此一一介绍.

7.2 最大似然估计

点估计方法中常用的两种求估计量的方法是最大似然估计法与矩法估计. 这是求解点估计的既经典又比较流行的方法,本节先介绍点估计方法中的最大似然法.

最大似然估计法,是由英国的统计学家 R. A. Fisher 于 1922 年提出来的参数估计的方法. 使用这种方法的前提是总体 X 的分布形式已知,只是其中的参数未知. 最大似然估计法的基本原理为:人们认为,概率为 1 或者接近于 1 的一个事件在一次试验中是一定会发生的,这也是前面介绍的"实际推断原理". 在一次具体的试验中,在已经得到试验结果的情况下,该试验结果对应的事件应该发生的概率最大,应该寻找使得到的结果出现的可能性最大的那个 $\hat{\theta}$ 作为 θ 真值的一个估计.

设 $X_1, X_2, \cdots, X_n$ 是取自总体 X 的一个样本,X 的分布类型已知,但是参数 θ 未知,θ 属于其变化范围 Θ.

若 X 为离散型随机变量,其概率分布形式为 $P\{X = x\} = p(x; \theta)$,则样本 X_1,

$X_2,\cdots,X_n$ 的联合概率分布为

$$P\{X_1=x_1,X_2=x_2,\cdots,X_n=x_n\}=\prod_{i=1}^{n}p(x_i;\theta),$$

当 θ 固定时,上式表示 $X_1,X_2,\cdots,X_n$ 取值 $(x_1,x_2,\cdots,x_n)$ 的概率;反之,当样本值 $(x_1,x_2,\cdots,x_n)$ 给定时,上式可以看成 θ 的函数,记为 $L(\theta)$. 并称

$$L(\theta)=\prod_{i=1}^{n}p(x_i;\theta),\quad \theta\in\Theta$$

为似然函数. 似然函数 $L(\theta)$ 值的大小意味着该样本值出现的可能性的大小. 根据实际推断原理,应该选择使得 $L(\theta)$ 达到最大值的那个 $\hat{\theta}$ 作为真值 θ 的估计值.

若 X 为连续型随机变量,其密度函数为 $f(x;\theta)$,则样本 $(X_1,X_2,\cdots,X_n)$ 的密度函数为 $\prod_{i=1}^{n}f(x_i;\theta)$. 在 θ 固定时,它是 $(X_1,X_2,\cdots,X_n)$ 在 $(x_1,x_2,\cdots,x_n)$ 处的密度,它的大小反映了 $(X_1,X_2,\cdots,X_n)$ 落在 $(x_1,x_2,\cdots,x_n)$ 附近的概率的大小. 当样本值 $(x_1,x_2,\cdots,x_n)$ 给定时,它是 θ 的函数,这里仍把其记为 θ 的函数. 并称

$$L(\theta)=\prod_{i=1}^{n}f(x_i;\theta),\quad \theta\in\Theta$$

为似然函数. 类似于上面的讨论,选择使得 $L(\theta)$ 最大的那个 $\hat{\theta}$ 作为真值 θ 的估计.

总之,有了试验结果即样本值以后,似然函数 $L(\theta)$ 反映了 θ 的各个不同值导出这个结果的可能性的大小. 选择使 $L(\theta)$ 达到最大的那个 $\hat{\theta}$ 作为真值 θ 的估计值,这种求点估计的方法就称为最大似然估计法.

定义 7.4 若对任意给定的样本值 $(x_1,x_2,\cdots,x_n)$,存在 $\theta^*=\theta^*(x_1,x_2,\cdots,x_n)$,使得 $L(\theta)$ 在 θ^* 处达到最大值,则称 θ^* 为 θ 的最大似然估计 $\hat{\theta}$,称相应的统计量 $\theta^*(X_1,X_2,\cdots,X_n)$ 为 θ 的最大似然估计量. 它们统称为 θ 的**最大似然估计**,简记为 MLE(maximum likely estimation).

如果未知参数有多个为 $\theta_1,\theta_2,\cdots,\theta_r$,那么似然函数就是多元函数 $L(\theta_1,\theta_2,\cdots,\theta_r)$,若对给定的样本值,$(x_1,x_2,\cdots,x_n)$,存在 $\theta_i^*=\theta_i^*(x_1,x_2,\cdots,x_n)(i=1,2,\cdots,r)$,使得 $L(\theta_1,\theta_2,\cdots,\theta_r)$ 取得最大值,相应地称 θ_i^* 为 $\theta_i(i=1,2,\cdots,r)$ 的最大似然估计 $\hat{\theta}_i$.

当似然函数关于未知参数可微时,最大似然估计的求解步骤一般如下:

(1) 针对总体与样本写出似然函数 $L(\theta_1,\theta_2,\cdots,\theta_r)$;

(2) 利用多元函数取得极值的必要条件,解出似然函数的驻点,在求解时可以结合一定的技巧;

(3) 判断驻点中的最大值点;

(4) 求出各参数的最大似然估计.

例 7.6 已知某电子设备的使用寿命(从开始使用到初次失败为止)服从指数分布,分布密度为 $f(x;\lambda)=\lambda e^{-\lambda x}(x>0,\lambda>0)$,今随机抽取 18 台,测得寿命(单位:h)数

7.2 最大似然估计

据如下：

16,29,50,68,100,130,140,270,280,340,410,450,520,620,19,210,800,1 100.
试求 λ 的最大似然估计.

解 似然函数为

$$L(\lambda) = \prod_{i=1}^{n} f(x_i;\lambda) = \prod_{i=1}^{n} \lambda e^{-\lambda x_i} = \lambda^n e^{-\lambda \sum_{i=1}^{n} x_i},$$

因为 $\ln L(\lambda)$ 的单调性与 $L(\lambda)$ 的单调性相同,从而

$$\ln L(\lambda) = n\ln\lambda - \lambda \sum_{i=1}^{n} x_i,$$

由

$$\frac{d\ln L(\lambda)}{d\lambda} = \frac{n}{\lambda} - \sum_{i=1}^{n} x_i = 0,$$

解得

$$\hat{\lambda} = \frac{1}{\bar{x}},$$

代入 $\bar{x}=318$,得到 $\hat{\lambda}=\frac{1}{318}$.

在本例解题过程中,若直接计算似然函数的导数会比较复杂.求解中应用了一个技巧,即 $\ln L(\lambda)$ 的单调性与 $L(\lambda)$ 的单调性相同,从而最值点相同,减小了计算难度.

例 7.7 设总体 $X \sim N(\mu,\sigma^2)$,其概率密度为 $f(x) = \frac{1}{\sqrt{2\pi}\sigma} e^{-\frac{(x-\mu)^2}{2\sigma^2}}$ ($-\infty < x < +\infty$),$X_1,X_2,\cdots,X_n$ 为来自总体的一个样本,试求 μ,σ^2 的最大似然估计量.

解 似然函数为

$$L(\mu,\sigma^2) = \prod_{i=1}^{n} \frac{1}{\sqrt{2\pi}\sigma} e^{-\frac{(x_i-\mu)^2}{2\sigma^2}} = \frac{1}{(2\pi\sigma^2)^{\frac{n}{2}}} e^{-\frac{\sum_{i=1}^{n}(x_i-\mu)^2}{2\sigma^2}},$$

$$\ln L(\mu,\sigma^2) = -\frac{n}{2}\ln(2\pi\sigma^2) - \frac{\sum_{i=1}^{n}(x_i-\mu)^2}{2\sigma^2},$$

由方程组

$$\begin{cases} \dfrac{\partial \ln(\mu,\sigma^2)}{\partial \mu} = 0, \\ \dfrac{\partial \ln(\mu,\sigma^2)}{\partial \sigma^2} = 0, \end{cases}$$

解得

$$\hat{\mu} = \bar{x}, \quad \hat{\sigma}^2 = \frac{1}{n}\sum_{i=1}^{n}(x_i - \bar{x})^2.$$

利用多元函数取得最值的第一充分条件判断,到得该点是使函数取得最值的点,所以将 x_i 转换到 X_i 为最大似然估计量.

例 7.8 已知总体服从两点分布,其分布率为
$$P\{X=1\}=p, \quad P\{X=0\}=1-p, \quad 0<p<1.$$
试由样本 $X_1, X_2, \cdots, X_n$ 的观测值 $(x_1, x_2, \cdots, x_n)$ 确定参数 p 的最大似然估计值和最大似然估计量.

解 X 的分布律可表示为
$$f(x;p) = P\{X=x\} = p^x(1-p)^{1-x}, \quad x=0,1.$$
其似然函数为
$$L(p) = \prod_{i=1}^{n} p^{x_i}(1-p)^{1-x_i} = p^{\sum_{i=1}^{n}x_i}(1-p)^{n-\sum_{i=1}^{n}x_i},$$
取对数得到
$$\ln L(p) = \sum_{i=1}^{n} x_i \ln p + \left(n - \sum_{i=1}^{n} x_i\right)\ln(1-p),$$
两边对 p 求导数,并令其为 0,得到
$$\frac{1}{p}\sum_{i=1}^{n}x_i - \frac{1}{1-p}\left(n - \sum_{i=1}^{n}x_i\right) = 0,$$
得到
$$(1-p)\sum_{i=1}^{n}x_i = p\left(n - \sum_{i=1}^{n}x_i\right),$$
解得
$$\hat{p} = \bar{x},$$
所以最大估计值和最大估计量分别为 $\bar{x}$ 和 $\bar{X}$.

从本节的例子可以看到,最大似然估计法是基于最大似然估计的基本思想. 这种方法充分利用了已知总体分布类型所蕴涵的信息,从而使得该方法具有较多的优良性质. 当然,其计算有时也比较麻烦,要善于利用似然函数本身的性质简化计算.

7.3 矩法估计

除最大似然估计以外,矩法估计也是点估计的常用方法. 其基本原理是:用相应的样本矩去估计总体矩,用相应的样本矩的函数去估计总体矩的函数,然后得到未知参数相应的估计量. 其理论基础是前面讲到的辛钦大数定律. 一般地,总体的

7.3 矩法估计

k 阶原点矩用样本的 k 阶原点矩来估计,总体的 k 阶中心矩用样本的 k 阶中心矩来估计.这种点估计的方法称为**矩法**.用矩法确定的估计量称为矩估计量.矩估计量和矩估计值都简称为矩估计值.简记为 ME(moment estimation).

矩法是一种古老的方法,它的特点是并不需知总体的分布类型,只要未知参数可表示为总体矩的函数,就能求出其矩估计量.当总体分布类型已知时,由于矩法没有充分利用总体所提供的信息,得到的矩估计量不一定是理想的估计量.但是由于矩法估计简单易行,且具有一定的优良性,所以应用仍然十分广泛.

矩法估计的一般步骤为:

(1) 从总体矩入手将待估参数 θ 表示为总体矩的函数,即
$$\theta = g(\alpha_1, \alpha_2, \cdots, \alpha_l, \beta_1, \beta_2, \cdots, \beta_s),$$
其中 $\alpha_i, \beta_j (i=1,2,\cdots,l; j=1,2,\cdots,s)$ 分别为总体 X 的矩;

(2) 用样本的矩分别代替 g 中相对应的总体矩并构造方程(组);

(3) 求解方程(组),其解即为所求的矩估计量.

例 7.9 设总体 X 服从 (0-1) 分布,即
$$X = \begin{cases} 1, & \text{若事件 } A \text{ 发生}; \\ 0, & \text{若事件 } A \text{ 不发生}. \end{cases}$$
设 $P(A) = p(0<p<1)$,其中 p 是未知参数,$X_1, X_2, \cdots, X_n$ 是取自总体的一个样本,求参数 p 的矩估计量.

解 总体的一阶原点矩为 $\alpha_1 = E(X) = p$,且待估参数 p 为总体一阶原点矩 α_1 的函数,样本的一阶原点矩为 $A_1 = \frac{1}{n}\sum_{i=1}^{n}X_i$,用矩法,使样本的一阶原点矩等于总体的一阶原点矩,$\alpha_1 = A_1$,得到 $\hat{p} = \overline{X}$.即得到的矩估计量为 $\overline{X}$.

例 7.10 设总体 X 在区间 $(0, \theta)$ 上服从均匀分布,其概率密度为
$$f(x;\theta) = \begin{cases} \dfrac{1}{\theta}, & 0<x<\theta; \\ 0, & \text{其他}. \end{cases}$$
$X_1, X_2, \cdots, X_n$ 是取自总体 X 的一个样本,求未知参数 θ 的矩估计量.

解 总体的一阶原点矩为 $\alpha_1 = E(X) = \int_0^{\theta} x \dfrac{1}{\theta} dx = \dfrac{\theta}{2}$,样本的一阶原点矩为 $A_1 = \overline{X}$,令总体的一阶原点矩等于样本的一阶原点矩,有 $\alpha_1 = A_1$,由此得到 $\hat{\theta} = 2\overline{X}$.

例 7.11 设总体 $X \sim N(\mu, \sigma^2)$,$X_1, X_2, \cdots, X_n$ 为取自总体的一个样本,求未知参数 μ, σ^2 的矩法估计量.

解 首先求出总体的一阶与二阶原点矩 $\alpha_1 = E(X) = \mu, \alpha_2 = E(X^2) = \sigma^2 + \mu^2$,

再写出样本的一阶与二阶原点矩 $A_1 = \overline{X}, A_2 = \dfrac{1}{n}\sum\limits_{i=1}^{n}X_i^2$,然后令总体的矩等于样本相应的矩得到如下方程组:

$$\begin{cases} \alpha_1 = A_1, \\ \alpha_2 = A_2. \end{cases}$$

解方程组得到

$$\hat{\mu} = \overline{X}, \quad \hat{\sigma}^2 = \frac{1}{n}\sum_{i=1}^{n}X_i^2 - \overline{X}^2.$$

例 7.12 设总体 X 的概率密度函数为

$$f(x;\theta,\mu) = \begin{cases} \dfrac{1}{\theta} e^{-\frac{x-\mu}{\theta}}, & x \geqslant \mu; \\ 0, & x < \mu, \end{cases}$$

其中参数 θ,μ 均未知,$\theta > 0$. $X_1, X_2, \cdots, X_n$ 是来自总体的一个样本,试求 θ,μ 的矩估计量.

解 做变换 $\dfrac{x-\mu}{\theta} = t$,则

$$\begin{aligned}
E(X) &= \int_{-\infty}^{+\infty} x f(x;\theta,\mu)\,\mathrm{d}x = \int_{\mu}^{+\infty} \frac{x}{\theta} e^{-\frac{x-\mu}{\theta}}\,\mathrm{d}x \\
&= \int_{0}^{+\infty} (\theta t + \mu) e^{-t}\,\mathrm{d}t \\
&= \theta + \mu. \\
D(X) &= \int_{-\infty}^{+\infty} (x - E(X))^2 f(x;\theta,\mu)\,\mathrm{d}x \\
&= \int_{\mu}^{+\infty} \frac{(x-\theta-\mu)^2}{\theta} e^{-\frac{x-\mu}{\theta}}\,\mathrm{d}x \\
&= \theta^2.
\end{aligned}$$

解得

$$\begin{cases} \theta = \sqrt{D(X)}; \\ \mu = E(X) - \sqrt{D(X)}. \end{cases}$$

又 $E(X) = \overline{X}, D(X) = \dfrac{1}{n}\sum\limits_{i=1}^{n}(X_i - \overline{X})^2$,从而解得 θ,μ 的估计量为

$$\hat{\theta} = \sqrt{\frac{1}{n}\sum_{i=1}^{n}(X_i - \overline{X})^2}, \quad \hat{\mu} = \overline{X} - \sqrt{\frac{1}{n}\sum_{i=1}^{n}(X_i - \overline{X})^2}.$$

7.4 区间估计

前面讨论了参数的点估计方法,这一估计方法是用一个统计量 $\hat{\theta}$ 作为未知参

7.4 区间估计

数 θ 估计,一旦给出了样本观察值就能计算出 θ 的估计值. 其优点是简单易行,又非常直观;缺点是没有提供关于精确估计的任何信息,也不能提供该方法误差估计的方法. 所以实用性不强. 本节介绍一种相对实用的方法——区间估计方法. 其基本方法是:利用一个随机区间来估计参数 θ,并给出该区间包含 θ 真值的概率的一个估计.

定义 7.5 设总体 X 的分布函数 $F(x;\theta)$ 中含有一个未知参数 $\theta,\theta\in\Theta$,对于给定的数值 $\alpha(0<\alpha<1)$,若存在由样本 $X_1,X_2,\cdots,X_n$ 确定的两个统计量 $\underline{\theta}=\underline{\theta}(X_1,X_2,\cdots,X_n)$ 和 $\bar{\theta}=\bar{\theta}(X_1,X_2,\cdots,X_n)$,$\underline{\theta}<\bar{\theta}$,对于任意的 $\theta\in\Theta$,满足

$$P\{\underline{\theta}(X_1,X_2,\cdots,X_n)<\theta<\bar{\theta}(X_1,X_2,\cdots,X_n)\}\geqslant 1-\alpha,$$

则称随机区间 $(\underline{\theta},\bar{\theta})$ 是未知参数 θ 的置信水平为 $1-\alpha$ 的**双侧置信区间**,$\underline{\theta},\bar{\theta}$ 分别称为置信水平为 $1-\alpha$ 的双侧置信区间的**置信下限**和**置信上限**,数值 $1-\alpha$ 称为**置信水平**,这种利用置信区间估计未知参数的方法称为**区间估计法**. 在求置信区间的实际计算中,习惯上常常取临界值 $1-\alpha$.

区间估计法的主要原理是保证未知参数 θ 有至少 $1-\alpha$ 的概率落在区间 $(\underline{\theta},\bar{\theta})$ 中,当 α 的取值比较小时,就能保证参数 θ 落在区间中的概率足够大. 事实上,这一说法也不够严密,虽然 θ 是未知参数,但是 $\underline{\theta},\bar{\theta}$ 是统计量,其值随观测值的不同而不同,这样就造成上述说法的模糊. 一个比较合理的解释是:随机区间是以概率 $1-\alpha$ 包含未知参数 θ,在 n 次的区间估计中,其估计出来的区间包含 θ 真值的有 $n(1-\alpha)$ 个. 对于一个具体的估计出来的区间来说,它表示要么该区间包含真值 θ,要么该区间不包含真值 θ,其包含真值 θ 的概率至少为 $1-\alpha$.

该方法是由英国统计学家奈曼(Neyman Jerzy,1894~1981)于 1934 年提出来的. 现在这一理论方法已被广泛接受.

例 7.13 设总体 $X\sim N(\mu,\sigma^2)$,其中 σ^2 为已知,μ 为未知,设 $X_1,X_2,\cdots,X_n$ 为来自总体的一个样本,求 μ 的置信度为 $1-\alpha$ 的置信区间.

解 由 $\bar{X}$ 是 μ 的无偏估计,且有

$$\frac{\bar{X}-\mu}{\sigma/\sqrt{n}}\sim N(0,1),$$

该分布不依赖于任何参数. 由标准正态分布的上 α 分位点的定义,有

$$P\left\{\left|\frac{\bar{X}-\mu}{\sigma/\sqrt{n}}\right|<Z_{\alpha/2}\right\}=1-\alpha,$$

即

$$P\left\{\bar{X}-\frac{\sigma}{\sqrt{n}}Z_{\alpha/2}<\mu<\bar{X}+\frac{\sigma}{\sqrt{n}}Z_{\alpha/2}\right\}=1-\alpha,$$

这样,就得到 μ 的一个置信度为 $1-\alpha$ 的置信区间为

$$\left(\bar{X}-\frac{\sigma}{\sqrt{n}}Z_{\alpha/2},\bar{X}+\frac{\sigma}{\sqrt{n}}Z_{\alpha/2}\right).$$

若取其中的参数 $\alpha=0.05, n=16, \sigma=1$,又 $Z_{\alpha/2}=1.96$,这样就得到一个置信度为 0.95 的置信区间,如果在一次观察中得到的样本的观察值为 $\bar{x}=5.20$,则此时得到的区间为 $(4.71, 5.69)$.

此时,区间 $(4.71, 5.69)$ 就不是随机区间了,但是仍然称该区间为置信度为 0.95 的置信区间. 其含义是:该区间包含 μ 的真值的概率为 0.95,或者"该区间包含 μ 真值"这一事实的可信程度为 0.95.

需要说明的是,置信度为 $1-\alpha$ 的置信区间并不是唯一的. 例如在上述例子中仍取 $\alpha=0.05$,则置信区间也可以有如下结论:

$$P\left\{-Z_{0.04}<\frac{\bar{X}-\mu}{\sigma/\sqrt{n}}<Z_{0.01}\right\}=1-\alpha=0.95,$$

即

$$P\left\{\bar{X}-\frac{\sigma}{\sqrt{n}}Z_{0.01}<\mu<\bar{X}+\frac{\sigma}{\sqrt{n}}Z_{0.04}\right\}=0.95,$$

故置信区间为 $\left[\bar{X}-\frac{\sigma}{\sqrt{n}}Z_{0.01}, \bar{X}+\frac{\sigma}{\sqrt{n}}Z_{0.04}\right]$. 这一个区间也是置信度为 0.95 的置信区间. 再把以上的各个参数值 $\alpha=0.05, n=16, \sigma=1$,代入上述的区间,得到区间长度为 $\frac{\sigma}{\sqrt{n}}(Z_{0.04}+Z_{0.01})=4.08\times\frac{\sigma}{\sqrt{n}}$,比上一个区间长度 $2\times\frac{\sigma}{\sqrt{n}}Z_{0.025}=3.92\times\frac{\sigma}{\sqrt{n}}$ 要长. 置信区间越长表示估计的精度越低,越短表示估计的精度越高. 所以这样得到的估计区间比双侧分位点得到的估计区间精度要差. 在实际应用中,一般选择由双侧分位点得到的区间.

置信区间的具体求解步骤如下:

(1) 寻找样本 $X_1, X_2, \cdots, X_n$ 的一个合适的函数
$$Z=Z(X_1, X_2, \cdots, X_n; \theta),$$
它包含待估参数 θ 而不含其他任何未知参数,并且 Z 的分布已知且不依赖任何未知参数,也不依赖于待估参数 θ;

(2) 对于给定的置信度 $1-\alpha$,定出两个常数 a, b,使得
$$P\{a<Z(X_1, X_2, \cdots, X_n; \theta)<b\}=1-\alpha;$$

(3) 若能从 $a<Z(X_1, X_2, \cdots, X_n; \theta)<b$ 中直接得到等价的不等式 $\underline{\theta}<\theta<\bar{\theta}$,其中 $\underline{\theta}, \bar{\theta}$ 都是统计量,则 $(\underline{\theta}, \bar{\theta})$ 就是参数 θ 的一个置信度为 $1-\alpha$ 的置信区间.

注意,$Z(X_1, X_2, \cdots, X_n; \theta)$ 的选择通常可以从 θ 的点估计统计量入手. 许多常用的正态总体参数的置信区间也可以用上述的步骤推得.

上述的讨论中,对于未知参数 θ,给出两个统计量 $\underline{\theta}, \bar{\theta}$,得到了 θ 的双侧置信区间 $(\underline{\theta}, \bar{\theta})$. 在某些实际问题中,如对于设备、元件的寿命来说,平均寿命长是所需要的,人们关心的是平均寿命 θ 的"下限";相反,在考虑产品的废品率 p 时,常常关心

7.4 区间估计

参数 p 的"上限",这就需要有单侧置信区间的概念.

定义 7.6 对于给定的数 $\alpha(0<\alpha<1)$,若由样本 $X_1,X_2,\cdots,X_n$ 确定的统计量 $\underline{\theta}(X_1,X_2,\cdots,X_n)$ 对于任意的 $\theta\in\Theta$,满足

$$P\{\theta>\underline{\theta}\}\geqslant 1-\alpha,$$

则称随机区间 $(\underline{\theta},+\infty)$ 是参数 θ 的置信水平为 $1-\alpha$ 的**单侧置信区间**,$\underline{\theta}$ 称为参数 θ 的置信水平为 $1-\alpha$ 的**单侧置信下限**.

又若统计量 $\bar{\theta}=\bar{\theta}(X_1,X_2,\cdots,X_n)$ 对于任意的 $\theta\in\Theta$,满足

$$P\{\theta<\bar{\theta}\}\geqslant 1-\alpha,$$

则称随机区间 $(-\infty,\bar{\theta})$ 是参数 θ 的置信水平为 $1-\alpha$ 的**单侧置信区间**,$\bar{\theta}$ 称为参数 θ 的置信水平为 $1-\alpha$ 的**单侧置信上限**.同双侧置信区间一样,在实际计算中,常常取临界值 $1-\alpha$.

例 7.14 设 $X_1,X_2,\cdots,X_n$ 是取自正态总体 $X\sim N(\mu,\sigma^2)$ 的一个样本,μ,σ^2 为未知参数,求未知参数 μ 的置信水平为 $1-\alpha$ 的单侧置信下限和未知参数 σ^2 的置信水平为 $1-\alpha$ 的单侧置信下限.

解 由于

$$\frac{\overline{X}-\mu}{S/\sqrt{n}}\sim t(n-1),$$

根据 t 分布的分位点的定义,有

$$P\left\{\frac{\overline{X}-\mu}{S/\sqrt{n}}<t_\alpha(n-1)\right\}=1-\alpha,$$

即

$$P\left\{\mu>\overline{X}-\frac{S}{\sqrt{n}}t_\alpha(n-1)\right\}=1-\alpha,$$

于是得到未知参数 μ 的一个置信水平为 $1-\alpha$ 的单侧置信区间为

$$\left(\overline{X}-\frac{S}{\sqrt{n}}t_\alpha(n-1),+\infty\right),$$

故未知参数 μ 的置信下限为 $\overline{X}-\frac{S}{\sqrt{n}}t_\alpha(n-1)$.

再考虑未知参数 σ^2 的置信上限,由于

$$\frac{(n-1)S^2}{\sigma^2}\sim\chi^2(n-1),$$

再由 χ^2 分布的分位点的定义,得到

$$P\left\{\frac{(n-1)S^2}{\sigma^2}>\chi^2_{1-\alpha}(n-1)\right\}=1-\alpha,$$

即

$$P\left\{\sigma^2 < \frac{(n-1)S^2}{\chi^2_{1-\alpha}(n-1)}\right\} = 1-\alpha,$$

于是得到未知参数 σ^2 的一个置信水平为 $1-\alpha$ 的单侧置信区间为 $\left(0, \dfrac{(n-1)S^2}{\chi^2_{1-\alpha}(n-1)}\right)$,从而未知参数 σ^2 的一个置信水平为 $1-\alpha$ 的单侧置信上限为 $\overline{\sigma^2} = \dfrac{(n-1)S^2}{\chi^2_{1-\alpha}(n-1)}$.

7.5 正态总体均值与方差的区间估计

与其他分布形式的总体相比较,正态总体参数的置信区间是常用的.下面详细介绍几个常见的正态总体的均值与方差的区间估计.

7.5.1 单正态总体参数的置信区间

设总体 $X \sim N(\mu, \sigma^2)$,其中 $-\infty < \mu < +\infty, \sigma^2 > 0, X_1, X_2, \cdots, X_n$ 是来自总体 X 的一个样本. $\overline{X}, S^2$ 分别是样本均值与样本方差.

1. 均值 μ 的置信区间

1) μ 未知,σ^2 已知的情况

这一种情况在前面提到过,此时取到的样本的函数为

$$Z = \frac{\overline{X}-\mu}{\sigma/\sqrt{n}} \sim N(0,1),$$

由于

$$P\left\{\left|\frac{\overline{X}-\mu}{\sigma/\sqrt{n}}\right| < Z_{\alpha/2}\right\} = 1-\alpha,$$

因此均值 μ 的置信水平为 $1-\alpha$ 的置信区间为

$$\left(\overline{X} - \frac{\sigma}{\sqrt{n}}Z_{\alpha/2}, \overline{X} + \frac{\sigma}{\sqrt{n}}Z_{\alpha/2}\right).$$

2) μ 未知,σ^2 未知的情况

由于 σ^2 未知,所以不能用上面的样本函数来构造置信区间.考虑到样本方差 S^2 是总体方差 σ^2 的一个无偏估计,且把上面的 σ^2 换成 S^2 后,样本函数的分布已知,并且不依赖于未知参数 μ,所以,可以选用样本函数

$$Z = \frac{\overline{X}-\mu}{S/\sqrt{n}} \sim t(n-1)$$

来构造置信区间,再由 t 分布的双侧分位点的定义,有

$$P\left\{\left|\frac{\overline{X}-\mu}{S/\sqrt{n}}\right|<t_{\alpha/2}(n-1)\right\}=1-\alpha,$$

即

$$P\left\{\overline{X}-\frac{S}{\sqrt{n}}t_{\alpha/2}(n-1)<\mu<\overline{X}+\frac{S}{\sqrt{n}}t_{\alpha/2}(n-1)\right\}=1-\alpha,$$

于是,得到均值 μ 的置信水平为 $1-\alpha$ 的置信区间为

$$\left(\overline{X}-\frac{S}{\sqrt{n}}t_{\alpha/2}(n-1),\overline{X}+\frac{S}{\sqrt{n}}t_{\alpha/2}(n-1)\right).$$

例 7.15 为了了解飞机飞行速度的情况,现对某新型飞机飞行速度进行 10 次独立的测试,测得飞机的最大速度(单位:m/s)如下:

578,572,570,568,572,570,570,596,584,572.

根据长期的经验,飞机的最大飞行速度服从正态分布.试求飞机的最大飞行速度的置信水平为 0.95 的置信区间.

解 飞机的飞行速度是随机的,可以设为随机变量 X,则 $X\sim N(\mu,\sigma^2)$,由于该正态分布的均值 μ 和方差 σ^2 均未知,所以在构造置信区间时,自然会想到用上述的 t 分布统计量,则其置信区间为

$$\left(\overline{X}-\frac{S}{\sqrt{n}}t_{\alpha/2}(n-1),\overline{X}+\frac{S}{\sqrt{n}}t_{\alpha/2}(n-1)\right).$$

在该例子中,可以把 10 个数据看成一个样本的观测值,样本的容量为 10,置信水平为 0.95,$\alpha=0.05$,$n=10$,$\overline{X}=575.2$,$S=8.7025$,$t_{\frac{\alpha}{2}}(n-1)=t_{0.025}(9)=2.262$,代入上面的区间得到置信区间为 $(568.98,581.43)$.

2. 方差 σ^2 的置信区间

设总体 $X\sim N(\mu,\sigma^2)$,其中总体均值 μ 未知,求此时方差 σ^2 的置信水平为 $1-\alpha$ 的置信区间.

在构造区间时,由于 μ 是未知的,所以样本函数的选取不能含有 μ,此时,常用到的样本函数就是 χ^2 分布,由于

$$Z=\frac{(n-1)S^2}{\sigma^2}\sim\chi^2(n-1)$$

恰好满足要求,再由 χ^2 分布的分位点的定义,知

$$P\left\{\chi^2_{1-\alpha/2}(n-1)<\frac{(n-1)S^2}{\sigma^2}<\chi^2_{\alpha/2}(n-1)\right\}=1-\alpha,$$

即

$$P\left\{\frac{(n-1)S^2}{\chi^2_{\alpha/2}(n-1)}<\sigma^2<\frac{(n-1)S^2}{\chi^2_{1-\alpha/2}(n-1)}\right\}=1-\alpha,$$

于是,σ^2 在置信水平为 $1-\alpha$ 下的置信区间为

$$\left(\frac{(n-1)S^2}{\chi^2_{\alpha/2}(n-1)}, \frac{(n-1)S^2}{\chi^2_{1-\alpha/2}(n-1)}\right),$$

标准差 σ 的置信区间为

$$\left(\sqrt{\frac{(n-1)S^2}{\chi^2_{\alpha/2}(n-1)}}, \sqrt{\frac{(n-1)S^2}{\chi^2_{1-\alpha/2}(n-1)}}\right).$$

例 7.16 求例 7.15 中飞机的最大飞行速度的标准差 σ 的置信水平为 0.95 的置信区间.

解 当 $\alpha=0.05, n-1=10-1=9$ 时,查 χ^2 分布的分布表为
$$\chi^2_{\alpha/2}(n-1)=\chi^2_{0.025}(9)=19.023,$$
$$\chi^2_{1-\alpha/2}(n-1)=\chi^2_{0.975}(9)=2.700,$$

再把样本方差 $S=8.7025$ 一起代入例 7.15 求出的置信区间,得到飞机的最大飞行速度的标准差 σ 的置信水平为 0.95 的置信区间为 $(5.99, 15.89)$.

7.5.2 双正态总体参数的置信区间

在实际应用中,对于两个正态总体的情形,人们常常关注的是它们的均值差与方差比这两种参数.

设总体 $X\sim N(\mu_1,\sigma_1^2), Y\sim N(\mu_2,\sigma_2^2)$ 的情形,其中 $-\infty<\mu_i<+\infty, \sigma_i^2>0 (i=1,2)$,设 $X_1,X_2,\cdots,X_{n_1}, Y_1,Y_2,\cdots,Y_{n_2}$ 分别是取自总体 X 和 Y 的两个相互独立的样本,$\overline{X},\overline{Y}$ 分别表示总体 X 和 Y 的样本均值,S_1^2,S_2^2 分别表示总体 X 和 Y 的样本方差.给定置信水平为 $1-\alpha$.

1. 两个正态总体均值差 $\mu_1-\mu_2$ 的置信区间

1) σ_1^2,σ_2^2 均已知的情形

由于样本均值 $\overline{X},\overline{Y}$ 分别是总体均值 μ_1,μ_2 的无偏估计,因此 $\overline{X}-\overline{Y}$ 是 $\mu_1-\mu_2$ 的无偏估计.考虑到 $\overline{X},\overline{Y}$ 的相互独立性,且根据正态分布的可加性,得到

$$\overline{X}-\overline{Y}\sim N\left(\mu_1-\mu_2, \frac{\sigma_1^2}{n_1}+\frac{\sigma_2^2}{n_2}\right),$$

即

$$\frac{\overline{X}-\overline{Y}-(\mu_1-\mu_2)}{\sqrt{\frac{\sigma_1^2}{n_1}+\frac{\sigma_2^2}{n_2}}}\sim N(0,1),$$

类似于单个正态总体的情形,可以得到参数 $\mu_1-\mu_2$ 的置信水平为 $1-\alpha$ 的置信区间为

7.5 正态总体均值与方差的区间估计

$$\left(\overline{X}-\overline{Y}-Z_{\alpha/2}\sqrt{\frac{\sigma_1^2}{n_1}+\frac{\sigma_2^2}{n_2}},\overline{X}-\overline{Y}+Z_{\alpha/2}\sqrt{\frac{\sigma_1^2}{n_1}+\frac{\sigma_2^2}{n_2}}\right).$$

2) $\sigma_1^2=\sigma_2^2=\sigma^2$,且 σ^2 未知的情形

再根据前面的内容,可以知道

$$\frac{\overline{X}-\overline{Y}-(\mu_1-\mu_2)}{S_\omega\sqrt{\frac{1}{n_1}+\frac{1}{n_2}}}\sim t(n_1+n_2-2),$$

其中 $S_\omega^2=\dfrac{(n_1-1)S_1^2+(n_2-1)S_2^2}{n_1+n_2-2}$,$S_\omega=\sqrt{S_\omega^2}$. 于是得到参数 $\mu_1-\mu_2$ 的置信水平为 $1-\alpha$ 的置信区间为

$$\left(\overline{X}-\overline{Y}-t_{\alpha/2}(n_1+n_2-2)S_\omega\sqrt{\frac{1}{n_1}+\frac{1}{n_2}},\overline{X}-\overline{Y}+t_{\alpha/2}(n_1+n_2-2)S_\omega\sqrt{\frac{1}{n_1}+\frac{1}{n_2}}\right).$$

例 7.17 设从正态总体 $N(\mu_1,25)$ 中得到一个容量为 10 的样本,其样本均值为 $\overline{x}=19.8$,又从总体为 $N(\mu_2,36)$ 的总体中得到一个容量为 12 的样本,其均值为 $\overline{y}=24.0$,假设两个样本相互独立,求两个正态分布均值差 $\mu_1-\mu_2$ 的置信水平为 0.90 的置信区间.

解 本例子中的 σ_1^2,σ_2^2 均已知,注意到 $\alpha=0.10,n_1=10,n_2=12,Z_{\alpha/2}=Z_{0.025}=1.645$,直接计算得到两个区间端点为

$$\overline{X}-\overline{Y}-Z_{\alpha/2}\sqrt{\frac{\sigma_1^2}{n_1}+\frac{\sigma_2^2}{n_2}}=-8.054,$$

$$\overline{X}-\overline{Y}+Z_{\alpha/2}\sqrt{\frac{\sigma_1^2}{n_1}+\frac{\sigma_2^2}{n_2}}=-0.342,$$

从而两个正态分布均值差 $\mu_1-\mu_2$ 的置信水平为 0.90 的置信区间为 $(-8.054,-0.342)$.

2. 两正态总体方差比 σ_1^2/σ_2^2 的置信区间

此时只考虑总体均值 μ_1,μ_2 为未知的情况. 显然可以用 S_1^2/S_2^2 来作为 σ_1^2/σ_2^2 的估计量,又

$$\frac{\dfrac{(n_1-1)S_1^2}{\sigma_1^2}}{n_1-1}\bigg/\frac{\dfrac{(n_2-1)S_2^2}{\sigma_2^2}}{n_2-1}=\frac{S_1^2/S_2^2}{\sigma_1^2/\sigma_2^2}\sim F(n_1-1,n_2-1),$$

再由 F 分布的分位点的定义,得到

$$P\left\{F_{1-\alpha/2}(n_1-1,n_2-1)<\frac{S_1^2/S_2^2}{\sigma_1^2/\sigma_2^2}<F_{\alpha/2}(n_1-1,n_2-1)\right\}=1-\alpha,$$

所以,得到 σ_1^2/σ_2^2 的一个置信水平为 $1-\alpha$ 的置信区间为

$$\left(\frac{S_1^2}{S_2^2 F_{\alpha/2}(n_1-1,n_2-1)}, \frac{S_1^2}{S_2^2 F_{1-\alpha/2}(n_1-1,n_2-1)}\right).$$

例 7.18 某钢铁公司的管理人员为了比较新旧两个电炉的温度状况,抽取了新电炉的 31 个温度数据及旧电炉的 5 个温度数据,并计算得到样本方差分别为 $S_1^2=75, S_2^2=100$,设新电炉的温度 $X \sim N(\mu_1,\sigma_1^2)$,旧电炉的温度 $Y \sim N(\mu_2,\sigma_2^2)$,试求 σ_1^2/σ_2^2 的置信度为 0.95 的置信区间.

解 σ_1^2/σ_2^2 的 $1-\alpha$ 的置信区间的两个端点分别为

$$\frac{S_1^2}{S_2^2 F_{\alpha/2}(n_1-1,n_2-1)} \quad \text{和} \quad \frac{S_1^2}{S_2^2 F_{\alpha/2}(n_1-1,n_2-1)},$$

并把 $\alpha=0.05, n_1=31, n_2=25$ 代入,查表得到

$$F_{0.05/2}(30,24)=2.21, \quad F_{\frac{0.05}{2}}(24,30)=2.14,$$

于是,所求得的置信区间为 $(0.34,1.61)$.

最后,再给出一个求未知参数的单侧置信区间的例子.

例 7.19 为了解某种香烟的尼古丁含量(以 mg 计),抽取了 8 支香烟,并测得尼古丁的平均含量为 $\overline{X}=0.26$,假设该香烟的尼古丁含量为随机变量,且服从正态分布 $X \sim N(\mu,2.3)$,试求未知参数 μ 的一个置信水平为 0.95 的单侧置信区间.

解 未知参数 μ 的一个置信水平为 0.95 的单侧置信上限为 $\overline{\mu}=\overline{X}+\frac{\sigma}{\sqrt{n}}Z_\alpha$,此处的 $\alpha=0.05$,查表得到

$$Z_{0.05}=1.65, \quad \overline{X}=0.26, \quad \sigma=\sqrt{2.3}, \quad n=8,$$

代入单侧置信区间的端点,得到未知参数 μ 的一个置信水平为 0.95 的单侧置信上限为

$$\overline{\mu}=\overline{X}+\frac{\sigma}{\sqrt{n}}Z_{0.05}=0.26+1.65 \times \frac{\sqrt{2.3}}{\sqrt{8}} \approx 1.14,$$

所以,得到的单侧置信区间为 $(0,1.14)$.

作为本章的结束,我们建议:利用概率论与数理统计的知识解决实际问题的时候必须考虑与问题有关的背景与环境.读一读以下的故事是有益的.

【相关阅读】

惊人的预测

一天,乔治在删除电子垃圾邮件时发现了一个标题:惊人的足球杯预测.他好

奇地打开了它：亲爱的球迷，我们的统计学家已经设计出了准确预测足球比赛结果的方法，今晚英国足球杯第三场比赛是考文垂队对谢菲尔队，我们以 0.95 的概率预测考文垂队获胜．

乔治看后一笑，晚上看比赛时，考文垂队果然获胜．3 周后，乔治又收到那人的邮件：亲爱的球迷，上次我们成功地预测了考文垂队获胜．今天考文垂队和米德尔斯堡队相遇了，我们以 0.95 的概率预测米德尔斯堡队获胜，请你密切关注比赛结果．

考文垂队强于对手，那天晚上却发挥不好，双方打成了 1∶1．但在加时赛上米德尔斯堡队奇迹般地获胜了．乔治心中一震．一周后，那人的电子邮件又预测米德尔斯堡队将败给特伦米尔队，结果果然如此．

接下来的四分之一决赛前，那人的邮件预测特伦米尔队胜陶顿亨队．结果也是如此，四次预测都成功了．乔治大吃了一惊．

乔治再次收到如下的电子邮件：亲爱的球迷，现在你大概知道了我们的确能够预测比赛的结果．实际上我们买断了一位统计学家的研究专利，能够以 0.95 的概率预测足球比赛的正确结果．今晚的半决赛中，我们以 0.95 的概率预测阿森纳队打败伊普斯维队．

乔治是个不信邪的人，他约了几个朋友晚上一起看电视，准备在伊普斯维队获胜后好好羞辱一下那个家伙．但是阿森纳队在比分落后的情况下奋起直追，竟以 2∶1 获胜，太不可思议了．

第二天，电子邮件又来了：亲爱的球迷，我们已经 5 次预测成功，现在希望和你做一笔交易，你支付 200 英镑，把一个月内关心的比赛和球队告诉我们，我们将以 0.95 的概率为你预测胜负，殷切地期望你的合作．

200 英镑不是一个小的数目，但是如果能预知结果，就可以从彩票商手里赚回 20 万．乔治心中盘算：如果发邮件的人只是预测胜负，则 5 次都猜对的概率仅为 $2^{-5}=0.0313$，于是以 0.9687 的概率否定他是在猜测．当然，乔治也怀疑过他们是否和黑社会或者某个非法财团有关．但是这都和乔治无关，只要能赚钱就行了．乔治支付了 200 英镑．

实际上这些骗子先发出 8 000 封电子邮件，一半预测甲胜，一半预测乙胜．于是有 4 000 人获得正确的预测，另外 4 000 人付之一笑．第二次只给上次得到成功预测的 4 000 人发电子邮件，以此类推，5 次预测以后得到 $2^{-5}\times 8\,000=250$ 人．如果这 250 人中有 100 人付钱，就可以骗得 20 000 英镑．乔治就是这 100 人中的一个．

习 题 7
（A）

1. 设 $X_1,X_2,\cdots,X_n$ 是来自总体服从二项分布 $B(9,p)$ 的一个样本，求参数 p 的矩估计和最大似然估计量.

2. 设 $X_1, X_2, \cdots, X_n$ 是来自总体服从泊松分布 $P(\lambda)$ 的一个样本,求参数 λ 的一个矩估计和最大似然估计量.

3. 某通信公司随机抽查了 10 000 个手机短信的字符长度,得到样本均值为 $\bar{x}=9$,样本的标准差为 $s=18$,在置信水平 0.95 下,求该公司用户手机短信的字符长度均值 μ 的一个置信区间.

4. 设 $X_1, X_2, \cdots, X_n$ 为来自正态总体 $X \sim N(\mu, \sigma^2)$ 的一个样本,验证下列的估计量都是无偏估计量,并将其按照方差从大到小排队.

(1) $\overline{\mu_1} = (X_1 + X_2 + X_3 + X_4)/4$;

(2) $\overline{\mu_2} = (X_1 + X_2 + X_3 + X_4 + 2X_5)/6$;

(3) $\overline{\mu_3} = (X_1 + X_2 + X_3 + 2X_4 + 3X_5)/8$;

(4) $\overline{\mu_4} = (X_1 + 2X_2 + 3X_3 + 4X_4 + 5X_5)/15$.

5. 随机抽查了某大学 60 位正教授的住房面积,得知他们的平均住房面积是 $\overline{\mu_1}=115.4\text{m}^2$,标准差是 $\overline{\sigma_1}=15.8$,又随机调查了该大学的 60 位副教授的住房面积,得知他们的平均住房面积是 $\overline{\mu_2}=89.3\text{m}^2$,标准差是 $\overline{\sigma_2}=21.3\text{m}^2$,在置信水平 0.95 下,求:

(1) 该大学正教授平均住房面积 μ_1 的双侧置信区间;

(2) 该大学副教授平均住房面积 μ_2 的双侧置信区间;

(3) 若认为 $\sigma_1=15.8, \sigma_2=21.3$,求 $\mu_1-\mu_2$ 在置信水平 0.95 下的置信区间.

6. 随机抽查了某大学的 1 000 名同学,发现其中 651 个同学有手机,计算该学校有手机的同学的比例 p 的置信区间,其中置信水平为 0.95.

7. 设总体 X 在 $(0, \theta)$ 上服从均匀分布,其中 $\theta>0$ 为未知参数,$X_1, X_2, \cdots, X_n$ 为来自总体的一个样本,求:

(1) 未知参数 θ 的矩估计量 $\hat{\theta}_1$ 和最大似然估计量 $\hat{\theta}_2$;

(2) $\hat{\theta}_1$ 与 $\hat{\theta}_2$ 是否为未知参数 θ 的无偏估计量.

8. 设总体 X 的密度函数为

$$f(x;\theta) = \begin{cases} \theta(\theta+1)x^{\theta-1}(1-x), & 0<x<1; \\ 0, & \text{其他}, \end{cases}$$

其中 $\theta>0$ 为未知参数,$X_1, X_2, \cdots, X_n$ 为来自总体 X 的一个样本,求:

(1) 参数 θ 的矩估计量;

(2) 当样本观察值为 $(0.2, 0.4, 0.6, 0.5, 0.35, 0.43)$ 时,求未知参数 θ 的矩估计值.

9. 为考察某大学成年男性的胆固醇水平,现抽取了样本容量为 25 的一个样本,测得样本均值为 $\bar{x}=186$,样本的标准差为 $s=12$. 假设该大学成年男性的胆固醇水平为随机变量 X,且 $X \sim N(\mu, \sigma^2)$,参数 μ, σ^2 均未知,试求参数 μ, σ 的一个置信水平为 0.90 的置信区间.

10. A,B 两个地区种植同一型号的小麦,现抽取 19 块面积相同的麦田,其中 9 块属于 A,10 块属于 B,测得它们的产量分别如下(单位:kg)

A:100,105,110,125,110,98,105,116,112.

B:101,100,105,115,111,92,106,121,102,107.

设 A 地区小麦产量 $X \sim N(\mu_1, \sigma^2)$,B 地区小麦产量 $Y \sim N(\mu_2, \sigma^2)$,参数 μ_1, μ_2, σ^2 均未知,求该两地区小麦的平均产量之差 $\mu_1-\mu_2$ 的一个置信水平为 0.90 的置信区间.

11. 设总体 X 在 $(\theta,\theta+1)$ 上服从均匀分布,$X_1,X_2,\cdots,X_n$ 是来自总体 X 的一个样本,证明:
$$\hat{\theta}_1=\overline{X}-\frac{1}{2},\quad \hat{\theta}_2=\max\{X_1,X_2,\cdots,X_n\}-\frac{n}{n+1},\quad \hat{\theta}_3=\min\{X_1,X_2,\cdots,X_n\}-\frac{n}{n+1}$$
都是参数 θ 的无偏估计.

12. 对于方差 σ^2 已知的正态总体来说,当样本容量 n 取多少时,才能使得总体的均值 μ 的置信度为 $1-\alpha$ 的置信区间长度不大于 L?

13. 已知某种白炽灯泡的使用寿命服从正态分布,现随机抽取某厂在一段时间内生产的灯泡 10 只,测试其寿命(单位:h)为
$$1067,919,1196,785,1126,936,918,1156,920,948.$$
试求出寿命的均值 μ 和方差 σ^2 的最大似然估计值,并估计该灯泡寿命大于 1 300 h 的概率.

14. 某地区在去年每个月内交通事故的死亡人数如下:
$$3,2,0,5,4,3,1,0,7,2,0,2.$$
假设每个月交通事故的死亡人数服从参数为 λ 的泊松分布,其中 $\lambda>0$ 未知,试求:

(1) 参数 λ 的矩估计量和最大似然估计量;

(2) $P\{X=0\}$ 的最大似然估计值.

15. 设总体 $X\sim N(\mu,9)$,$X_1,X_2,\cdots,X_n$ 为来自总体 X 的一个样本,欲使得 μ 的置信度为 $1-\alpha$ 的置信区间的长度不超过 2,在 $\alpha=0.1$ 的情况下样本容量 n 应该取多少?

16. 设按某种工艺生产的某种金属纤维的长度 $X\sim N(\mu,\sigma^2)$,现抽取 15 根纤维,测得其平均长度 $\bar{x}=5.4$ mm,样本方差为 $s^2=0.16$,求 μ 在置信度为 0.95 下的单侧置信下限.

(B)

1. 已知总体 X 的概率分布律为
$$P\{X=k\}=C_2^k(1-\theta)^k\theta^{2-k},\quad k=0,1,2,$$
求参数 θ 的矩估计.

2. 设随机变量 X 具有概率密度
$$f(x;\theta)=\begin{cases}\theta^x e^{-\theta}, & x=0,1,2,\cdots\\ 0, & \text{其他},\end{cases}$$
其中 $0<\theta<+\infty$,设 $X_1,X_2,\cdots,X_n$ 为来自总体的一个样本,求参数 θ 的最大似然估计.

3. 设 $X_1,X_2,\cdots,X_n$ 是取自总体 $X\sim U(0,\theta)$ 的一个样本,证明:

(1) $\hat{\theta}_1=2\overline{X},\hat{\theta}_2=\dfrac{n+1}{n}X_{(n)}$ 是 θ 的无偏估计,$X_{(n)}=\max\{X_1,X_2,\cdots,X_n\}$;

(2) $\hat{\theta}_2$ 比 $\hat{\theta}_1$ 更有效 $(n\geqslant 2)$.

4. 设 $X_1,X_2,\cdots,X_n$ 是来自总体 X 的随机样本,试证明:
$$\overline{X}=\frac{1}{n}\sum_{i=1}^n X_i,\quad Y=\frac{1}{n}\sum_{i=1}^n c_i X_i\left(c_i\geqslant 0,\sum_{i=1}^n c_i=1\right)$$
是总体 $E\{X\}$ 的无偏估计,但 $\overline{X}$ 比 Y 更有效.

5. 设 $X_1,X_2,\cdots,X_n$ 是来自总体 $X\sim N(\mu_0,\sigma^2)$ 的简单随机样本,其中 μ_0 为已知常数,选择

统计量 $U = \dfrac{\sum\limits_{i=1}^{n}(X_i-\mu_0)^2}{\sigma^2}$，求 σ^2 的 $1-\alpha$ 置信区间.

6. 某公司欲估计自己生产的电池寿命. 先随机从其产品中抽取 50 只做寿命试验，这些电池寿命的平均值 $\bar{x}=2.266$（单位：100 h），$s=1.935$，试求该公司生产电池的平均寿命的置信度为 0.95 的置信区间.

7. 某印染厂在配制一种燃料时，在 40 次试验中成功了 34 次，求配制成功的概率 p 的置信度为 0.95 的置信区间.

第8章 假设检验

8.1 假设检验

第7章主要讨论了统计推断中的参数估计问题.本章将介绍统计推断中的另一类问题——假设检验.假设检验可以分为参数假设检验和非参数假设检验两大类.参数的假设检验又可以分为单参数的假设检验和多参数的假设检验.本章主要介绍单参数的假设检验.在科学研究、日常工作甚至在生活中经常会对某一事情提出疑问,解决疑问的过程往往是先做一个和疑问相关的假设,然后在这个假设下寻找有关的证据.如果得到的证据是和假设相矛盾的,就否定这个假设;反之,则承认这个假设是正确的,这就是假设检验的基本思想.统计学家奈曼和卡尔·皮尔逊最先将这种假设检验的思想进行了公式化的描述.

8.1.1 基本概念

1. 统计假设

例 8.1 一台服从正态分布 $N(500,0.8)$ 的自动包装机在流水线上包装净重 500 g 的袋装白糖.现随机抽取该包装机包装的 9 袋白糖,测得净重(单位:g)如下:

499.12,499.48,499.25,499.53,500.82,499.11,498.52,500.01,498.87.

问能否认为该包装机正常工作?

解 包装机正常工作的情况下,白糖的袋重均值应该为 $\mu_0=500$ g,标准方差为 $\sigma^2=0.8$.将包装机包装的袋装白糖的净重量视为总体 X,则 $X\sim N(\mu,\sigma^2)$,以 X_i 表示第 i 袋糖的净重,则 $X_1,X_2,\cdots,X_9$ 可以看成来自总体 X 且容量为 9 的一个样本.如果包装机正常工作,则应该有袋装白糖重量的均值为 500 g 且总体的标准差是稳定的,即 $\sigma^2=0.8$.选择借助于样本来检验每袋白糖的重量的均值是否为 500 g 来判断机器是否正常工作.那么,提出假设

$$H_0:\mu=500,$$

称之为**零假设**或者**原假设**,与之对应的假设

$$H_1:\mu\neq 500,$$

称之为**备择假设**.这样就把问题转化成如何利用所抽查的样本来检验零假设 H_0 的真伪.自然我们会想到利用样本的均值 $\bar{x}$ 来推测总体的均值 μ,而现在总体的均

值 $\bar{x} \neq 500$，但是不能依此就立刻来简单地判断今天的生产不正常，还需要寻找一种检验法则来做进一步的判断．

2. 检验法则

在确定了待检假设以后，必须在 H_0 和 H_1 之间做出选择，并且对假设 H_0 的确定只有接受和拒绝两种选择．为此，必须设置一种合理的法则，根据这个法则利用已知样本观测值进行合理的判断．由于要检验的假设涉及总体的均值 μ，并且仅仅借助于样本的均值不能做出精确的判断．就需要寻找另外合适的包含更多所给信息的工具，直观上，当 H_0 为真时，样本观测值 $\bar{x}$ 与真实值 500 的差距 $|\bar{x}-500|$ 不应该大，而 $|\bar{x}-500|$ 的大小也可以借助于 $\dfrac{|\bar{x}-500|}{\sigma/\sqrt{n}}$ 的大小来衡量，这样不仅利用了总体均值的信息，也利用了总体方差的信息，显然得到的结果应该比仅利用均值信息得到的结果更可靠．如果设置一个门槛值 k，使得把样本的观察值代入 $\dfrac{|\bar{x}-500|}{\sigma/\sqrt{n}}$，得到的数值 $\dfrac{|\bar{x}-500|}{\sigma/\sqrt{n}} \geqslant k$ 就拒绝 H_0；反之，得到的数值 $\dfrac{|\bar{x}-500|}{\sigma/\sqrt{n}} < k$ 就接受 H_0．这样，就得到一个判断接受 H_0 还是拒绝 H_0 的检验法则，可以很好地来解决前面提到的问题．当然门槛值 k 的确定很关键．下面具体讨论这个问题．

3. 显著性水平，检验统计量，门槛值 k 的确定

由于所判断的依据只有一个样本，其采集的信息可能不是很全面，因此借助于一个样本信息进行检验我们通常会犯两类错误．在统计学中，常把 H_0 为真时否定 H_0 时所犯的错误称为第一类错误，在 H_0 为假时接受 H_0 时所犯的错误称为第二类错误．在统计推断时有以下 4 种情况可能会发生，具体为：

(1) H_0 为真，统计推断的结果拒绝 H_0，犯第一类错误；
(2) H_0 为假，统计推断的结果接受 H_0，犯第二类错误；
(3) H_0 为真，统计推断的结果接受 H_0，不犯错误；
(4) H_0 为假，统计推断的结果拒绝 H_0，不犯错误．

在统计推断正确的前提下，犯错误的原因是随机的，要减少犯错误的概率，只好增加观测数据或者在可能的情况下提高数据的质量，这相当于降低数据的样本方差．但是在假设检验中，犯第一类错误的概率是不可消除的，人们只希望将犯第一类错误的概率控制在一定的范围之内，比如可以给出数值 $\alpha(0<\alpha<1)$，称之为显著水平，使犯第一类错误的概率不超过 α，即

$$P\{当\ H_0\ 为真时拒绝\ H_0\} \leqslant \alpha,$$

也就是使

$$P\left\{H_0 \text{ 为真}, \frac{|\overline{X}-500|}{\sigma/\sqrt{n}} \geq k\right\} \leq \alpha,$$

为了便于求解,取其临界值,就是让犯第一类错误的概率取最大为 α,即

$$P\left\{H_0 \text{ 为真}, \frac{|\overline{X}-500|}{\sigma/\sqrt{n}} \geq k\right\} = \alpha,$$

由于 H_0 为真时,统计量 $\frac{\overline{X}-\mu}{\sigma/\sqrt{n}} \sim N(0,1)$,根据标准正态分布的双分位点的定义就可以求出 k 的值,这样就求出了一个门槛值 k 的大小为 $Z_{\alpha/2}$. 通常统计量 $\frac{\overline{X}-\mu}{\sigma/\sqrt{n}}$ 称为检验统计量. 若控制犯第一类错误的概率 α 比较小时,所抽取到的样本观测值 $\bar{x}$ 对应的样本统计量的观测值 $Z = \frac{|\bar{x}-\mu|}{\sigma/\sqrt{n}} \geq Z_{\alpha/2}$,说明小概率事件居然在一次检验中就发生了,而根据小概率事件的实际不可能原理,所以推测应该拒绝零假设 $H_0: \mu = 500$;相反,如果得到的样本统计量的观测值 $Z = \frac{|\bar{x}-\mu|}{\sigma/\sqrt{n}} < Z_{\alpha/2}$,则接受 H_0. 在实际应用中,为了控制犯错误的概率,通常把 α 取得比较小,如 α 为 0.005,0.01,0.05 等.

4. 接受域与拒绝域

检验统计量确定以后就可以得到一个区域,把该区域记为 $C_\alpha = \{z \mid |z| \geq Z_{\alpha/2}\}$,它是检验法则中当 H_0 为真时引起拒绝 H_0 的所有可能的检验观察值集合,称之为**拒绝域**. $\pm Z_{\alpha/2}$ 为拒绝域的边界点. 而该区域的余集 $\{z \mid |z| < Z_{\alpha/2}\}$ 称为**接受域**.

8.1.2 假设检验的步骤

通过上面的例子,把单参数的假设检验问题的一般步骤归纳如下:

(1) 利用样本构造仅含待检参数 θ 的一个检验统计量,它服从已知的确定的分布;

(2) 在给定的显著水平 α 下,求上述的检验统计量的上分位点或者双分位点,结合零假设 H_0,确定 H_0 的拒绝域 C_α,使得

$$P\{(X_1, X_2, \cdots, X_n) \in C_\alpha \mid H_0 \text{ 为真}\} \leq \alpha;$$

(3) 根据样本的实际观测值 $(x_1, x_2, \cdots, x_n)$,判断检验统计量的观测值是否属于拒绝域,若属于拒绝域 C_α,便拒绝零假设 H_0,接受备择假设 H_1;若不属于拒绝

域 C_α，便接受零假设 H_0.

在前面的例 8.1 中，如果取显著水平 $\alpha=0.05$，则得到检验的拒绝域为 $C=\{z||z|\geqslant U_{\alpha/2}\}=\{z||z|\geqslant 1.96\}$，把例 8.1 中的观测值代入检验统计量，得到检验统计量的观测值为

$$|z|=\frac{|499.412-500|}{\left|\sqrt{\frac{0.8}{9}}\right|}=1.97\in C_{0.05},$$

所以应该否定 H_0，即认为机器工作不正常.

因此，假设检验的关键步骤是针对原假设 H_0 确定拒绝域 C_α. 一旦确定了拒绝域 C_α，事实上也就给出了相应的判断标准. 需要注意的是，检验统计量的选择是一个关键，它一定要服从已知的分布；另外，显著水平 α 的选取也比较重要，对于同一个假设检验问题，由于显著水平的选取的不同而导致所得到的拒绝域不同，可能会对问题的最终结果产生影响. 这也在某种程度上说明了假设检验中显著水平所起到的作用，因为它在某种程度上衡量了事物的可信程度.

8.1.3 单边假设检验

在实际问题中，人们有时也关心总体的均值是否增大. 例如，试验新的生产工艺是否较原来的生产工艺提高了材料的强度，新的生产线是否较原来的生产线生产效率提高等. 这时，所考虑的总体的均值应该越大越好. 如果能够判断在新工艺下材料强度总体的均值较以往的大，则可以考虑采用新的生产工艺. 此时需要单边假设检验. 相应地，前面讨论的检验称之为双边检验. 单边检验可以根据所作假设的不同分为左边检验和右边检验.

一般地，设总体 $X\sim N(\mu,\sigma^2)$，σ 为已知，$X_1,X_2,\cdots,X_n$ 为来自总体的一个样本，给定显著水平 α，确定检验假设

$$H_0:\mu\leqslant\mu_0,\quad H_1:\mu>\mu_0$$

的拒绝域. 因为 H_0 中的全部 μ 都比 H_1 中的 μ 要小，当 H_1 为真时，观测值往往偏大，因此，拒绝域的形式应该为

$$\bar{x}\geqslant k,$$

k 为一门槛值，门槛值 k 的确定与双边检验的方法相同. 注意到当 H_0 为真时有 $\mu\leqslant\mu_0$，所以有

$$\left\{\frac{\overline{X}-\mu_0}{\sigma/\sqrt{n}}\geqslant\frac{k-\mu_0}{\sigma/\sqrt{n}}\right\}\subset\left\{\frac{\overline{X}-\mu}{\sigma/\sqrt{n}}\geqslant\frac{k-\mu_0}{\sigma/\sqrt{n}}\right\},$$

$$P\{H_0\text{ 为真时拒绝 }H_0\}=P\{\overline{X}\geqslant k,H_0\text{ 为真}\}$$

$$=P\left\{\frac{\overline{X}-\mu_0}{\sigma/\sqrt{n}}\geqslant\frac{k-\mu_0}{\sigma/\sqrt{n}},H_0\text{ 为真}\right\}\leqslant P\left\{\frac{\overline{X}-\mu}{\sigma/\sqrt{n}}\geqslant\frac{k-\mu_0}{\sigma/\sqrt{n}}\right\},$$

要使 $P\{H_0$ 为真时拒绝 $H_0\}\leqslant\alpha$，只要 $P\left\{\dfrac{\overline{X}-\mu}{\sigma/\sqrt{n}}\geqslant\dfrac{k-\mu_0}{\sigma/\sqrt{n}}\right\}=\alpha$ 即可，由标准正态分布的分位点的定义，得到 $\dfrac{k-\mu_0}{\sigma/\sqrt{n}}=Z_\alpha$，从而 $k=\mu_0+\dfrac{\sigma}{\sqrt{n}}Z_\alpha$，即得到的右边检验问题的拒绝域为

$$C_\alpha=\left\{\bar{x}\ \middle|\ \bar{x}\geqslant\mu_0+\dfrac{\sigma}{\sqrt{n}}Z_\alpha\right\}.$$

类似地，可以得到左边检验问题

$$H_0:\mu\geqslant\mu_0,\quad H_1:\mu<\mu_0$$

的拒绝域为

$$C_\alpha=\left\{\bar{x}\ \middle|\ \bar{x}<\mu_0-\dfrac{\sigma}{\sqrt{n}}Z_\alpha\right\}.$$

当然，左边检验和右边检验是根据其检验问题的形式命名的，而拒绝域的形式是根据备择检验 H_1 来确定的．

例 8.2 一种电子元件平均寿命不得低于 1 000 h，生产者从一批这种产品中随机抽取 25 件，测得其寿命的平均值为 950 h，已知该元件的寿命的平均值服从 $N(\mu,\sigma^2)$ 的标准正态分布，其中 $\sigma=100$，试在显著水平 $\alpha=0.05$ 下判定这批元件是否合格．

解 设总体的均值为 μ，μ 未知，检验假设

$$H_0:\mu\geqslant 1000,\quad H_1:\mu<1000.$$

选取检验统计量为 $Z=\dfrac{\overline{X}-\mu_0}{\sigma/\sqrt{n}}$，其中 $\mu_0=1\ 000$，对显著水平 $\alpha=0.05$，求得拒绝域为 $C_\alpha=\{z|z<-1.65\}$，检验观测值为 $z=-2.5\in C_\alpha$，因此，拒绝 H_0．即认为这批电子元件不合格．

8.2 正态总体均值的假设检验

利用 8.1 节所介绍的假设检验的基本思想和方法，本节分情况全面总结正态总体均值的假设检验问题．根据检验统计量的不同情形可以分为 Z 检验和 t 检验．

8.2.1 单个正态总体 $N(\mu,\sigma^2)$ 的均值 μ 的假设检验

1. 方差 σ^2 已知，关于均值 μ 的假设检验

根据 8.1 节的讨论，在方差 σ^2 已知，关于均值 μ 的检验问题可以归结为如下的定理．

定理 8.1 设总体 $X \sim N(\mu, \sigma^2)$,其中 σ 已知,选取检验统计量 $Z = \dfrac{\overline{X} - \mu_0}{\sigma/\sqrt{n}}$,在显著水平 α 下,有

(1) 双边检验问题 $H_0: \mu = \mu_0, H_1: \mu \neq \mu_0$ 的拒绝域为
$$|Z| = \frac{|\overline{X} - \mu_0|}{\sigma/\sqrt{n}} \geqslant Z_{\alpha/2};$$

(2) 右边检验问题 $H_0: \mu \leqslant \mu_0, H_1: \mu > \mu_0$ 的拒绝域为
$$Z = \frac{\overline{X} - \mu_0}{\sigma/\sqrt{n}} \geqslant Z_\alpha;$$

(3) 左边检验问题 $H_0: \mu \geqslant \mu_0, H_1: \mu < \mu_0$ 的拒绝域为
$$Z = \frac{\overline{X} - \mu_0}{\sigma/\sqrt{n}} \leqslant -Z_\alpha.$$

在 σ^2 已知,关于均值 μ 的检验中,都是利用统计量 $Z = \dfrac{\overline{X} - \mu}{\sigma/\sqrt{n}}$ 来确定拒绝域的,所以这种检验方法称为 Z 检验法.

2. 方差 σ^2 未知的情形

设 $X_1, X_2, \cdots, X_n$ 是来自总体 X 的一个样本,在 σ^2 未知的情况下,检验总体均值 μ 时,检验统计量就不能选取 $Z = \dfrac{\overline{X} - \mu}{\sigma/\sqrt{n}}$,因为统计量 Z 里面除了 μ 之外,还含有未知参数 σ.但是注意到样本方差 S^2 是总体方差 σ^2 的一个无偏估计,用 S 来代替 σ,可以得到另外一个检验统计量
$$t = \frac{\overline{X} - \mu_0}{S/\sqrt{n}}.$$

根据抽样分布的知识,统计量 $t \sim t(n-1)$,且不依赖于任何参数.根据假设检验的基本思想和方法,容易得到如下的定理.

定理 8.2 设总体 $X \sim N(\mu, \sigma^2)$,其中 μ, σ 均未知,选取检验统计量为
$$t = \frac{\overline{X} - \mu_0}{S/\sqrt{n}},$$

在给定的显著水平 α 下,有

(1) 双边检验问题 $H_0: \mu = \mu_0, H_1: \mu \neq \mu_0$ 的拒绝域为
$$|t| = \left|\frac{\overline{X} - \mu_0}{S/\sqrt{n}}\right| \geqslant t_{\alpha/2}(n-1);$$

8.2 正态总体均值的假设检验

(2) 右边检验问题 $H_0:\mu\leqslant\mu_0, H_1:\mu>\mu_0$ 的拒绝域为

$$t=\frac{\overline{X}-\mu_0}{S/\sqrt{n}}\geqslant t_\alpha(n-1);$$

(3) 左边检验问题 $H_0:\mu\geqslant\mu_0, H_1:\mu<\mu_0$ 的拒绝域为

$$t=\frac{\overline{X}-\mu_0}{S/\sqrt{n}}\leqslant -t_\alpha(n-1).$$

由于检验统计量 $t=\dfrac{\overline{X}-\mu_0}{S/\sqrt{n}}$ 服从自由度为 $n-1$ 的 t 分布,所以称这种确定拒绝域的假设检验方法为 t 检验法.

例 8.3 有一工厂生产一种灯管,已知灯管的寿命 $X\sim N(\mu,\sigma^2)$,其中 $\sigma=200$. 根据以往的经验,灯管的平均寿命不会超过 1 500 h,为了提高灯管的平均寿命,工厂采用了新的生产工艺. 为了进一步弄清楚新的工艺是否真正提高了灯管的平均寿命,他们测试了新工艺生产的 25 只灯管的寿命,其平均值为 1575 h. 试问:能否判定这是由于新工艺起了作用还是由于偶然因素造成的(显著水平 $\alpha=0.05$).

解 把上述的问题归结成假设检验问题

$$H_0:\mu\leqslant 1\ 500, \quad H_1:\mu>1\ 500,$$

利用右检验法来解释,其中 $\mu_0=1\ 500, \sigma=200, n=25, \alpha=0.05$,查表得到 $Z_\alpha=1.645$,样本观测值 $\overline{x}=1\ 575$,从而得到拒绝域为 $C_\alpha=(1.645,+\infty)$,而检验统计量的观测值为

$$Z=\frac{\overline{x}-\mu_0}{\sigma/\sqrt{n}}=\frac{1\ 575-1\ 500}{200}\times\sqrt{25}=1.875\in C_\alpha,$$

所以拒绝零假设,接受备择假设,即认为新工艺事实上提高了灯管的平均寿命.

例 8.4 某工厂生产了一批新型节能手机电池,其寿命 $X\sim N(\mu,\sigma^2)$ 其中 μ, σ^2 均未知,现从这批产品中随机抽取 16 只,测得其寿命为:

170,264,179,485,379,260,224,149,212,250,101,168,280,362,159,222.

问是否有理由认为这批电池的平均寿命大于 200 h(取显著水平 $\alpha=0.05$)?

解 上述问题利用假设检验来解释,提出假设

$$H_0:\mu\leqslant\mu_0=200, \quad H_1:\mu>\mu_0=200,$$

选择检验统计量为 t 检验,查表得到 $t_{0.05}(16-1)=1.753\ 1$,从而该问题的拒绝域为

$$t=\frac{\overline{X}-\mu_0}{S/\sqrt{n}}\geqslant t_\alpha(n-1)=1.753\ 1,$$

把观测值代入检验统计量,得到

$$t=\frac{\bar{x}-\mu_0}{S/\sqrt{n}}=1.681\ 4\notin C_{0.05},$$

所以接受假设 H_0,即认为这批电池的平均寿命不大于 200 h.

8.2.2 两个正态总体均值差的检验

1. 两正态总体的方差均为已知时,均值差的检验

在实践中许多实际问题需要在两个总体之间进行比较,很多情况下需要比较它们在不同的工艺或在不同的生产条件下产品品质的均值差异等问题. 这类问题常常可以转化为两正态总体均值差的检验. 下面讨论在两种情况下,两正态总体均值差的检验问题.

定理 8.3 设总体 $X\sim N(\mu_1,\sigma_1^2)$,$Y\sim N(\mu_2,\sigma_2^2)$,其中 σ_1,σ_2 为已知,则取

$$Z=\frac{\overline{X}-\overline{Y}-\delta}{\sqrt{\dfrac{\sigma_1^2}{n_1}+\dfrac{\sigma_2^2}{n_2}}},\quad \delta=\mu_1-\mu_2$$

为检验统计量,在给定的显著水平 α 下,有

(1) 双边检验问题 $H_0:\mu_1-\mu_2=\delta$,$H_1:\mu_1-\mu_2\neq\delta$ 的拒绝域为

$$|z|=\left|\frac{\bar{x}-\bar{y}-\delta}{\sqrt{\dfrac{\sigma_1^2}{n_1}+\dfrac{\sigma_2^2}{n_2}}}\right|\geqslant Z_{\alpha/2};$$

(2) 右边检验问题 $H_0:\mu_1-\mu_2\leqslant\delta$,$H_1:\mu_1-\mu_2>\delta$ 的拒绝域为

$$z=\frac{\bar{x}-\bar{y}-\delta}{\sqrt{\dfrac{\sigma_1^2}{n_1}+\dfrac{\sigma_2^2}{n_2}}}\geqslant Z_\alpha;$$

(3) 左边检验问题 $H_0:\mu_1-\mu_2\geqslant\delta$,$H_1:\mu_1-\mu_2<\delta$ 的拒绝域为

$$z=\frac{\bar{x}-\bar{y}-\delta}{\sqrt{\dfrac{\sigma_1^2}{n_1}+\dfrac{\sigma_2^2}{n_2}}}\leqslant -Z_\alpha.$$

2. 两正态总体均值与方差均未知时,均值差的检验

在实际问题中,常常遇到同方差但方差却未知的两正态总体均值差的检验问题,有以下的定理.

定理 8.4 设总体 $X\sim N(\mu_1,\sigma_1^2)$,$Y\sim N(\mu_2,\sigma_2^2)$,$\mu_1,\mu_2,\sigma^2$ 均未知,则取

$$t=\frac{\bar{x}-\bar{y}-\delta}{S_\omega\sqrt{\dfrac{1}{n_1}+\dfrac{1}{n_2}}},$$

8.2 正态总体均值的假设检验

其中 $S_\omega = \sqrt{\dfrac{(n_1-1)S_1^2+(n_2-1)S_2^2}{n_1+n_2-2}}$,在给定的显著水平 α 下,有

(1) 双边检验问题 $H_0:\mu_1-\mu_2=\delta, H_1:\mu_1-\mu_2\neq\delta$ 的拒绝域为
$$|t|\geqslant t_{\alpha/2}(n_1+n_2-2);$$

(2) 右边检验问题 $H_0:\mu_1-\mu_2\leqslant\delta, H_1:\mu_1-\mu_2>\delta$ 的拒绝域为
$$t\geqslant t_\alpha(n_1+n_2-2);$$

(3) 左边检验问题 $H_0:\mu_1-\mu_2\geqslant\delta, H_1:\mu_1-\mu_2<\delta$ 的拒绝域为
$$t\leqslant -t_\alpha(n_1+n_2-2).$$

在实际应用中,常用到的是取 $\delta=0$ 的情况.这是因为在实际的问题中,诸多因素使得我们不能知道总体的方差.但是,样本的均值和方差是可以得到的,所以对两个正态总体均值差的检验常用上面的 t 检验方法.

实际上,由上面的讨论过程知道,在能用 Z 检验法的问题中也可以用 t 检验方法.所以在实际问题中,具体用哪一种检验方法来检验,可以由实际问题来确定.

例 8.5 为了验证某冶金的新方法是否比标准的方法获得率高.先用标准方法炼一炉,然后用建议的新方法再炼一炉,交替进行,各炼得了 10 炉,获得率分别为

标准方法:71,72.4,76.2,74.3,77.4,74,76.0,75.5,76.7,77.3;

新方法:79.1,81.0,77.3,79.1,80.0,79.1,79.1,77.3,80.2,82.1.

设这两个样本相互独立,且分别来自正态总体 $N(\mu_1,\sigma^2), N(\mu_2,\sigma^2), \mu_1,\mu_2,\sigma^2$ 均未知,取显著水平 $\alpha=0.05$,问能否由此判断新方法比旧方法有明显改进?

解 把上述问题转化成检验假设
$$H_0:\mu_1-\mu_2\geqslant 0, \quad H_1:\mu_1-\mu_2<0,$$
分别求得标准方法和新方法下的样本均值和样本方差为
$$n_1=10, \quad \bar{x}=75.08, \quad S_1^2=4.537;$$
$$n_2=10, \quad \bar{y}=79.43, \quad S_2^2=2.223.$$
又 $S_\omega^2=3.380, t_{0.05}(18)=1.7341$,由上述的定理得到拒绝域为
$$t\leqslant -t_{0.05}(18)=-1.7341,$$
而样本的检验观测值为 -5.291 属于拒绝域,因此,拒绝 H_0 接受 H_1.

8.2.3 基于成对数据的检验

在生产中有时为了比较两种产品、两种仪器或者两种方法等的差异,常在相同的条件下做对比试验,得到一批成对的观察值,然后分析观察数据做出判断,这种方法称为逐对比较法.

定理 8.5 设有 n 对相互独立的观察结果 $(X_1,Y_1),(X_2,Y_2),\cdots,(X_n,Y_n)$，令 $D_1=X_1-Y_1,D_2=X_2-Y_2,\cdots,D_n=X_n-Y_n$，则认为 $D_1,D_2,\cdots,D_n$ 服从同一分布 $N(\mu_D,\sigma_D^2)$，其中 μ_D,σ_D^2 均未知，在显著水平 α 下，取检验统计量为

$$t=\frac{\overline{D}}{S/\sqrt{n}}.$$

（1）双边检验问题 $H_0:\mu_D=0, H_1:\mu_D\neq 0$ 的拒绝域为
$$|t|\geqslant t_{\alpha/2}(n-1);$$

（2）右边检验问题 $H_0:\mu_D\leqslant 0, H_1:\mu_D>0$ 的拒绝域为
$$t\geqslant t_\alpha(n-1);$$

（3）左边检验问题 $H_0:\mu_D\geqslant 0, H_1:\mu_D<0$ 的拒绝域为
$$t\leqslant -t_\alpha(n-1).$$

例 8.6 用两台仪器 I_x, I_y 来测量矿石中金元素的含量. 为了鉴定它们的测量结果有无显著的差异，准备了 9 件试块（它们取自不同地区，因此成分、金属含量、均匀性等均不相同），现分别用这两台仪器对每一块测试一次，得到 9 对观察值如表 8.1 所示（其中 x,y 分别指用 I_x, I_y 测得的金元素在矿石中的含量百分比，d 是指 x 与 y 的差）.

表 8.1

	1	2	3	4	5	6	7	8	9
$x/\%$	0.20	0.30	0.40	0.50	0.60	0.70	0.80	0.90	1.00
$y/\%$	0.10	0.21	0.52	0.32	0.78	0.59	0.68	0.77	0.89
$d/\%$	0.10	0.09	-0.12	0.18	-0.18	0.11	0.12	0.13	0.11

问能否认为这两台仪器的测量结果有显著的差异，取显著水平 $\alpha=0.01$.

解 由题意，检验假设
$$H_0:\mu_D=0, \quad H_1:\mu_D\neq 0,$$
其中 $n=9, t_{\alpha/2}(n-1)=t_{0.005}(8)=3.3554$，得到拒绝域为
$$|t|\geqslant 3.3554,$$
计算检验观察值，得到 $|t|=1.467$ 不属于拒绝域，故接受 H_0，即认为两台仪器的测量结果无显著差异.

8.3 正态总体方差的假设检验

对于正态总体而言，有两个重要的参数：均值 μ 和方差 σ^2. 8.2 节讨论了正态总体均值的假设检验问题，本节介绍正态总体方差的假设检验问题，即 χ^2 检验法和 F 检验法.

8.3 正态总体方差的假设检验

8.3.1 单个正态总体方差的检验

实践中,往往需要去推断诸如产品某特性的波动性、稳定性以及标准差等问题,这些问题都可以归结为单个总体方差的检验问题.

设总体 $X \sim N(\mu, \sigma^2)$,μ, σ^2 均未知,$X_1, X_2, \cdots, X_n$ 是取自总体 X 的一个样本,下面来讨论假设检验

$$H_0: \sigma^2 = \sigma_0^2, \quad H_1: \sigma^2 \neq \sigma_0^2$$

在显著水平 $\alpha(0 < \alpha < 1)$ 下的检验问题(其中 σ_0 为正常数).

由于 S^2 是 σ^2 的无偏估计,当 H_0 为真时,观察值 s^2 应该和 σ_0^2 相差不大,它们的商应该在 1 附近摆动,而不应该过分大于 1 或者小于 1. 当 H_0 为真时,有

$$\frac{(n-1)S^2}{\sigma_0^2} \sim \chi^2(n-1),$$

此分布已知且不含任何未知参数,因此选取检验统计量为

$$\chi^2 = \frac{(n-1)S^2}{\sigma_0^2},$$

这样检验问题的拒绝域的形式应该为

$$\frac{(n-1)S^2}{\sigma_0^2} \leqslant k_1 \quad \text{或} \quad \frac{(n-1)S^2}{\sigma_0^2} \geqslant k_2,$$

其中 $0 < k_1 < k_2$,下面来计算 k_1, k_2.

$$P\{H_0 \text{ 为真时拒绝 } H_0\} = P\left\{\left(\frac{(n-1)S^2}{\sigma_0^2} \leqslant k_1\right) \cup \left(\frac{(n-1)S^2}{\sigma_0^2} \geqslant k_2\right), \sigma^2 = \sigma_0^2\right\} = \alpha,$$

为方便起见,一般取

$$P\left\{\frac{(n-1)S^2}{\sigma_0^2} \leqslant k_1, \sigma^2 = \sigma_0^2\right\} = P\left\{\frac{(n-1)S^2}{\sigma_0^2} \geqslant k_2, \sigma^2 = \sigma_0^2\right\} = \frac{\alpha}{2},$$

由 χ^2 分布的分位点的知识,得到

$$k_1 = \chi_{1-\alpha/2}^2(n-1), \quad k_2 = \chi_{\alpha/2}^2(n-1),$$

于是得到双边检验问题的拒绝域的形式为

$$\left\{\chi^2 \middle| \chi^2 = \frac{(n-1)S^2}{\sigma_0^2} \leqslant \chi_{1-\alpha/2}^2(n-1)\right\} \text{或者} \left\{\chi^2 \middle| \chi^2 = \frac{(n-1)S^2}{\sigma_0^2} \geqslant \chi_{\alpha/2}^2(n-1)\right\}.$$

下面讨论在显著水平为 α 时单边假设检验问题

$$H_0: \sigma^2 \leqslant \sigma_0^2, \quad H_1: \sigma^2 > \sigma_0^2$$

拒绝域的确定.因为 H_0 中的全部 σ 都比 H_1 中的 σ 要小,加上拒绝域由备择假设来确定,当 H_1 为真时,S^2 的观察值 s^2 往往偏大,因此用 s^2 来描述拒绝域的形式应该为

$$s^2 \geqslant k,$$

其中 k 为大于 0 的常数,下面来计算常数 k.

当 H_0 为真时,总体的方差 σ^2 满足 $\sigma^2 \leqslant \sigma_0^2$,所以有
$$\frac{(n-1)S^2}{\sigma_0^2} \leqslant \frac{(n-1)S^2}{\sigma^2}$$
成立,因此
$$\left\{\frac{(n-1)S^2}{\sigma^2} \geqslant \frac{(n-1)k}{\sigma_0^2}\right\} \subset \left\{\frac{(n-1)S^2}{\sigma_0^2} \geqslant \frac{(n-1)k}{\sigma_0^2}\right\},$$
从而有
$$P\{H_0 \text{ 真时却拒绝 } H_0\} = P\{S^2 \geqslant k, \sigma^2 \leqslant \sigma_0^2\}$$
$$= P\left\{\frac{(n-1)S^2}{\sigma^2} \geqslant \frac{(n-1)k}{\sigma_0^2}, \sigma^2 \leqslant \sigma_0^2\right\}$$
$$\leqslant P\left\{\frac{(n-1)S^2}{\sigma_0^2} \geqslant \frac{(n-1)k}{\sigma_0^2}, \sigma^2 \leqslant \sigma_0^2\right\},$$
即
$$P\{H_0 \text{ 为真时却拒绝 } H_0\} \leqslant \alpha,$$
取临界值
$$P\left\{\frac{(n-1)S^2}{\sigma^2} \geqslant \frac{(n-1)S^2}{\sigma_0^2}, \sigma^2 \leqslant \sigma_0^2\right\} = \alpha.$$
虽然这里的方差 σ^2 未知,但是仍然有 $\dfrac{(n-1)S^2}{\sigma^2} \sim \chi_\alpha^2(n-1)$. 由上面推导可知,要使上式成立,不妨取以下条件成立
$$P\{H_0 \text{ 为真时却拒绝 } H_0\} = P\left\{\frac{(n-1)S^2}{\sigma_0^2} \geqslant \chi_\alpha^2(n-1), \sigma^2 \leqslant \sigma_0^2\right\}$$
$$= \alpha,$$
所以,拒绝域为
$$\chi^2 = \frac{(n-1)S^2}{\sigma_0^2} \geqslant \chi_\alpha^2(n-1).$$
类似地,可以得到左边检验问题
$$H_0: \sigma^2 \geqslant \sigma_0^2, \quad H_1: \sigma^2 < \sigma_0^2$$
在显著水平 α 下的拒绝域为
$$\chi^2 = \frac{(n-1)S^2}{\sigma_0^2} \leqslant \chi_{1-\alpha}^2(n-1).$$
综上所述,可以得到如下关于单个正态总体方差的检验定理.

定理 8.6 设总体 $X \sim N(\mu, \sigma^2)$,μ, σ 均未知,取检验统计量为
$$\chi^2 = \frac{(n-1)S^2}{\sigma_0^2},$$

在显著水平 α 下,有

(1) 双边假设检验 $H_0:\sigma^2=\sigma_0^2$, $H_1:\sigma^2\neq\sigma_0^2$ 的拒绝域为

$$\left\{\chi^2\left|\chi^2=\frac{(n-1)S^2}{\sigma_0^2}\leqslant\chi_{1-\alpha/2}^2(n-1)\right.\right\} \text{ 或 } \left\{\chi^2\left|\chi^2=\frac{(n-1)S^2}{\sigma_0^2}\geqslant\chi_{\alpha/2}^2(n-1)\right.\right\};$$

(2) 右边假设检验 $H_0:\sigma^2\leqslant\sigma_0^2$, $H_1:\sigma^2>\sigma_0^2$ 的拒绝域为

$$\left\{\chi^2\left|\chi^2=\frac{(n-1)S^2}{\sigma_0^2}\geqslant\chi_\alpha^2(n-1)\right.\right\};$$

(3) 左边假设检验 $H_0:\sigma^2\geqslant\sigma_0^2$, $H_1:\sigma^2<\sigma_0^2$ 的拒绝域为

$$\left\{\chi^2\left|\chi^2=\frac{(n-1)S^2}{\sigma_0^2}\leqslant\chi_{1-\alpha}^2(n-1)\right.\right\}.$$

以上检验的拒绝域都是由 χ^2 分布来确定的,因此上述的检验方法也称为 χ^2 检验法.

例 8.7 某工厂生产金属丝,产品的检验指标为折断力.折断力的方差被用作工厂生产精度的表示,方差越小,表明精度越高.以往工厂一直把方差保持在 64 以下.最近从一批产品中抽出 10 根做折断力试验,测得的结果如下(单位:kg):

$$578,572,570,568,572,570,572,596,584,570.$$

请根据样本判断生产过程是否正常,显著水平 $\alpha=0.05$.

解 把上述的问题归结为假设检验问题

$$H_0:\sigma^2\leqslant 64, \quad H_1:\sigma^2>64,$$

利用 χ^2 检验的右检验法,把观测数据代入,在显著水平 $\alpha=0.05$ 下,求得拒绝域为

$$\chi^2\geqslant\chi_{0.05}^2(10-1)=16.919,$$

把观测数据代入,得到检验观测值为

$$\chi^2=10.65\leqslant 16.919,$$

不属于拒绝域,所以应该接受假设 H_0,即认为生产过程正常,测得样本的样本方差偏大属于偶然因素.

8.3.2 两个正态总体方差的检验

在实践中,有时也需要推断两样产品某特性的波动性、稳定性以及标准差等问题,这些问题可以归结为双正态总体的方差的假设检验问题.

设 $X_1,X_2,\cdots,X_{n_1}$ 为来自总体 $X\sim N(\mu_1,\sigma_1^2)$ 的一个样本,$Y_1,Y_2,\cdots,Y_{n_2}$ 为来自总体 $Y\sim N(\mu_2,\sigma_2^2)$ 的样本,且两样本独立.参数 $\mu_1,\mu_2,\sigma_1^2,\sigma_2^2$ 均未知.在显著水平 α 下检验双边假设

$$H_0:\sigma_1^2=\sigma_2^2, \quad H_1:\sigma_1^2\neq\sigma_2^2.$$

由于样本方差 S_1^2,S_2^2 分别是总体方差 σ_1^2,σ_2^2 的无偏估计,因此,当 H_0 为真时,应该

有 $E(S_1^2)=\sigma_1^2=\sigma_2^2=E(S_2^2)$，从而 $\dfrac{S_1^2}{S_2^2}$ 在 1 附近有波动的趋势. 由抽样分布的知识，有

$$F=\frac{S_1^2}{S_2^2}=\frac{S_1^2/\sigma_1^2}{S_2^2/\sigma_2^2}\sim F(n_1-1,n_2-1),$$

因此，取检验统计量为 $F=\dfrac{S_1^2}{S_2^2}$，这样，拒绝域应该具有形式为

$$\left\{F\bigg|F=\frac{S_1^2}{S_2^2}\leqslant k_1\right\}\cup\left\{F\bigg|F=\frac{S_1^2}{S_2^2}\geqslant k_2\right\},$$

其中 $0<k_1<k_2$，下面来计算 k_1,k_2.

$$P\{H_0\text{ 为真时拒绝 }H_0\}=P\left\{\left(\frac{S_1^2}{S_2^2}\leqslant k_1\right)\cup\left(\frac{S_1^2}{S_2^2}\geqslant k_2\right),\sigma_1^2=\sigma_2^2\right\}=\alpha,$$

习惯上，取

$$P\left\{\frac{S_1^2}{S_2^2}\leqslant k_1,\sigma_1^2=\sigma_2^2\right\}=\frac{\alpha}{2},\quad P\left\{\frac{S_1^2}{S_2^2}\geqslant k_2,\sigma_1^2=\sigma_2^2\right\}=\frac{\alpha}{2},$$

由此可以求得

$$k_1=F_{1-\alpha/2}(n_1-1,n_2-1),\qquad k_2=F_{\alpha/2}(n_1-1,n_2-1),$$

即得到拒绝域为

$$F=\{F|F\leqslant F_{1-\frac{\alpha}{2}}(n_1-1,n_2-1)\}\text{ 或 }F=\{F|F\geqslant F_{\frac{\alpha}{2}}(n_1-1,n_2-1)\}.$$

在显著水平 α 下，检验右边假设

$$H_0:\sigma_1^2\leqslant\sigma_2^2,\qquad H_1:\sigma_1^2>\sigma_2^2.$$

当 H_0 为真时，$F=\dfrac{S_1^2}{S_2^2}$ 有偏小的趋势，因此拒绝域的形式为

$$\frac{S_1^2}{S_2^2}\geqslant k,$$

下面来确定常数 k，因为当 H_0 为真时，有 $\sigma_1^2\leqslant\sigma_2^2$，所以，

$$\left\{\frac{S_1^2}{S_2^2}\geqslant k\right\}\subset\left\{\frac{S_1^2/\sigma_1^2}{S_2^2/\sigma_2^2}\geqslant k\right\},$$

从而

$$P\{H_0\text{ 真时却拒绝 }H_0\}=P\left\{\frac{S_1^2}{S_2^2}\geqslant k,\sigma_1^2\leqslant\sigma_2^2\right\}\leqslant P\left\{\frac{S_1^2/\sigma_1^2}{S_2^2/\sigma_2^2}\geqslant k,\sigma_1^2\leqslant\sigma_2^2\right\},$$

要使

$$P\{H_0\text{ 为真时却拒绝 }H_0\}=\alpha,$$

只要

$$P\left\{\frac{S_1^2/\sigma_1^2}{S_2^2/\sigma_2^2}\geqslant k,\sigma_1^2\leqslant\sigma_2^2\right\}=\alpha.$$

8.3 正态总体方差的假设检验

由于 $\dfrac{S_1^2/\sigma_1^2}{S_2^2/\sigma_2^2} \sim F(n_1-1, n_2-1)$,所以

$$k = F_\alpha(n_1-1, n_2-1),$$

即得到拒绝域为

$$F \geqslant F_\alpha(n_1-1, n_2-1).$$

类似地,可以得到左边检验问题 $H_0: \sigma_1^2 \geqslant \sigma_2^2, H_1: \sigma_1^2 < \sigma_2^2$ 的拒绝域为

$$F \leqslant F_{1-\alpha}(n_1-1, n_2-1).$$

综上所述,归纳如下:

定理 8.7 设 $X_1, X_2, \cdots, X_{n_1}$ 为来自正态总体 $X \sim N(\mu_1, \sigma_1^2)$ 的一个样本,$Y_1, Y_2, \cdots Y_{n_2}$ 是来自正态总体 $Y \sim N(\mu_2, \sigma_2^2)$ 的一个样本,且两个样本相互独立,其中的参数 $\mu_1, \mu_2, \sigma_1^2, \sigma_2^2$ 均未知,取检验统计量为 $F = \dfrac{S_1^2}{S_2^2}$,在显著水平 α 下,有

(1) 双边检验问题 $H_0: \sigma_1^2 = \sigma_2^2, H_1: \sigma_1^2 \neq \sigma_2^2$ 的拒绝域为

$$\left\{ F \,\Big|\, F = \dfrac{S_1^2}{S_2^2} \leqslant F_{1-\alpha/2}(n_1-1, n_2-1) \right\} \text{或} \left\{ F \,\Big|\, F = \dfrac{S_1^2}{S_2^2} \geqslant F_{\alpha/2}(n_1-1, n_2-1) \right\};$$

(2) 右边检验问题 $H_0: \sigma_1^2 \leqslant \sigma_2^2, H_1: \sigma_1^2 > \sigma_2^2$ 的拒绝域为

$$\left\{ F \,\Big|\, F = \dfrac{S_1^2}{S_2^2} \geqslant F_\alpha(n_1-1, n_2-1) \right\};$$

(3) 左边检验问题 $H_0: \sigma_1^2 \geqslant \sigma_2^2, H_1: \sigma_1^2 < \sigma_2^2$ 的拒绝域为

$$\left\{ F \,\Big|\, F = \dfrac{S_1^2}{S_2^2} \leqslant F_{1-\alpha}(n_1-1, n_2-1) \right\}.$$

由于上面求拒绝域是用 F 分布来确定的,所以上述的检验方法也称为 F 检验.

例 8.8 有两台机床生产同一型号的滚珠,根据已有经验知道,这两台机床生产的滚珠的直径都服从正态分布. 现分别从两台机床生产的滚珠中抽取 7 个和 9 个滚珠,测得直径(单位:mm)如下:

机床甲:15.2,14.5,15.5,14.8,15.1,15.6,14.7;

机床乙:15.2,15.0,14.8,15.2,15.0,14.9,15.1,14.8,15.3.

试问机床乙生产的滚珠直径的方差是否比机床甲生产的滚珠直径的方差小,取显著水平为 $\alpha = 0.05$.

解 以 X 和 Y 分别表示机床甲和机床乙所生产的滚珠的直径,且

$$X \sim N(\mu_1, \sigma_1^2), \quad Y \sim N(\mu_2, \sigma_2^2),$$

所以本题可以归结为双正态总体右检验法的假设检验问题. 假设 $H_0: \sigma_1^2 \leqslant \sigma_2^2$, $H_1: \sigma_1^2 > \sigma_2^2$,利用 F 检验法,求得拒绝域为

$$\left\{F \,\bigg|\, F=\frac{S_1^2}{S_2^2} \geqslant F_\alpha(n_1-1, n_2-1)\right\} = \{F \,|\, F \geqslant 3.58\},$$

把本题的观测数据代入,得到

$n_1=7, n_2=9, \bar{x}=15.057, S_1^2=0.174\,5, \bar{y}=15.033, S_2^2=0.043\,8, F_{0.05}(6,8)=3.58.$
于是

$$F=\frac{S_1^2}{S_2^2}=3.984.$$

因此,检验统计量的观测值属于拒绝域,故认为拒绝 H_0,所以认为机床乙生产的滚珠直径的方差明显比机床甲生产的滚珠直径的方差小.

8.4 总体分布函数的检验

前面几节主要讨论了正态分布总体参数检验中的单参数的假设检验. 实际应用中,对于正态分布总体的多参数的假设检验也可以借助于上面的方法进行. 它们都是在总体的分布形式已知的情形下进行的检验. 但在实际的问题中,很多总体的分布形式往往是未知的,这个时候就需要根据样本对总体所服从的分布类型作出初步的推断并对总体的分布形式提出假设,然后检验这个假设是否合适,这就是关于总体分布函数的假设检验问题,它是属于非参数检验中的一种检验方法. 作为一个介绍,下面给出关于总体分布函数的假设检验中的 χ^2 拟合优度检验法,也称为 χ^2 检验法.(注意和前面 χ^2 检验法的区别.)

χ^2 检验法是一种检验经验分布与总体分布是否吻合的非参数检验方法,它不仅仅局限于检验总体是否服从正态分布,也可用来检验总体是否服从一个预先给定的分布. χ^2 检验的基本方法是将样本观察值分组,然后计算各组的理论频数 np_i 与实测频数 f_i 之差来判断样本分布是否符合某个理论分布. 问题的一般提法如下:

设 $X_1, X_2, \cdots, X_n$ 是来自未知总体 X 的一个样本,检验假设

H_0:总体 X 的分布函数 $F(x)=F_0(x)$;

H_1:总体 X 的分布函数 $F(x) \neq F_0(x)$,

其中 $F_0(x)$ 是某个给定的分布函数. 一般情况下,若 H_0 为真,则实测频数与理论频数的差异不太显著;若 H_0 为假,则差异就很显著. 检验的具体的做法就是:选择一个合适的检验统计量,利用各组实测频数与理论频数的差异,构成一个符合 χ^2 分布的统计量,并用此统计量来进行检验零假设. 但是,需要注意的是,使用此法时一般要求样本容量 n 比较大.

χ^2 检验的一般步骤为

8.4 总体分布函数的检验

(1) 构造服从已知的确定分布的统计量

$$\chi^2 = \sum_{i=1}^{r} \frac{(N_i - np_i)^2}{np_i},$$

其中 N_i 是每组的频数，p_i 是频率.

严格地说，上述的样本函数由于包含了待检验的 r 个未知参数，从而不是严格意义下的检验统计量. 该统计量是由卡尔·皮尔逊在前人的工作的基础上得到的，所以统计学文献上习惯地将其称为 χ^2 统计量. 实际上，上述的样本统计量本身并不服从 χ^2 分布，但是卡尔·皮尔逊证明了其极限分布为自由度为 $r-1$ 的 χ^2 分布.

(2) 在给定的显著水平 α 下，利用 χ^2 分布的上分位点的定义确定假设检验的拒绝域.

(3) 根据样本观测值来对实际问题进行检验，得出结论.

例 8.9 在某试验中，每隔一定的时间观察一次由某种铀所放射的到达计数器上的 α 粒子的数量 X，共观察了 100 次，得到的结果如表 8.2 所示.

表 8.2

i	0	1	2	3	4	5	6	7	8	9	10	11	$\geqslant 12$
f_i	1	5	16	17	26	11	9	9	2	1	2	1	0
A_i	A_0	A_1	A_2	A_3	A_4	A_5	A_6	A_7	A_8	A_9	A_{10}	A_{11}	A_{12}

表中 f_i 是观察到有 i 个 α 粒子的次数，i 表示粒子数量. 理论上 X 应该服从泊松分布.

$$P\{X=i\} = \frac{e^{-\lambda}\lambda^i}{i!}, \quad i=0,1,2,\cdots,$$

试问上述的理论分布是否符合实际？取显著水平 $\alpha=0.05$.

解 根据题意，在显著水平 $\alpha=0.05$ 下，检验假设

H_0：总体 X 服从参数为 λ 的泊松分布 $P\{X=i\} = \dfrac{e^{-\lambda}\lambda^i}{i!}, i=0,1,2,\cdots$；

H_1：总体 X 不服从泊松参数为 λ 的分布 $P\{X=i\} = \dfrac{e^{-\lambda}\lambda^i}{i!}, i=0,1,2,\cdots$.

因为在 H_0 中参数 λ 未具体给出，故须先估计 λ 的值. 由极大似然估计法估计得到 $\hat{\lambda}=\overline{X}=4.2$. 依照表 8.2 中给出的数据，将其分为两两不相容的事件 A_0，$A_1,\cdots,A_{12}$，则其分布律的估计为

$$\hat{p}_i = \hat{P}(X=i) = \frac{e^{-4.2} \cdot 2^i}{i!}, \quad i=0,1,2,\cdots,$$

例如

$$\hat{p}_0 = \hat{P}(X=0) = e^{-4.2} \approx 0.015,$$

$$\hat{p}_3 = \hat{P}(X=3) = \frac{e^{-4.2} 4 \cdot 2^3}{3!} \approx 0.185,$$

$$\hat{p}_{12} = \hat{P}(X \geqslant 12) = 1 - \sum_{i=0}^{11} \bar{p}_i = \frac{e^{-4.2} 4.2^{12}}{12!} \approx 0.002.$$

计算结果如表 8.3 所示,其中有些 $n\hat{p}_i < 5$ 的组予以适当合并,使得每组均有 $n\hat{p}_i \geqslant 5$,如表 8.3 中第 4 列花括号所示. 此外,并组后 $k=8$,但是,因为在计算概率时,估计了一个参数 λ,故 χ^2 的自由度为 $8-1-1=6$,因此

$$\chi^2(k-r-1) = \chi^2_{0.05}(6) = 12.592 > 6.2815,$$

故在显著水平 $\alpha=0.05$ 下接受假设 H_0. 即认为样本来自泊松分布总体的理论是符合实际的.

表 8.3

A_i	f_i	$\hat{p}_i$	$n\hat{p}_i$	$f_i - n\hat{p}_i$	$(f_i - n\hat{p}_i)^2/n\hat{p}_i$
A_0	1	0.015	1.5 ⎫	−1.8	0.415
A_1	5	0.063	6.3 ⎭		
A_2	16	0.132	13.2	2.8	0.594
A_3	17	0.185	18.5	−1.5	0.122
A_4	26	0.194	19.4	6.6	2.245
A_5	11	0.163	16.3	−5.3	1.723
A_6	9	0.114	11.4	−2.4	0.505
A_7	9	0.069	6.9	2.1	0.639
A_8	2	0.036	3.6 ⎫		
A_9	1	0.017	1.7 ⎪		
A_{10}	2	0.007	0.7 ⎬	−0.5	0.0385
A_{11}	1	0.003	0.3 ⎪		
A_{12}	0	0.002	0.2 ⎭		
$\sum$					6.2815

例 8.10 设总体 X 的样本观测值如下,问总体 X 是否服从正态分布(取显著水平 $\alpha=0.1$)?

141, 1468, 132, 138, 154, 142, 150, 146, 155, 158,
150, 140, 147, 148, 144, 150, 149, 145, 149, 158,
143, 141, 144, 144, 126, 140, 144, 142, 141, 140,
145, 135, 147, 146, 141, 136, 140, 146, 142, 137,
148, 154, 137, 139, 143, 140, 131, 143, 141, 149,
148, 135, 148, 152, 143, 144, 141, 143, 147, 146,

150, 132, 142, 142, 143, 153, 149, 146, 149, 138, 142, 149, 142, 137, 134, 144, 146, 147, 140, 142, 140, 137, 152, 145.

解 依题意需检验的假设为

H_0：总体 X 的概率密度为 $f(x) = \dfrac{1}{\sqrt{2\pi}\sigma} e^{-\frac{(x-\mu)^2}{2\sigma^2}}, -\infty < x < \infty$;

H_1：总体 X 的概率密度不是上述的 $f(x)$.

因为总体的参数 μ, σ^2 均未知，故需要先用极大似然的方法估计它们的值，分别得到估计值 $\hat{\mu} = \overline{X} = 143.8, \hat{\sigma}^2 = S^2 = 6.0^2$. 现将 X 可能的取值区间 $(-\infty, +\infty)$ 分为 7 个小区间，将实测频数与累积频率列表计算，见表 8.4.

表 8.4

组限	频数 f_i	频率 f_i/n	累积频率
124.5~129.5	1	0.011 9	0.011 9
129.5~134.5	4	0.047 6	0.059 5
134.5~139.5	10	0.119 1	0.178 6
139.5~144.5	33	0.392 9	0.571 5
144.5~149.5	24	0.285 7	0.857 2
149.5~154.5	9	0.107 1	0.964 3
154.5~159.5	3	0.035 7	1

若 H_0 为真，可以认为 X 的概率密度近似为

$$\hat{f}(x) = \dfrac{1}{\sqrt{2\pi} \times 6} e^{-\frac{(x-143.8)^2}{2 \times 6^2}}, \quad -\infty < x < \infty,$$

按照上式并查标准正态分布表即可以得到各个 p_i 的估计值 $\hat{p}_i$，例如

$$\hat{p}_2 = \hat{P}\{129.5 < X \leqslant 134.5\} = \Phi(-1.55) - \Phi(-2.38) = 0.051\ 9,$$

将计算结果列出见表 8.5.

表 8.5

A_i	f_i	$\hat{p}_i$	$n\hat{p}_i$	$f_i - n\hat{p}_i$	$(f_i - n\hat{p}_i)^2/n\hat{p}_i$
$A_1: x < 129.5$	1	0.008 7	0.73 ⎫	−0.09	0.00
$A_2: 129.5 \leqslant x < 134.5$	4	0.051 9	4.36 ⎭		
$A_3: 134.5 \leqslant x < 139.5$	10	0.175 2	14.72	−4.72	1.51
$A_4: 139.5 \leqslant x < 144.5$	33	0.312 0	26.21	6.79	1.76

续表

A_i	f_i	$\hat{p}_i$	$n\hat{p}_i$	$f_i-n\hat{p}_i$	$(f_i-n\hat{p}_i)^2/n\hat{p}_i$
$A_5:144.5\leqslant x<149.5$	24	0.2611	23.61	0.39	0.01
$A_6:149.5\leqslant x<154.5$	9	0.1336	11.22	-2.37	0.39
$A_7:154.5\leqslant x<\infty$	3	0.0375	3.15		
$\sum$					3.67

因为估计了两个参数，r 取 2，计算并查表，有
$$\chi_{0.1}^2(k-r-1)=\chi_{0.1}^2(5-2-1)=\chi_{0.1}^2(2)=4.605>3.67,$$
所以，在显著水平 $\alpha=0.1$ 下接受假设 H_0，即认为总体 $X\sim N(143.8,6^2)$ 的正态分布.

【相关阅读】

数理统计的奠基人——卡尔·皮尔逊

卡尔·皮尔逊是英国应用数学家、生物统计学家，是近代数理统计的奠基人之一。他生于伦敦，卒于萨里，1875 年进入剑桥大学学习，毕业后又到德国的海德堡大学、柏林大学继续深造。他于 1884 年任伦敦大学数学与力学教授，1911 年任著名的高尔登(Galton)实验室教授。

卡尔·皮尔逊是数理统计的开创者之一。统计学上的一些术语，如"总体"、"众数"、"标准差"、"变差系数"等都出自卡尔·皮尔逊，他在统计学上的主要贡献是：

(1) 1895 年，卡尔·皮尔逊提出了频率曲线的理论。他由经验得出了频率分布的一般性质，并通过一个常微分方程来描述，通过解这个常微分方程可以导出 13 种曲线形式。

(2) 1900 年，卡尔·皮尔逊提出了我们在前面讲到的 χ^2 分布。这是一种很有用的方法，它在假设检验中占有很重要的地位。他在 1896 年发表了《回归、遗传与随机交配》的论文，导出了乘积动差相关系数公式及其两种等价公式，提出了计算方法。还以 3 个变量为例，阐述了一般相关理论。他还进一步发展了回归与相关理论，成功地创建了生物统计学，提出了样本总体的概念。所以，他也是生物统计学的创始人之一。

(3) 1894 年，卡尔·皮尔逊提出了矩法估计。这是常用的 3 个点估计方法之一。他在 1900 年提出了检验拟合优度的 χ^2 统计量，并证明了若 n 充分大，且当 H_0 为真时，统计量 χ^2 总是近似地服从自由度为 $k-r-1$ 的 χ^2 的分布，其中 r 是被估

计的参数的个数.非参数的χ^2检验在使用的时候要求n要足够大以及np_i也不能太小(一般要大于等于5).在实践中,也要求样本容量n至少要大于50.所以事实上卡尔·皮尔逊开创了大样本统计的先驱性工作.大样本统计的发展依赖于概率论的极限理论,它在一定程度上已经构成了概率论的一个重要部分.

另外,卡尔·皮尔逊还建立了世界上第一个数理统计的实验室,吸引了世界上一大批训练有素的数理统计学家到这个中心实验室来做研究工作.培养了一大批数理统计学家,推动了这个学科的发展.特别值得一提的是,卡尔·皮尔逊在1900年创办了《生物统计学杂志》,对推动数理统计学科的发展,产生了十分深远的影响.1934年他编写的《不完全β函数表》也具有较大的实用价值,是对统计学的又一重要贡献.

习 题 8
(A)

1. 叙述假设检验的基本思想,并以标准正态总体均值μ的检验为例来具体说明.

2. 某学校某年级有一次考试的成绩分布服从正态分布.现从中随机抽取36名考生的成绩,算得平均成绩为65.5分,且已知总体的标准差为15分,问在显著水平分别为$\alpha=0.05,\alpha=0.10$的条件下,能否认为这次考试全体考生的平均成绩为70分?

3. 现研制出一种新的药品,但是其有副作用,可以使得服用者的血压升高.已知血压的增高数服从均值为22的正态分布.现在对研制的该种新药进行测试,有10名服用该种新药的病人,其血压增高的数据如下:

$$18,27,23,15,18,15,18,20,17,8,$$

问在显著水平$\alpha=0.05$下,能否认为新药的副作用小?

4. 随机地从A批导线中抽取9根,又从B批导线中抽取8根,测得电阻值为如下数据(单位:欧姆):

A批导线:0.142,0.143,0.145,0.137,0.144,0.139,0.140,0.141,0.135;

B批导线:0.140,0.142,0.136,0.138,0.138,0.140,0.143,0.144.

设测定的数据分别来自正态总体$N(\mu_1,\sigma^2),N(\mu_2,\sigma^2)$,且两样本相互独立,参数$\mu_1,\mu_2,\sigma$均未知,问在显著水平$\alpha=0.05$下,能否确定这两批导线的电阻值无显著差异?

5. 为研究某汽车轮胎的磨损特性,随机地选择16只轮胎,每只轮胎行驶到磨坏为止,记录所行驶的路程(单位:km)如下:

41 250,40 187,43 175,41 010,39 265,41 872,42 654,41 287,38 970,40 200,42 550,41 095,40 680,43 500,39 775,40 400.

假设这些数据来自正态总体$N(\mu,\sigma^2)$,其中参数μ,σ^2未知,在显著水平$\alpha=0.05$下,问能否认为这批轮胎到磨坏时所行驶的平均路程不低于 41 000 km?

6. 某一橡胶配方中,原用氧化锌 5 g,现减为 1 g,今分别对两种配方做一试验,分别测得如下的橡胶伸长率:

氧化锌 1 g:565,577,580,575,556,542,560,532,470,461;

氧化锌 5 g:540,533,525,520,545,531,541,529,534.

假设橡胶由于加入氧化锌而引起的伸长率服从正态分布,问这两种配方使得橡胶的伸长率的总体的方差在显著水平为 $\alpha=0.10$ 下有无显著差异?

7. 等离子电视机的使用寿命服从正态分布 $N(\mu,\sigma^2)$,其中 σ^2 为未知参数. 在产品的试制阶段,产品的平均寿命未达到新标准 μ_0. 采用新技术后,厂方声称产品已经达到新的标准 $\mu \geqslant \mu_0$. 为确认产品是否已经达到标准,试验人员采用保守的方法进行试验,问应该采用下面的哪一种检验方案,说明理由.

(1) $H_0:\mu \leqslant \mu_0, H_1:\mu > \mu_0$;

(2) $H_0:\mu \geqslant \mu_0, H_1:\mu < \mu_0$.

8. 叙述非参数的 χ^2 检验的基本思想以及基本步骤.

9. 设 $X_1,X_2,\cdots,X_n$ 是来自正态总体 X 的一个样本,$Y_1,Y_2,\cdots,Y_m$ 是来自正态总体 Y 的一个样本,且 X,Y 相互独立. 在显著水平 α 下,叙述在 σ_1^2,σ_2^2 已知情形下,正态总体均值差的双边假设检验的检验统计量和拒绝域,以及右假设检验的检验统计量和拒绝域.

10. 在某公路上,50 分钟之内观察每 15 秒内路过的汽车的辆数,得到的频数分布如表 8.6 所示.

表 8.6

路过车辆数	0	1	2	3	4	5
频数	92	68	28	11	1	0

问在显著水平 $\alpha=0.10$ 下,能否认为这个分布是泊松分布?

(B)

1. 某电工器材厂生产一批保险丝,抽取 10 根试验其熔断时间,结果为

$$42,65,75,78,71,59,57,68,54,55.$$

假设熔断时间服从正态分布,能否认为这批保险丝的熔断时间的方差不大于 $80(\alpha=0.05)$.

2. 从某个正态总体中抽取一个容量为 21 的简单随机样本,得到修正的样本方差为 10,能否根据此观测值得到总体方差小于 15 的结论($\alpha=0.05$).

3. 有两台机器生产金属部件. 分别在两台机器所生产的部件中抽取一个容量 $n_1=60,n_2=40$ 的样本,测得部件重量(单位:kg)的样本方差分别为 $s_1^2=15.46,s_2^2=9.66$. 设两样本相互独立,两总体分别服从 $N(\mu_i,\sigma_i^2),i=1,2,\mu_i,\sigma_i^2$ 均未知,试在 $\alpha=0.05$ 的水平下检验

$$H_0:\sigma_1^2 \leqslant \sigma_2^2, \quad H_1:\sigma_1^2 > \sigma_2^2.$$

4. 为研究矽肺患者的肺功能变化情况,某医院从Ⅰ,Ⅱ期矽肺患者中各抽取 33 名测试肺活量,得到Ⅰ期患者的平均数为 2710 mL,标准差为 147 mL;Ⅱ期患者的平均数为 283 mL,标准差为 118 mL,假定Ⅰ,Ⅱ期患者的肺活量分别服从正态分布 $N(\mu_1,\sigma_1^2)$,$N(\mu_2,\sigma_2^2)$,问在显著水平 $\alpha=0.05$ 下,第Ⅰ,Ⅱ期矽肺病患者的肺活量是否有显著差异?

5. 检查了 100 个零部件的瑕疵点数,结果如表 8.7 所示.

表 8.7

点数	0	1	2	3	4	5	6
频数	14	27	26	20	7	3	3

试检验整批零部件上的瑕疵点数是否服从泊松分布($\alpha=0.05$).

第 9 章 方差分析与回归分析

在科学试验和生产实践中,常常需要知道哪几个因素对试验结果有显著影响,并且还需要知道起作用的因素在什么水平时所起的作用大. 方差分析是解决这类问题的一种常用的数理统计方法. 具体地讲,它是一种对两个以上的等方差的正态均值之间的差异进行检验的统计方法. 其主要思想和理论依据是由 R. A. Fisher 在 20 世纪初期提出来的,其后成为一种应用性非常广泛的方法. 现在这种理论和方法已经为人们所接受并推广应用. 本章中主要介绍单因素的方差分析和双因素的方差分析的思想和步骤. 另外,回归分析也是统计学中常用的方法之一. 本章还将介绍一元和二元回归分析的思想方法和具体步骤.

9.1 单因素试验的方差分析

在科学试验和生产实践中,影响某一事物结果的因素往往是很多的,不同的因素水平对于结果的影响也不同,在实践中必须通过试验来检验出那些对产品质量有显著影响的因素. 如果在一个试验中,只有一个因素改变而其他的因素保持不变,这种试验称为单因素的检验. 如果是多于一个因素在改变,则称这种试验为多因素试验. 下面先通过一个例子来具体说明.

例 9.1 某实验室对钢锭模进行选材试验,其方法是将试样加热到 700℃后投入到 20℃的水中急冷,这样反复进行直到试样断裂为止,最后看试样经受次数的多少. 显然经受次数越多质量越好. 试验结果见表 9.1. 试验目的是确定 4 种材质钢锭模试样的抗疲劳性能是否有显著的差异.

在这个问题中,影响钢锭模热疲劳性能的因素只有一个,即钢锭模的材质. 表 9.1 中 4 种不同的材质表示钢锭模的 4 个水平. 因此,此试验称为四水平单因素试验. 试验结果得到的钢锭模的指标值如表 9.1. 比如,在水平 A_1 下,1 号试验结果表示钢锭模的热疲劳值为 160(即试样加热到 700℃后投入 20℃的水中急冷,反复进行到 160 次时试样断裂).

9.1 单因素试验的方差分析

表 9.1

试验号	材质 A_1	材质 A_2	材质 A_3	材质 A_4	总平均
1	160	158	146	151	
2	161	164	155	152	
3	165	164	160	153	
4	168	170	162	157	
5	170	175	164	160	
6	172	—	166	168	
7	180	—	174	—	
8	—	—	182	—	
平均	168	166.2	163.625	156.83	163.70

表 9.1 的数据表明,即使是同一种材质,试样的热疲劳值仍有差异,这种差异叫做试验误差或者随机误差.另外,试验条件(材质)的不同引起试验结果(热疲劳值)的误差称为条件误差.也就是说,影响试验结果的有试验误差和条件误差,如果条件误差比试验误差大得多,那么就可以认为钢锭模的不同材质对钢锭模的热疲劳性能有显著的影响.这是方差分析的基本思想.

方差分析就是要考虑某个因素对指标的影响.为此,采用的方法是对误差进行分解,从总的误差中分解出条件误差与试验误差,然后将两者进行比较,根据比较结果最后作出该因素对指标的影响是否显著的结论.

下面先计算试验误差.同一水平 A_i,$i=1,2,3,4$ 的样本值与其平均值的差的平方反映了该试验的试验误差,所以可以用该数值来衡量试验误差的大小.对于 4 个水平,试验误差值分别为

$$T_1 = (160-168)^2 + (161-168)^2 + (165-168)^2 + (168-168)^2$$
$$+ (170-168)^2 + (172-168)^2 + (180-168)^2$$
$$= 286;$$
$$T_2 = (158-166.2)^2 + (164-166.2)^2 + (164-166.2)^2 + (175-166.2)^2$$
$$= 168.8.$$

同理可以计算出对于水平 T_3, T_4 的值为

$$T_3 = 851.875, \quad T_4 = 206.83.$$

所以得到总的试验误差为

$$Q_E = T_1 + T_2 + T_3 + T_4 = 1513.51.$$

材质对于观测值的影响,可以用每个水平下的平均观测值与总平均观测值差的平方和来表示,即

$$\bar{x} = \frac{1}{4}(\overline{x_1} + \overline{x_2} + \overline{x_3} + \overline{x_4})$$

$$=\frac{1}{4}(T_1+T_2+T_3+T_4)$$
$$=\frac{1}{4}(168+166.2+163.625+156.83)$$
$$=163.70,$$

总的组间平均误差为

$$Q_A = 7\times(168-163.70)^2 + 5\times(166.2-163.70)^2 + 8\times(163.625-163.70)^2$$
$$+ 6\times(156.83-163.70)^2$$
$$=443.61.$$

一般称 Q_E 为组内平方和或者试验误差平方和,称 Q_A 为组间平方和或者条件误差平方和. 在上面的计算中,组间平方和的计算还要包括试验的频数,这就是上面式子中用数 7,5,8,6 去乘的原因.

最后,总的误差平方和 $Q=Q_A+Q_E$. 比较 Q_E 与 Q_A 的大小就可以看到材质的不同对于观测值的影响. 为了消除数据的个数给平方和带来的影响,一个直接的想法就是用平方和除以相应的项数. 但是,由前面学过的数理统计的知识可知,这不是一个最好的办法,最好的办法是除以相应的自由度. 在例 9.1 中,Q_A 是 4 个水平对应的项的平方和,所以其自由度为 $4-1=3$,Q_E 是全部试验误差的平方和,其自由度为 $(7-1)+(5-1)+(8-1)+(6-1)=22$. 所以根据无偏的样本方差公式得到

$$S_A^2 = \frac{Q_A}{4-1} = \frac{443.61}{3} = 147.87;$$
$$S_E^2 = \frac{Q_E}{22} = \frac{1513.51}{22} = 68.80.$$

分别称其为平均组间平方和与平均误差平方和. 再应用前面讲过的假设检验的知识,可以用假设检验来对上述的过程进行检验,不妨选择检验统计量为

$$F = \frac{S_A^2}{S_E^2} = \frac{147.87}{68.80} = 2.15,$$

检验观测值 F 的大小反映了材质的不同水平对观测值的影响,F 的值越大,材质对观测值的影响越显著;F 值越小,影响越不显著(统计量服从 F 分布的证明可参考相关教材). 不妨选择检验的显著水平 $\alpha=0.05$,查 F 分布的分布表,得到单侧临界值为 $F_{0.05}(3,22)=3.05$,由于检验观测值

$$F=2.15<F_{0.05}=3.05,$$

所以认为这 4 种钢锭模试样的热疲劳性能没有显著的差异.

根据上面的例子,可以总结单因素的方差分析问题的方法一般有如下步骤:

1. 提出假设检验

设因素 A 有 m 个水平 $A_1, A_2, \cdots, A_m$, ξ_i 表示在因素 A 取水平 A_i 时的指标总体,且假定 $\xi_i \sim N(\mu_i, \sigma_i^2)(i=1,2,\cdots,m)$, $\xi_1, \xi_2, \cdots, \xi_m$ 相互独立;每个总体的方差相等,即 $\sigma_1^2 = \sigma_2^2 = \cdots = \sigma_m^2$. 在水平 A_i 下重复进行试验 n 次,相当于从总体 ξ_i 中抽取一个样本 $(x_{i1}, x_{i2}, \cdots, x_{in})$, 其中 x_{ij} 表示在水平 A_i 下第 j 次的试验结果. 具体内容如表 9.2 所示.

表 9.2

水平 指标 试验号	A_1	A_2	$\cdots$	A_m
1	x_{11}	x_{21}	$\cdots$	x_{m1}
2	x_{12}	x_{22}	$\cdots$	x_{m2}
$\vdots$	$\vdots$	$\vdots$		$\vdots$
n	x_{1n}	x_{2n}	$\cdots$	x_{mn}

欲由 m 个样本值来检验,原假设为
$$H_0: \mu_1 = \mu_2 = \cdots = \mu_m,$$
其备择假设为
$$H_0: \mu_1, \mu_2, \cdots, \mu_m \text{ 不全相等}.$$

2. 分解总误差平方和

为了检验 H_0 是否为真,需要构造相应的检验统计量. 为此,对观测值的总的误差 Q 进行分解. 记为
$$\overline{x_i} = \frac{1}{n} \sum_{j=1}^{n} x_{ij}, \quad \overline{x} = \frac{1}{mn} \sum_{i=1}^{m} \sum_{j=1}^{n} x_{ij},$$
$$Q = \sum_{i=1}^{m} \sum_{j=1}^{n} (x_{ij} - \overline{x})^2 = \sum_{i=1}^{m} \sum_{j=1}^{n} [(x_{ij} - \overline{x_i}) + (\overline{x_i} - \overline{x})]^2$$
$$= \sum_{i=1}^{m} \sum_{j=1}^{n} (x_{ij} - \overline{x_i})^2 + \sum_{i=1}^{m} \sum_{j=1}^{n} (\overline{x_i} - \overline{x})^2 + 2 \sum_{i=1}^{m} \sum_{j=1}^{n} (x_{ij} - \overline{x_i})(\overline{x_i} - \overline{x}).$$
又因为
$$\sum_{i=1}^{m} \sum_{j=1}^{n} (x_{ij} - \overline{x_i})(\overline{x_i} - \overline{x}) = \sum_{i=1}^{m} \Big[\sum_{j=1}^{n} (x_{ij} - \overline{x_i})\Big](\overline{x_i} - \overline{x})$$
$$= \sum_{i=1}^{m} \Big[\sum_{j=1}^{n} x_{ij} - n\overline{x_i}\Big](\overline{x_i} - \overline{x})$$
$$= 0,$$

$$\sum_{i=1}^{m}\sum_{j=1}^{n}(\overline{x_i}-\overline{x})^2 = n\sum_{i=1}^{m}(\overline{x_i}-\overline{x})^2,$$

所以,Q 可以简化为

$$Q = \sum_{i=1}^{m}\sum_{j=1}^{n}(x_{ij}-\overline{x})^2 = \sum_{i=1}^{m}\sum_{j=1}^{n}(x_{ij}-\overline{x_i})^2 + n\sum_{i=1}^{m}(\overline{x_i}-\overline{x})^2.$$

若令

$$Q_E = \sum_{i=1}^{m}\sum_{j=1}^{n}(x_{ij}-\overline{x_i})^2, \quad Q_A = n\sum_{i=1}^{m}(\overline{x_i}-\overline{x})^2,$$

此时,Q 可以写成

$$Q = Q_E + Q_A.$$

Q_E 称为组内偏差平方和,它反映了在各个固定水平下随机影响产生的误差(即试验误差).Q_A 称为组间误差平方和,它反映了在不同水平条件下产生的误差(即条件误差).Q 的公式反映了总偏差平方和的分解公式.

方差分析的目的是要研究 Q_A 相对于 Q_E 影响有多大.若 Q_A 比 Q_E 显著地影响,这表明各个水平对指标的影响有显著差异,为此,需要借助于与 $\dfrac{Q_A}{Q_E}$ 有关的统计量.

3. 显著性检验

当 H_0 为真时,即 $\mu_1 = \mu_2 = \cdots = \mu_m$,则全体样本可以看成是来自同一正态总体 $N(\mu, \sigma^2)$,于是

$$E\left(\frac{Q}{mn-1}\right) = E\left(\frac{\sum_{i=1}^{m}\sum_{j=1}^{n}(x_{ij}-\overline{x})^2}{mn-1}\right) = \sigma^2;$$

$$E\left(\frac{Q_E}{m(n-1)}\right) = \frac{1}{m}\sum_{i=1}^{m}E\left(\frac{\sum_{j=1}^{n}(x_{ij}-\overline{x_i})^2}{n-1}\right) = \frac{1}{m}\sum_{i=1}^{m}\sigma^2 = \sigma^2;$$

$$E\left(\frac{Q_A}{m-1}\right) = nE\left(\frac{\sum_{i=1}^{m}(\overline{x_i}-\overline{x})^2}{m-1}\right) = nD(\overline{x_i}) = n\frac{\sigma^2}{n} = \sigma^2.$$

因此,$\dfrac{Q}{mn-1}, \dfrac{Q_E}{m(n-1)}, \dfrac{Q_A}{m-1}$ 都是 σ^2 的无偏估计量.$mn-1, m(n-1), m-1$ 分别是 Q, Q_E, Q_A 的自由度,且记做 $f_E = m(n-1), f_A = m-1, f = f_E + f_A = mn - 1$.自然会想到利用检验统计量为

$$F = \frac{S_A^2}{S_E^2} \sim F(m-1, m(n-1)).$$

9.1 单因素试验的方差分析

对于给定的显著水平 α,查 F 分布的分布表,可以得到单侧临界值 F_α,使得
$$P\{F \geqslant F_\alpha\} = \alpha.$$
得到假设检验的拒绝域为 $C_\alpha = \{F | F \geqslant F_\alpha\}$. 由样本的观测值计算检验观测值,若样本观测值落在拒绝域内,则拒绝 H_0;若样本观测值不落在拒绝域内,则接受 H_0. 即认为水平的改变对指标无影响.

由于计算过程比较繁琐,为简便起见,常常把计算结果列成方差分析表(表 9.3).

表 9.3

方差来源	平方和	自由度	平均平方和	F	F_α	显著性
组间	Q_A	$m-1$	$S_A^2 = \dfrac{Q_A}{m-1}$	$F = \dfrac{S_A^2}{S_E^2}$	查表	
组内	Q_E	$m(n-1)$	$S_E^2 = \dfrac{Q_E}{m(n-1)}$			
总和	Q	$mn-1$				

一般地,若检验统计量的观测值落在拒绝域内,则判定为拒绝 H_0. 此时,影响不显著,显著性一栏空着;若检验统计量的观测值不落在拒绝域内,则判定影响显著. 此时,一般在显著性一栏中填入"**"符号.

为了便于计算,常常使用如下的表达式:
$$Q_E = \sum_{i=1}^m \sum_{j=1}^n x_{ij}^2 - \sum_{i=1}^m \frac{T_i^2}{n};$$
$$Q_A = \sum_{i=1}^m \frac{T_i^2}{n} - \frac{T^2}{mn};$$
$$Q = \sum_{i=1}^m \sum_{j=1}^n x_{ij}^2 - \frac{T^2}{mn},$$

其中 $T_i = \sum_{j=1}^n x_{ij}$, $T = \sum_{i=1}^m \sum_{j=1}^n x_{ij}$. 以上几个式子的证明就是简单的计算问题,有兴趣的读者可以自己来证明.

当因素 A 的各个水平 $A_1, A_2, \cdots, A_m$ 的试验次数不相等,且分别是 $n_1, n_2, \cdots, n_m$ 时,则有相应的公式
$$\begin{cases} Q_E = \sum_{i=1}^m \sum_{j=1}^n (x_{ij} - \overline{x})^2 = \sum_{i=1}^m \sum_{j=1}^n x_{ij}^2 - \sum_{i=1}^m \frac{T_i^2}{n_i}; \\ f_E = K - m. \end{cases}$$
$$\begin{cases} Q_A = \sum_{i=1}^m n_i (\overline{x_i} - \overline{x})^2 = \sum_{i=1}^m \frac{T_i^2}{n_i} - \frac{T^2}{K}; \\ f_A = m - 1. \end{cases}$$

$$\begin{cases} Q = \sum_{i=1}^{m}\sum_{j=1}^{n}(x_{ij}-\overline{x})^2; \\ f = K-1. \end{cases}$$

其中 $K=\sum_{i=1}^{m}n_i, T_i=\sum_{j=1}^{n_i}x_{ij}, T=\sum_{i=1}^{m}\sum_{j=1}^{n}x_{ij}, \overline{x_i}=\dfrac{T_i}{n_i}, \overline{x}=\dfrac{T}{K}$.

对于本节的例 9.1,计算结果见表 9.4.

表 9.4

水平	A_1	A_2	A_3	A_4	总和
观测值	160 161 165 168 170 172 180	158 164 164 170 175	146 155 160 162 164 166 174 182	151 152 153 157 160 168	
n_i	7	5	8	6	$K=\sum_{i=1}^{4}n_i=26$
T_i	1 176	831	1 309	941	$T=4\,257$
T_i^2/n_i	197 568	138 112.2	214 185.12	147 580.17	697 445.49
$\sum_{j=1}^{n_i}x_{ij}^2$	197 854	138 281	215 037	147 787	698 959

由表 9.4 可以得到

$$Q_E = \sum_{i=1}^{m}\sum_{j=1}^{n}x_{ij}^2 - \sum_{i=1}^{m}\dfrac{T_i^2}{n_i} = 698\,959 - 697\,445.49 = 1513.51;$$

$$Q_A = \sum_{i=1}^{m}\dfrac{T_i^2}{n_i} - \dfrac{T^2}{K} = 697\,445.49 - \dfrac{(4257)^2}{26} = 443.61.$$

自由度为 $f_E=K-m=26-4=22, f_A=m-1=4-1=3$,全部的计算结果见表 9.5.

表 9.5

方差来源	平方和	自由度	平均平方和	F	F_α	显著性
组间	$Q_A=443.61$	3	$S_A^2=\dfrac{Q_A}{m-1}=147.87$	$F=\dfrac{S_A^2}{S_E^2}$ $=2.15$	$F_{0.05}$ $=3.05$	
组内	$Q_E=1513.51$	22	$S_E^2=\dfrac{Q_E}{m(n-1)}=68.80$			
总和	$Q=1957.12$	25				

因为检验观测值不落在拒绝域内,所以接受 H_0,即认为 4 种钢锭模试样的热疲劳性能无显著差异.

例 9.2 有 3 台机器生产规格相同的铝合金薄板.取样测量薄板的厚度(精确至千分之一厘米),得到的结果如表 9.6 所示.

表 9.6

机器 1	机器 2	机器 3
0.236	0.257	0.258
0.238	0.253	0.264
0.248	0.255	0.259
0.245	0.254	0.267
0.243	0.261	0.262

试验指标为薄板的厚度.机器为因素,不同的 3 台机器就是这个因素的 3 个不同水平.假定除机器这一因素外,材料的规格、操作人员的水平等其他条件都相同.取 $\alpha=0.05$,试考察机器这一因素对厚度有无显著的影响.

解 我们需要检验假设

$$H_0: \mu_1=\mu_2=\mu_3;$$
$$H_1: \mu_1,\mu_2,\mu_3 \text{ 不全相等}.$$

由题意知道,$m=3, n_1=n_2=n_3=5, K=15$,且

$$Q_A = \frac{1}{5}(1.21^2+1.28^2+1.31^2) - \frac{3.8^2}{15} = 0.001\,053\,33,$$

$$Q = \sum_{i=1}^{3}\sum_{j=1}^{5} x_{ij}^2 - \frac{T_{ij}^2}{15} = 0.963\,912 - \frac{3.8^2}{15} = 0.001\,245\,33,$$

$$Q_E = T - T_A = 0.000\,192,$$

$$f_T = n-1 = 14, \quad f_A = 3-1 = 2, \quad f_E = n-s = 12.$$

得到方差分析表见表 9.7.

表 9.7

方差来源	平方和	自由度	平均平方和	F	F_α	显著性
组间	$Q_A=0.001\,053\,33$	2	$S_A^2=\dfrac{Q_A}{m-1}=0.000\,526\,61$	$F=\dfrac{S_A^2}{S_E^2}$ $=32.92$	$F_{0.05}(2,12)$ $=3.89$	**
组内	$Q_E=0.000\,192$	12	$S_E^2=\dfrac{Q_E}{m(n-1)}=0.000\,016$			
总和	$Q=0.001\,245\,33$					

在显著水平 $\alpha=0.05$ 下,检验统计量的观察值落在拒绝域内,故拒绝 H_0,即认为各台机器生产的薄板的厚度有显著差异.

总结上面的过程,得到单因素的方差分析问题的一般步骤如下:

(1) 将求解问题转化为零假设和备择假设检验的问题模型;
(2) 根据得到的样本观测值,按照公式算出误差 T_A 和 T_E;
(3) 给定显著水平 α,查表得到假设检验问题的拒绝域;
(4) 计算检验统计量 F 的观测值,并判断检验观测值是否落在拒绝域内,若落在拒绝域内,则拒绝零假设;若不落在拒绝域内,则接受零假设.

在本节结束之前,有一点需要说明:使用方差分析之前一定要注意该方法对模型作的假设,尤其是等方差的假设是一个非常严格的条件,在这些条件不满足的情况下使用方差分析可能会导致错误的结论.

9.2 双因素试验的方差分析

进行某一项试验,当影响指标结果的因素不是一个而是多个的时候,要分析因素所起的作用就要考虑多因素的方差分析. 多因素方差分析的方法与单因素方差分析的方法相似,关键在于如何将总的误差平方和进行分解,利用试验数据对多个因素的影响作出合理的检验推断. 下面仅就两个因素的情况的方差分析做一介绍,主要在不考虑交互作用的情况下对双因素试验的方差分析进行介绍.

设因素 A 有 m 个水平 $A_1, A_2, \cdots, A_m$,因素 B 有 n 个水平 $B_1, B_2, \cdots, B_n$. 因素 A 与因素 B 共有 $m \times n$ 种不同的水平组合,对于每一种水平组合进行一次试验. 由 A_i 和 $B_j(i=1,2,\cdots,m;j=1,2,\cdots,n)$ 组合所得到的试验数据记为 x_{ij},现将 $m \times n$ 次试验所得的数据列表为表 9.8.

表 9.8

数据 \ A \ B	B_1	B_2	$\cdots$	B_n	$T_{i \cdot} = \sum_{j=1}^{n} x_{ij}$	$\overline{x}_{i \cdot} = \dfrac{T_{i \cdot}}{n}$
A_1	x_{11}	x_{12}	$\cdots$	x_{1n}	$T_{1 \cdot}$	$\overline{x}_{1 \cdot}$
A_2	x_{21}	x_{22}	$\cdots$	x_{2n}	$T_{2 \cdot}$	$\overline{x}_{2 \cdot}$
$\vdots$	$\vdots$	$\vdots$		$\vdots$	$\vdots$	$\vdots$
A_m	x_{m1}	x_{m2}	$\cdots$	x_{mn}	$T_{m \cdot}$	$\overline{x}_{m \cdot}$
$T_{\cdot j} = \sum_{i=1}^{m} x_{ij}$	$T_{\cdot 1}$	$T_{\cdot 2}$	$\cdots$	$T_{\cdot n}$	T	
$\overline{x}_{\cdot j} = T_{\cdot j}/m$	$\overline{x}_{\cdot 1}$	$\overline{x}_{\cdot 2}$	$\cdots$	$\overline{x}_{\cdot n}$		$\overline{x} = \dfrac{T}{mn}$

由表 9.8,有

$$Q = \sum_{i=1}^{m} Q_{i \cdot} = \sum_{j=1}^{n} Q_{\cdot j} = \sum_{i=1}^{m} \sum_{j=1}^{n} (x_{ij} - \overline{x})^2,$$

9.2 双因素试验的方差分析

在水平 A_i 和 B_j 的作用下,设总体的指标 $\xi_{ij} \sim N(\mu_{ij}, \sigma^2)$,$x_{ij}$ 是它的一个观测值. 目的是检验假设 $H_0: \mu_{ij} = \mu (i=1,2,\cdots,m; j=1,2,\cdots,n)$,即要检验 $m \times n$ 个正态总体的均值相等.

为了构造检验用到的统计量,同 9.1 节介绍的单因素的方差分析一样,把总的偏差平方和 Q 进行分解,分成如下 3 部分:

$$Q = Q_A + Q_B + Q_E,$$

其中 $Q_A = n\sum_{i=1}^{m}(\overline{x}_{i\cdot} - \overline{x})^2, Q_B = m\sum_{j=1}^{n}(\overline{x}_{\cdot j} - \overline{x})^2, Q_E = \sum_{i=1}^{m}\sum_{j=1}^{n}(x_{ij} - \overline{x}_{i\cdot} - \overline{x}_{\cdot j} + \overline{x})^2$. 其中总的偏差平方和 Q 反映了数据总的误差;Q_A, Q_B 是因素 A, B 的偏差平方和,它反映了因素 A, B 水平的变化所引起的误差;Q_E 是试验误差平方和,它是 A, B 以外的随机因素引起的试验误差. Q, Q_A, Q_B, Q_E 的自由度分别为

$$f = mn-1, \quad f_A = m-1, \quad f_B = n-1,$$
$$f_E = f - f_A - f_B = (mn-1) - (m-1) - (n-1) = (m-1)(n-1).$$

在实际计算中,常常用如下的表达式进行计算.

$$Q_A = \frac{1}{n}\sum_{i=1}^{m} Q_{i\cdot}^2 - \frac{Q^2}{mn},$$

$$Q_B = \frac{1}{m}\sum_{j=1}^{n} Q_{\cdot j}^2 - \frac{Q^2}{mn},$$

$$Q = \sum_{i=1}^{m}\sum_{j=1}^{n} x_{ij}^2 - \frac{Q^2}{mn},$$

$$Q_E = Q - Q_A - Q_B,$$

其中 $Q_{i\cdot} = \sum_{j=1}^{n} x_{ij}, Q_{\cdot j} = \sum_{i=1}^{m} x_{ij}, Q = \sum_{i=1}^{m}\sum_{j=1}^{n} x_{ij}$. 设

$$S_A^2 = \frac{Q_A}{m-1}, \quad S_B^2 = \frac{Q_B}{n-1}, \quad Q_E^2 = \frac{Q_E}{(m-1)(n-1)},$$

它们分别叫做因素 A, B 的平均平方和与试验误差平方和. 做检验统计量

$$F_A = \frac{S_A^2}{S_E^2}, \quad F_B = \frac{S_B^2}{S_E^2},$$

当 H_0 为真时,可以证明

$$F_A \sim F[(m-1), (m-1)(n-1)], \quad F_B \sim F[(n-1), (m-1)(n-1)],$$

对于给定的显著水平 α,查 F 分布的分布表,可以得到单侧临界值 $F_{A\alpha}, F_{B\alpha}$,使得

$$P\{x | F \geqslant F_{A\alpha}\} = \alpha,$$
$$P\{x | F \geqslant F_{B\alpha}\} = \alpha$$

同时成立. 这样就可以求出假设检验的拒绝域.

一般地,当 $\alpha = 0.05$ 时,若由观测值计算得到 $F_A \geqslant F_{A\alpha}$,则判定 A 因素作用显

著,在显著栏内记上"*"符号. 否则判定 A 因素不起作用,显著栏空着. 当 $\alpha=0.01$ 时,若 $F_A \geqslant F_{A\alpha}$,则判定因素 A 作用高度显著,在显著栏内记上"**".

对于因素 B 的作用是否显著,可以按照上述的方法同样讨论.

上述的结果可以汇总成方差分析表见表 9.9.

表 9.9

方差来源	平方和	自由度	平均平方和	F 值	临界值	显著性
因素 A	Q_A	$f_A = m-1$	$\dfrac{Q_A}{f_A}$	F_A	$F_{A\alpha}$	
因素 B	Q_B	$f_B = n-1$	$\dfrac{Q_B}{f_B}$	F_B	$F_{B\alpha}$	
试验误差	Q_E	$f_E = (m-1)(n-1)$	$\dfrac{Q_E}{f_E}$			
总和	Q	$f = mn-1$				

例 9.3 有 5 个工厂生产同一种纤维,考察它们的产品经过 4 种不同温度的水浸泡后的缩水率. 每个工厂生产的纤维在每一种温度的水中做一次试验,其结果如表 9.10 所示. 问这 5 个工厂生产的纤维在缩水率上有无显著差异?水的温度对纤维的缩水率有无显著的影响?

表 9.10

温度\厂号	1	2	3	4	5
$A_1(50°C)$	3.23	3.40	3.43	3.50	3.65
$A_2(60°C)$	3.33	3.30	3.63	3.68	3.45
$A_3(70°C)$	3.08	3.43	3.53	3.23	3.58
$A_4(80°C)$	2.93	2.60	2.98	2.80	2.88

将表 9.10 的试验数据计算得到试验数据新表,如表 9.11 所示.

表 9.11

	1	2	3	4	5	$Q_i.$	$\sum_{j=1}^{5} x_{ij}^2$
A_1	23	40	43	50	65	221	10 703
A_2	33	30	63	68	45	239	12 607
A_3	8	43	53	23	58	185	8615
A_4	−7	−40	−2	−20	−12	−81	2197
$Q._j$	57	73	157	121	158	$Q.. = 564$	$\sum_{i=1}^{4}\sum_{j=1}^{5} x_{ij}^2$

为了计算的方便,对表 9.10 中的数据做如下的处理:将所有的观察数据都减去 3.00,再将每一个数扩大 100 倍,这样做不会影响方差分析的结果. 计算得到

$$Q=18\ 217, \quad Q_A=13\ 445, \quad Q_B=2\ 146, \quad Q_E=2\ 626,$$

列方差分析表见表 9.12.

表 9.12

方差来源	平方和	自由度	平均平方和	F 值	临界值	显著性
温度(A)	$Q_A=13\ 445$	$f_A=m-1=3$	$\dfrac{Q_A}{f_A}$	$F_A=20.5$	$F_{A\alpha}=8.74$	*
工厂(B)	$Q_B=2\ 146$	$f_B=n-1=4$	$\dfrac{Q_B}{f_B}$	$F_B=2.45$	$F_{B\alpha}=5.91$	
试验误差	$Q_E=2\ 626$	$f_E=(m-1)(n-1)=12$	$\dfrac{Q_E}{f_E}$			
总和	$Q=18\ 217$	$f=mn-1=19$				

由于 $F_A=20.5>F_{0.05}(3,12)=8.74$,所以在不同温度的水中浸泡后的纤维有显著的差异. 而 $F_B=2.45<F_{0.05}(4,12)=5.91$,故在显著水平 $\alpha=0.05$ 下,各厂生产的纤维在缩水率方面无明显差别.

9.3 一元线性回归分析

9.3.1 回归分析问题

回归分析是研究两个或者两个以上的变量之间关系的一种重要的统计方法. 在生产和科学试验中,经常会遇到一些变量,这些变量间的关系大致可以分为两类:一类是确定性关系,一类是非确定性关系. 确定性关系的特点是变量之间的关系可以用函数来表示;非确定性关系则不然,它是指变量之间存在一定的关系,但是变量之间的关系又不是完全确定的. 在这种不确定的关系中,不能由一个或者几个变量精确地求出另外一个变量的值. 把这种变量之间的关系称为相关关系. 回归分析是通过建立统计模型来研究这种关系,并由此对相应的变量进行预测和控制. 分析变量之间这种关系的方法称为**回归分析**.

从 19 世纪回归分析理论和方法的提出到现在,其理论和方法日益丰富,应用也越来越广泛. 其思想已经渗透到数理统计的其他分支之中,如时间序列分析、主成分分析、试验设计、判别分析、回归诊断等. 本节主要介绍回归分析的主要思想与基本方法. 下面先讨论一元线性回归的问题.

9.3.2 一元线性回归

一般地,设 x 是可控变量,Y 是依赖于 x 的随机变量,若有

$$Y = a + bx + \varepsilon, \tag{9.1}$$

其中 ε 为随机变量,且 $\varepsilon \sim N(0, \sigma^2)$,未知参数 a, b 及 σ^2 都不依赖于 x,则式(9.1)称为一元线性回归模型.

为建立一元线性回归的数学模型,需要通过试验观测数据,寻找两个变量之间的内在联系,即建立式(9.1)中线性关系部分的近似公式

$$y = E(Y) = a + bx.$$

如果由样本观察值 $(x_i, y_i)(i=1,2,\cdots,n)$ 得到了式(9.1)中未知参数 a, b 的估计 $\hat{a}, \hat{b}$,则对于给定的 x,可取 $\hat{y} = \hat{a} + \hat{b}x$ 作为 $y = a + bx$ 的估计. 通常称

$$\hat{y} = \hat{a} + \hat{b}x$$

为 Y 关于 x 的线性回归方程或回归方程,其中 $\hat{b}$ 称为线性回归系数. 线性回归方程的图形称为回归直线.

1. 散点图与回归直线

设 x 为自变量,Y 为随机变量,通过观测或试验得到 x 与 y 的观测值为

$$(x_1, y_1), (x_2, y_2), \cdots, (x_n, y_n),$$

在平面直角坐标系中,将这 n 对观测值分别描出来,称得到的图形为散点图. 通过散点图可以大致看出 x 与 Y 之间是否存在着线性关系.

假设 Y 与 x 之间具有线性关系,于是先画一条直线,且使这条直线从总的来看最接近描点图上每个点,记这条直线的截距为 a,斜率为 b,则直线

$$\hat{y} = a + bx$$

便是描述 Y 与 x 之间内在联系的近似方程,称它为 Y 与 x 之间的回归方程(或称经验方程),其中常数 a, b 称为回归系数.

2. 回归直线方程的建立

$\hat{y} = a + bx$ 是平面上任意一条直线,其中 a, b 未知,确定 a, b 的一个最直观的想法就是设想对于给定的 n 个点 $(x_1, y_1), (x_2, y_2), \cdots, (x_n, y_n)$,适当选取 a, b,就可以达到直线"总的来看最接近"这 n 个点的目的. 对此,可以借助于

$$[y_i - \hat{y}_i]^2 = [y_i - (a + bx_i)]^2, \quad i = 1, 2, \cdots, n$$

作为衡量点 (x_i, y_i) 到直线 $\hat{y} = a + bx_i$ 的"接近"尺度.

于是

$$Q(a, b) = \sum_{i=1}^{n} [y_i - (a + bx_i)]^2$$

便描述了 n 个点 $(x_i, y_i)(i=1,2\cdots,n)$ 与直线 $\hat{y} = a + bx$ 的偏离程度. 不难想象,若存在 $\hat{a}, \hat{b}$ 使 $Q(a, b)$ 取得最小值,则直线

$$\hat{y} = \hat{a} + \hat{b}x$$

便是"总的来看最接近"n个点的直线. 所以把问题转化成为求$\hat{a},\hat{b}$使二元函数$Q(a,b)$在点$(\hat{a},\hat{b})$达到最小即可. 由于$Q(a,b)$是n个平方和,所以"使$Q(a,b)$达到最小的原则"有时也称为平方和最小原则,或称为最小二乘原则. 由最小二乘原则确定的直线$\hat{y}=\hat{a}+\hat{b}x$称为Y对x的回归直线,$\hat{a},\hat{b}$称为回归系数.

由微分学的知识知,$\hat{a}$与$\hat{b}$应是方程组

$$\begin{cases} \dfrac{\partial Q}{\partial a}=-2\sum_{i=1}^{n}(y_i-a-bx_i)=0, \\ \dfrac{\partial Q}{\partial b}=-2\sum_{i=1}^{n}(y_i-a-bx_i)x_i=0 \end{cases} \quad (9.2)$$

的解,解得

$$\hat{a}=\overline{y}-b\overline{x},$$

其中$\overline{y}=\dfrac{1}{n}\sum_{i=1}^{n}y_i, \overline{x}=\dfrac{1}{n}\sum_{i=1}^{n}x_i$,将$\hat{a}=\overline{y}-b\overline{x}$代入式(9.2),解得

$$\hat{b}=\dfrac{\sum_{i=1}^{n}x_iy_i-n\overline{x}\,\overline{y}}{\sum_{i=1}^{n}x_i^2-n\overline{x}^2}=\dfrac{\sum_{i=1}^{n}(x_i-\overline{x})(y_i-\overline{y})}{\sum_{i=1}^{n}(x_i-\overline{x})^2}.$$

为了计算方便,若记$\hat{b}=\dfrac{S_{xy}}{S_{xx}}$,其中$S_{xx}=\sum_{i=1}^{n}(x_i-\overline{x})^2, S_{xy}=\sum_{i=1}^{n}(x_i-\overline{x})(y_i-\overline{y})$,则

$$\begin{cases} \hat{a}=\overline{y}-\hat{b}\overline{x}; \\ \hat{b}=\dfrac{\sum_{i=1}^{n}x_iy_i-n\overline{x}\,\overline{y}}{\sum_{i=1}^{n}x_i^2-n\overline{x}^2}=\dfrac{S_{xy}}{S_{xx}}. \end{cases}$$

于是,根据n对数据$(x_1,y_1),(x_2,y_2),\cdots,(x_n,y_n)$,由上式求出$\hat{a},\hat{b}$,便可得到$Y$关于$x$的回归方程.

3. 回归方程的显著性检验

由以上讨论不难看出,不管x与Y之间是否存在线性相关关系,都可由观测值$(x_i,y_i)(i=1,2,\cdots,n)$求出$\hat{a}$和$\hat{b}$,但并不确定所得的线性回归方程是否真有实际意义. 那么,在什么情况下回归方程的确反映x与Y之间的线性关系呢? 这就需要经过假设检验才能确定. 以下主要介绍R检验法. 为了讨论x与Y之间的关系,首先考虑误差平方和

$$Q=Q(\hat{a},\hat{b})=\sum_{i=1}^{n}[y_i-(\hat{a}+\hat{b}x_i)]^2$$

$$= \sum_{i=1}^{n} [y_i - (\overline{y} - \hat{b}\overline{x}) - \hat{b}x_i]^2$$

$$= \sum_{i=1}^{n} [(y_i - \overline{y}) - \hat{b}(x_i - \overline{x})]^2$$

$$= \sum_{i=1}^{n} (y_i - \overline{y})^2 + \hat{b}^2 \sum_{i=1}^{n} (x_i - \overline{x})^2 - 2\hat{b} \sum_{i=1}^{n} [(y_i - \overline{y})(x_i - \overline{x})]$$

$$= S_{yy} + \hat{b}^2 S_{xx} - 2\hat{b} S_{xy} = S_{yy} + \left(\frac{S_{xy}}{S_{xx}}\right)^2 S_{xx} - \frac{2S_{xy}}{S_{xx}} S_{xy}$$

$$= S_{yy} - \frac{(S_{xy})^2}{S_{xx}}.$$

误差平方和 Q 越小,说明 Y 与 x 的线性关系越密切,所得到的回归直线反映 Y 与 x 之间的关系效果越好. 以下对 x 与 Y 之间的相关性检验问题作进一步讨论,为此,令

$$R = \frac{S_{xy}}{\sqrt{S_{xx}S_{yy}}},$$

则

$$Q = (1 - R^2) S_{yy}. \tag{9.3}$$

因 $Q \geqslant 0, S_{yy} \geqslant 0$,所以 $|R| \leqslant 1$.

从式(9.3)易见,当 $|R|$ 越接近 1,则 Q 就越接近于零,这就表明诸散点几乎在回归直线 $\hat{y} = \hat{a} + \hat{b}x$ 上,从而表明 x 与 Y 之间的线性相关关系越显著;当 $|R|$ 越接近于零,则 Q 的取值越大,于是该散点离回归直线 $\hat{y} = \hat{a} + \hat{b}x$ 越远,表明 x 与 Y 之间的线性相关关系程度越弱(线性相关关系越不显著). 可见 R 的绝对值的大小反映了 x 与 Y 之间线性相关关系的密切程度,故称 R 为样本相关系数. Y 与 x 之间线性相关的程度又称为线性回归的显著性程度.

相关系数 R 的绝对值要取多大,才能说线性相关关系显著呢?

根据对 R 的概率性质的研究,已造出相关系数临界值表(参见附录 2.6). 对于给定的显著性水平 α 及样本容量 n,可查表得 $R_\alpha(n-2)$. 当

$$|R| > R_\alpha(n-2)$$

时,可以认为线性回归显著. 一般认为,当 $|R|$ 的观测值在 $|R| > R_{0.01}(n-2)$ 时, x 与 Y 的线性相关关系特别显著;当 $|R|$ 的观测值在 $|R| > R_{0.05}(n-2)$ 时, x 与 Y 的线性相关关系显著;否则,认为 x 与 Y 的线性相关关系不显著.

查相关系数显著性检验表时,自由度 $n-2$ 为样本容量减去变量个数. 在计算 R 时,有以下公式:

$$R = \frac{\sum_{i=1}^{n} x_i y_i - n\bar{x}\bar{y}}{\sqrt{\left(\sum_{i=1}^{n} x_i^2 - n\bar{x}^2\right)\left(\sum_{i=1}^{n} y_i^2 - n\bar{y}^2\right)}}.$$

检验 Y 与 x 之间线性相关关系的显著性,还可用 F 检验法和 t 检验法,有兴趣的读者可以阅读相关的教材.

最后指出,若有些问题不要求作出回归直线,而只需了解是否线性相关,则此时只需对样本相关系数进行一下检验就行了.

4. 应用——利用回归直线进行预测和控制

在工程实际中,回归分析的一个重要应用就是要利用回归方程进行预测与控制. 所谓预测,就是指当 $x=x_0$ 时对 Y 作区间估计,说得更确切些就是以一定的置信度预测 Y 的观察值和取值范围,即所谓的预测区间. 而控制实际上是预测的反问题,就是要使 Y 值落在某指定范围内,应该如何控制 x 才能达到预想的目的. 这两个问题实际上是一个问题的两种不同提法,因而解决一个问题后,另一个问题也就不难解决了.

1) 预测

若 Y 与 x 之间线性相关关系显著,即设
$$Y = a + bx + \varepsilon,$$
其中 $\varepsilon \sim N(0,\sigma^2)$,于是回归方程 $\hat{y} = \hat{a} + \hat{b}x$ 就反映了 Y 与 x 之间的线性关系,当给定任一 x_0 后,自然会想到用
$$\hat{y} = \hat{a} + \hat{b}x$$
估计 $Y_0 = a + bx_0 + \varepsilon$ 的相应取值 $\hat{y}_0$ (称为点预测值). 然而只知道 Y 的点预测值还不够,还要知道预测的精确性和可靠性. 这就需要根据所给的置信度 $1-\alpha$,求出 Y_0 的置信区间——预测区间.

以下寻求 Y_0 的置信度为 $1-\alpha$ 的置信区间:

设当 $x=x_0$ 时,随机变量 Y 的观察结果
$$Y_0 = \hat{y}_0 + \varepsilon_0, \text{其中} \varepsilon_0 \sim N(0,\sigma^2).$$
可以证明,当 n 较大时,$Y_0 \sim N(\hat{y}_0, S^2)$,此处 $\hat{y}_0 = \hat{a} + \hat{b}x_0$,
$$S = \sqrt{\frac{1}{n-2}\sum_{i=1}^{n}(y_i - \hat{y}_i)^2} = \sqrt{\frac{Q}{n-2}} \text{ (称为剩余标准差)}.$$
再者,注意到 n 次试验相互独立,在一元线性回归数学模型的基础上,还可以证明
$$T = \frac{Y_0 - \hat{y}_0}{S\sqrt{1 + \frac{1}{n} + \frac{(x_0 - \bar{x})^2}{S_{xx}}}} \sim t(n-2).$$

对于给定的 α,可查 t 分布表得 $t_{\alpha/2}(n-2)$,使
$$P\{|T|<t_{\alpha/2}(n-2)\}=1-\alpha.$$
由此可得当 $x=x_0$ 时,Y_0 的置信度为 $1-\alpha$ 的预测区间为
$$\left(\hat{y}_0-t_{\alpha/2}(n-2)S\sqrt{1+\frac{1}{n}+\frac{(x_0-\overline{x})^2}{S_{xx}}},\hat{y}_0+t_{\alpha/2}(n-2)S\sqrt{1+\frac{1}{n}+\frac{(x_0-\overline{x})^2}{S_{xx}}}\right).$$
(9.4)

置信区间的长度直接关系到预测效果,即预测精度.从式(9.4)可以看出,置信区间与置信度 $1-\alpha$,n 及 x_0 有关。若 n 及 x_0 不变,α 越小,$t_{\alpha/2}(n-2)$ 越大,预测区间较长,预测误差也就越大;若 α 与 n 不变,x_0 距 $\overline{x}$ 越远,同样预测误差也越大,所以这种预测方法不宜于远期预测,特别地,当 n 较大,且 x_0 越接近 $\overline{x}$(如 $x_0=\overline{x}$)时,
$$\sqrt{1+\frac{1}{n}+\frac{(x_0-\overline{x})^2}{S_{xx}}}\approx 1,$$
此时式(9.4)可简化为
$$(\hat{y}_0-t_{\alpha/2}(n-2)S,\hat{y}_0+t_{\alpha/2}(n-2)S).$$
又因当自由度 n 较大时,t 分布接近 $N(0,1)$,故此时预测区间又近似为
$$(\hat{y}_0-Z_{\frac{\alpha}{2}}S,\hat{y}_0+Z_{\frac{\alpha}{2}}S). \qquad (9.5)$$
特别地,当约定 $1-\alpha=0.95$ 时,$Z_{\alpha/2}=1.96$,Y_0 的置信度为 0.95 的置信区间简化为
$$(\hat{y}_0-1.96S,\hat{y}_0+1.96S).$$
这时,置信区间的长度取决于 S,可见在预测中,S 是一个很重要的量.

对于给定的样本观察值,如果画出 Y_0 的预测下限 $\hat{y}_0-1.96S$ 和预测上限 $\hat{y}_0+1.96S$,那么这两条曲线则形成包含回归线 $\hat{y}=\hat{a}+\hat{b}x$ 的带域.当 $x=\overline{x}$ 时,带域最窄,估计最精确;x 离 $\overline{x}$ 越远,带域越宽,估计精确性越差.

2) 控制

控制是预测的逆问题.即要使随机变量 Y 以一定概率在某个给定范围内取值,x 值应控制在什么范围内?也就是说,对于给定的区间 (y_1,y_2) 以及给定的 $\alpha(0<\alpha<1)$,求 x_1 与 x_2,使得当 $x_1<x<x_2$ 时,有
$$p\{y_1<Y<y_2\}=1-\alpha.$$
为简便起见,在这里只讨论样本容量 n 很大情形下的 x 的控制区间.

由式(9.5)知,在给定 $x=x_0$ 后,Y_0 的预测区间长度为
$$L=2Z_{\alpha/2}S=2Z_{\alpha/2}\sqrt{Q/(n-2)}. \qquad (9.6)$$
而在控制问题中,x_0 是未知的,y_1,y_2 是已知的,一般 x_0 可由

$$\frac{y_1+y_2}{2}=\hat{a}+\hat{b}x_0$$

确定,另外由式(9.6)知,只有当 $y_2-y_1>L$ 时,求出的 x 的控制区间才有意义,因为只有当 x 在此控制区间内取值,才能保证 Y 的值包含于区间 (y_1,y_2) 内.

设 x_1,x_2 是置信度为 $1-\alpha$ 的控制区间的控制限,将式(9.5)稍做改变便得到近似式

$$y_1=\hat{a}+\hat{b}x_1-Z_{\alpha/2}\sqrt{Q/(n-2)},$$
$$y_2=\hat{a}+\hat{b}x_2-Z_{\alpha/2}\sqrt{Q/(n-2)}.$$

从以上两式中解出 x_1,x_2,即得到 x 的控制区间,此时,当 $\hat{b}>0$ 时,控制区间为 (x_1,x_2);当 $\hat{b}<0$ 时,控制区间为 (x_2,x_1).

9.3.3 可以化为线性回归问题的一元非线性回归问题

在实际问题中,有时两个变量之间的关系并不是线性关系,而是某种曲线关系.对于这些问题,其中一部分可以通过选用适当的变量替换,将非线性回归问题转化为线性回归问题来处理.

下面给出可线性化的几种形式的曲线类型,以便选用.

1. 双曲线型

(1) $\hat{y}=a+\dfrac{b}{x}$

令 $u=\dfrac{1}{x}$,则 $\hat{y}=a+bu$.

(2) $\dfrac{1}{y}=a+\dfrac{b}{x}$

令 $u=\dfrac{1}{x},v=\dfrac{1}{y}$,则 $\hat{v}=a+bu$.

2. 指数曲线型

$\hat{y}=a\mathrm{e}^{bx}$

(1) 若 $a>0$,令 $v=\ln y$,则 $\hat{v}=\ln a+bx$;

(2) 若 $a<0$,令 $v=\ln(-y)$,则 $\hat{v}=\ln(-a)+bx$.

3. 幂函数型

$\hat{y}=ax^b\ (x>0)$

若 $a>0$,令 $v=\ln y,u=\ln x$,则 $\hat{v}=\ln a+bu$. $a<0$ 的情形可以类推.

4. 对数曲线型

(1) $\hat{y}=a+b\log x$

令 $u=\log x$,则 $\hat{y}=a+bu$.

(2) $\log \hat{y}=a+bx$

令 $v=\log y$,则 $\hat{v}=a+bx$.

(3) $\log \hat{y}=a+b\log x$

令 $u=\log x, v=\log y$,则 $\hat{v}=a+bu$.

5. S 曲线型

$$\hat{y}=\frac{1}{a+b\mathrm{e}^{-x}}$$

令 $u=\mathrm{e}^{-x}, v=\dfrac{1}{y}$,则 $\hat{v}=a+bu$.

9.4 多元线性回归分析

前面讨论了两个变量之间的相关关系. 在许多实际问题中,因变量 Y 也可能与多个变量有线性关系,因此还需要讨论多个变量之间的线性关系,即多元线性回归问题. 多元回归中最简单的是二元线性回归.

所谓多元线性回归就是研究变量 Y 与 k 个变量 $x_1, x_2, \cdots, x_k$ 之间的线性关系. 研究多元线性回归的思想和方法与一元线性回归基本相同,只是计算更为复杂一点. 为简便起见,本节主要讨论二元线性回归问题,其研究方法同理可以推广到多元线性回归问题.

9.4.1 多元回归方程的建立

设随机变量 Y 与自变量 x_1, x_2 之间存在着线性关系,回归直线的方程为
$$Y=b_0+b_1 x_1+b_2 x_2,$$
设 $(x_{1i}, x_{2i}, y_i)(i=1,2,\cdots,n)$ 是一组观测值,仍然用最小二乘法来求出 b_0, b_1, b_2 的估计值,使得误差
$$Q=\sum_{i=1}^{n}(y_i-\overline{y_i})^2=\sum_{i=1}^{n}(y_i-b_0-b_1 x_{1i}-b_2 x_{2i})^2$$
达到最小.

显然,误差 Q 是 b_0, b_1, b_2 的函数,根据多元函数求最值的必要条件,求出多元函数的驻点(分别对变量 b_0, b_1, b_2 求偏导数并令其为 0,得到方程组).

$$\begin{cases} \dfrac{\partial Q}{\partial b_0} = -2\sum_{i=1}^{n}(y_i - b_0 - b_1 x_{1i} - b_2 x_{2i}) = 0; \\ \dfrac{\partial Q}{\partial b_1} = -2\sum_{i=1}^{n}(y_i - b_0 - b_1 x_{1i} - b_2 x_{2i})x_{1i} = 0; \\ \dfrac{\partial Q}{\partial b_2} = -2\sum_{i=1}^{n}(y_i - b_0 - b_1 x_{1i} - b_2 x_{2i})x_{2i} = 0. \end{cases}$$

整理得

$$\begin{cases} \sum_{i=1}^{n} y_i - nb_0 - b_1 \sum_{i=1}^{n} x_{1i} - b_2 \sum_{i=1}^{n} x_{2i} = 0; \\ \sum_{i=1}^{n} x_{1i} y_i - b_0 \sum_{i=1}^{n} x_{1i} - b_1 \sum_{i=1}^{n} x_{1i}^2 - b_2 \sum_{i=1}^{n} x_{1i} x_{2i} = 0; \\ \sum_{i=1}^{n} x_{2i} y_i - b_0 \sum_{i=1}^{n} x_{2i} - b_1 \sum_{i=1}^{n} x_{1i} x_{2i} - b_2 \sum_{i=1}^{n} x_{2i}^2 = 0. \end{cases} \quad (9.7)$$

由式(9.7)第一个方程可以解得

$$b_0 = \overline{y} - b_1 \overline{x_1} - b_2 \overline{x_2},$$

其中 $\overline{y} = \dfrac{1}{n}\sum_{i=1}^{n} y_i, \overline{x_1} = \dfrac{1}{n}\sum_{i=1}^{n} x_{1i}, \overline{x_2} = \dfrac{1}{n}\sum_{i=1}^{n} x_{2i}$,将解得的 b_0 代入式(9.7)方程组的后两个式子,得到 b_1, b_2 的估计值为

$$\hat{b}_1 = \dfrac{\begin{vmatrix} S_{1y} & S_{12} \\ S_{2y} & S_{22} \end{vmatrix}}{\begin{vmatrix} S_{11} & S_{12} \\ S_{21} & S_{22} \end{vmatrix}}, \quad \hat{b}_2 = \dfrac{\begin{vmatrix} S_{11} & S_{1y} \\ S_{21} & S_{2y} \end{vmatrix}}{\begin{vmatrix} S_{11} & S_{12} \\ S_{21} & S_{22} \end{vmatrix}},$$

其中

$$S_{11} = \sum_{i=1}^{n}(x_{1i} - \overline{x_1})^2, \quad S_{12} = \sum_{i=1}^{n}(x_{1i} - \overline{x_1})(x_{2i} - \overline{x_2}),$$

$$S_{21} = S_{12}, \quad S_{22} = \sum_{i=1}^{n}(x_{2i} - \overline{x_2})^2,$$

$$S_{1y} = \sum_{i=1}^{n}(x_{1i} - \overline{x_1})(y_i - \overline{y}), \quad S_{2y} = \sum_{i=1}^{n}(x_{2i} - \overline{x_2})(y_i - \overline{y}).$$

将 $\hat{b}_1, \hat{b}_2$ 代入原方程组,得到 b_0 的估计值为

$$\hat{b}_0 = \overline{y} - \hat{b}_1 \overline{x_1} - \hat{b}_2 \overline{x_2}.$$

因此,可以得到 Y 与 x_1, x_2 之间的线性回归方程为

$$Y = \hat{b}_0 + \hat{b}_1 x_1 + \hat{b}_2 x_2.$$

9.4.2 多元回归方程的显著性检验

与一元线性回归类似,Y 与 x_1, x_2 的相关关系是否显著,仍然可以用相关系数

法进行检验.

在一元线性回归中,相关系数为
$$R^2 = \frac{S_{xy}^2}{S_{xx}S_{yy}} = \frac{S_{xy}^2}{S_{xx}} \cdot \frac{1}{S_{yy}} \triangleq \frac{U}{S_{yy}}, U \triangleq \frac{S_{xy}^2}{S_{xx}}.$$

同样在二元线性回归中,也可以令
$$R = \sqrt{\frac{U}{S_{yy}}} = \sqrt{\frac{\sum_{i=1}^{n}(\hat{y}_i - \overline{y})^2}{\sum_{i=1}^{n}(y_i - \overline{y})^2}},$$

称 R 为样本复相关系数,其中 $0 \leqslant R < 1$.

对检验的显著水平 α,查自由度为 $n-3$ 的相关系数表,找出其临界值 R_α,再由上式算出检验统计量的观测值 R_0.

当 $|R_0| > R_\alpha$ 时,认为回归直线的方程显著;当 $|R_0| \leqslant R_\alpha$ 时,则认为回归直线的方程不显著.

【相关阅读】

回归模型的一个应用实例

回归分析方法是统计分析的内容之一,也是用数学建模来解决实际问题的一个重要方法.回归分析方法所解决的问题一般与实际联系的比较密切.应用回归分析求解问题的第一步是建立函数关系,即模型根据模型中所考虑的回归变量的个数分为一元回归模型和多元回归模型,并且实际问题中所用到的大都是线性回归模型.下面介绍一个应用回归模型对沼气生成问题进行建模的例子.

沼气的主要成分是甲烷,它是由含纤维素的有机物质在隔绝空气的情况下受到细菌分解作用所产生的一种易燃气体.在我国农村广泛地利用沼气池来生成沼气,作为一种卫生快捷的燃料,一般是用植物秸秆残体在保持一定湿度和温度的条件下,经过与空气隔绝一段时间后自然分解而成.试验证明:如果适当地加入一些有机肥料作为发酵剂,则可以加快沼气的形成.下面是在一个确定的沼气池中加入相同数量的同质植物秸秆、不同数量的水(W)和有机肥(F)后形成沼气的时间(T)的对比数据表格(表 9.13),请根据这些实验数据分析研究沼气形成时间与水和有机肥之间的关系,并讨论最佳的配料方案.

表 9.13　W, F 的实验数据

试验次数	1	2	3	4	5	6	7	8	9
W/kg	300	400	500	300	400	500	300	400	500
F/kg	200	200	200	250	250	250	300	300	300
T/h	77	68	59	66	66	52	59	55	50

根据沼气自然形成的原理和相关的常识，水分和肥料都是沼气的形成影响因素，且二者之间也有一定的交互效应，即二者的比例不同其效果是不同的．因此，沼气的形成时间不仅与水和肥料的用量有关，还与二者的交互作用有关．一般认为沼气形成时间的长短 T 应该是加水量 W 和肥料用量 F 的二次多项式函数，因此可以采用线性回归的方法来研究它们的关系．

模型的假设、建立与求解：

（1）假设实验数据是在相同的同条件进行的，包括沼气池的大小形状、秸秆和有机肥的成分、含水量等相同；

（2）不考虑环境因素的影响；

（3）每次试验是独立进行的，且得到的 $W\backslash F\backslash T$ 的观测数据是准确的．

为了便于对问题的描述，不妨将沼气形成的时间 T 表示成 W, F 的函数，根据实验数据的分布情况，引入两个新的变量

$$u_1 = \frac{W-400}{100}, \quad u_2 = \frac{F-250}{50}.$$

因此可以将时间 T 表示成 u_1, u_2 的二次多项式函数．下面通过构造正交多项式来求解．由实验数据表 9.13 得到新的数据表 9.14．

表 9.14　W, F 的实验数据转换为 u_1, u_2 的数据

试验次数	1	2	3	4	5	6	7	8	9	$\overline{u_i}$
u_1	−1	0	1	−1	0	1	−1	0	1	0
u_2	−1	−1	−1	0	0	0	1	1	1	0

可以证明：

$\varphi_1(u)=1, \varphi_2(u)=u_1, \varphi_3(u)=u_1^2-\dfrac{2}{3}, \varphi_4(u)=u_2, \varphi_5(u)=u_2^2-\dfrac{2}{3}, \varphi_6(u)=u_1 u_2, u=\begin{bmatrix}u_1\\u_2\end{bmatrix}$ 在 9 个试验点上是正交的．从而回归模型的一般形式为

$$T(u)=\beta_1\varphi_1(u)+\beta_2\varphi_2(u)+\beta_3\varphi_3(u)+\beta_4\varphi_4(u)+\beta_5\varphi_5(u)+\beta_6\varphi_6(u)$$

$$=\beta_1+\beta_2 u_1+\beta_3\left(u_1^2-\frac{2}{3}\right)+\beta_4 u_2+\beta_5\left(u_2^2-\frac{2}{3}\right)+\beta_6 u_1 u_2.$$

用最小二乘法求出回归系数

$$\beta_1=61, \beta_2=-6.83, \beta_3=-\frac{7}{6}\approx-1.17, \beta_4=-\frac{20}{3}\approx-6.67,$$

$$\beta_5=\frac{4}{3}\approx 1.33, \beta_6=\frac{9}{4}\approx 2.25.$$

下面依次考察各个回归变量的显著性. 各个变量的偏回归平方和 $SS_E^{(i)}$ ($i=1,2,\cdots,6$) 为

$SS_E^{(1)}=33\,367, SS_E^{(2)}=280.17, SS_E^{(3)}=2.72, SS_E^{(4)}=266.67, SS_E^{(5)}=3.56,$
$SS_E^{(6)}=20.25.$ 总残差平方和为 $SS_E\approx 3.53$,自由度为 $f_E=9-6=3$,在所有的偏回归平方和中,最小的是 $SS_E^{(3)}=2.72$,对应的解释变量为 $\varphi_3(u)$,下面做显著性检验验证是否从模型中忽略这一项.

由于 $MS_E^{(3)}=SS_E^{(3)}=2.72, MS_E=\dfrac{SS_E}{f_E}=1.177$,检验统计量

$$F=\frac{MS_E^{(3)}}{MS_E}=F(1,3)=\frac{2.72}{1.177}=2.31,$$

取显著水平 $\alpha=0.05$ 时,查表得 $F_\alpha(1,3)=10.1>F(1,3)$,即 $\varphi_3(u)$ 作用不显著,可以将其在模型中剔除. 将其相应的偏回归平方和加到总残差平方和中去(因为模型是由正交变量构成,所以可以直接求和),即 $SS_E=3.53+2.72=6.25, f_E=4, MS_E=1.5625.$

依次考察回归平方和第二小、第三小的回归变量的显著性,同样去显著水平 $\alpha=0.05$,可以得到 $\varphi_5(u)$ 不显著, $\varphi_6(u)$ 显著. 这正好反映了水(W)和肥料(F)对生成沼气的交互作用. 到此为止,模型中没有可以剔除的变量了,从而最后可以得到的回归模型为

$$T(u)=61-\frac{41}{6}u_1-\frac{20}{3}u_2+\frac{9}{4}u_1 u_2,$$

将 $u_1=\dfrac{W-400}{100}, u_2=\dfrac{F-250}{50}$ 代入即可以得到沼气的生成时间(T)与水(W)和肥料(F)的关系.

习 题 9
(A)

1. 某钢厂生产一种钢锭,钢的质量符合正态分布,检查某个月前5天生产的钢锭的质量

如表 9.15 所示.

表 9.15

日期	质量/kg			
1	5 500	5 800	5 740	5 710
2	5 440	5 680	5 240	5 600
3	5 400	5 410	5 430	5 400
4	5 640	5 700	5 660	5 700
5	6 510	5 760	5 610	5 400

试检查不同日期生产的钢锭质量在显著水平 $\alpha=0.05$ 下有无显著差异?

2. 设有 3 部机器制造同一种产品,生产的产品件数服从正态分布,现观察每一种机器 5 天的生产量(单位:台),记录如表 9.16.

表 9.16

机器 1	41	48	41	57	49
机器 2	65	57	54	72	64
机器 3	45	51	56	48	48

试检验各机器在生产日期上,在显著水平 $\alpha=0.05$ 下有无显著差异?

3. 一元线性回归方程与一次函数有何联系与区别?

4. 表 9.17 的数据是退火温度 $x(℃)$ 对黄铜延性效应 Y 的试验结果,Y 的观察值 y 是以延长度计算的. 且设对于给定的 x,Y 为正态随机变量,其方差与 x 无关.

表 9.17

$x/℃$	300	400	500	600	700	800
$y/\%$	40	50	55	60	67	70

试画出散点图并求 Y 对 x 的线性回归方程.

5. 以家庭为单位,某种商品年需求量 Y 与该商品价格 x 之间的一组调查数据如下(表 9.18).

表 9.18

$x/$元	1	2	2	2.3	2.5	2.6	2.8	3	3.3	3.5
$y/$kg	5	3.5	3	2.7	2.4	2.5	2	1.5	1.2	1.2

求 Y 对 x 的回归方程,并作相关关系显著性检验.

6. 炼铝厂测得所产铸模用铝的硬度 x 与抗张强度 Y 之间的观察数据如下(表 9.19).

表 9.19

x	68	53	70	84	60	72	51	83	70	64
y	288	293	349	343	290	354	283	324	340	286

(1) 求 Y 对 x 的回归方程,并作相关性检验;

(2) 试在预测水平 95% 下,预测当硬度 $x=65$ 时抗张强度 Y 的取值范围.

7. 对某平炉记录了 34 炉的溶毕碳 $x(0.01\%)$ 与精炼时间 $Y(\min)$ 的数据,并算得

$$\bar{x} = \frac{1}{34}\sum_{i=1}^{34} x_i = 150.09;$$

$$\bar{y} = \frac{1}{34}\sum_{i=1}^{34} y_i = 158.23;$$

$$S_{xx} = \sum_{i=1}^{34}(x_i - \bar{x})^2 = 25\,462.7;$$

$$S_{yy} = \sum_{i=1}^{34}(y_i - \bar{y})^2 = 50\,094.0;$$

$$S_{xy} = \sum_{i=1}^{34}(x_i - \bar{x})(y_i - \bar{y}) = 32\,325.3.$$

现测得某炉溶毕碳为 145,试在预测水平 95% 下,估计该炉所需精炼时间.

8. 测得混凝土的抗压强度 x 与抗剪强度 Y 的数据如下(表 9.20).

表 9.20

$x/(\text{kg/cm}^2)$	141	152	168	182	195	204	223	254	227
$y/(\text{kg/cm}^2)$	23.1	24.2	27.2	27.8	28.7	31.4	32.5	34.8	36.2

由文献知,Y 与 x 的相关关系属于幂函数型,试求 Y 对 x 的回归方程.

9. 某种化工产品的得率 y 与反应温度 x_1、反应时间 x_2 及反应物的浓度 x_3 有关. 设对于给定的 x_1, x_2, x_3 得率 y 服从正态分布且方差与 x_1, x_2, x_3 无关. 现有试验结果如表 9.21 所示,其中 x_1, x_2, x_3 均为二水平且以编码的形式表达.

表 9.21

x_1	-1	-1	-1	-1	1	1	1	1
x_2	-1	-1	1	1	-1	-1	1	1
x_3	-1	1	-1	1	-1	1	-1	1
得率	7.6	10.3	9.2	10.2	8.4	11.1	9.8	12.6

(1) 设 $\mu(x_1, x_2, x_3) = b_0 + b_1 x_1 + b_2 x_2 + b_3 x_3$,求 y 的多元线性回归方程;

(2) 若认为反应时间不影响得率,即认为 $\mu(x_1, x_2, x_3) = b_0 + b_1 x_1 + b_3 x_3$,求 y 的多元线性回归方程.

(B)

1. 将抗生素注入人体会产生抗生素与血浆蛋白结合的现象,以至减小药效. 表9.22给出了5种常用的抗生素注入到牛的体内时,抗生素与血浆蛋白结合的百分比,试在 $\alpha=0.05$ 水平下检验这些百分比的均值有无显著差异,设总体为正态总体,且方差相同.

表 9.22

青霉素	四环素	链霉素	红霉素	氯霉素
29.6	27.3	5.8	21.6	29.2
24.3	32.6	6.2	17.4	32.8
28.5	30.8	11.0	18.3	25.0
32.0	34.8	8.3	19.0	24.2

2. 表9.23给出某化工过程在3种浓度、4种水温水平下得率的数据. 假设在诸水平搭配下的总体服从正态分布且方差相等,试在 $\alpha=0.05$ 水平下检验在不同浓度下得率有无显著差异;在不同温度下得率有无显著差异.

表 9.23

浓度/% \ 温度/℃	10	24	38	52
2	14	11	13	10
	10	11	9	12
4	9	10	7	6
	7	8	11	10
6	5	13	12	14
	11	14	13	10

3. 一种合金在某种添加剂的不同浓度之下,各做3次试验,得到数据如表9.24所示.

表 9.24

浓度 x	10.0	15.0	20.0	25.0	30.0
抗压强度 y	25.2	29.8	31.2	31.7	29.4
	27.3	31.1	32.6	30.1	30.0
	28.7	27.8	29.7	32.3	32.8

以模型 $y=b_0+b_1 x+b_2 x^2+\varepsilon, \varepsilon \sim N(0,\sigma^2)$ 拟合数据,其中 b_0, b_1, b_2, σ^2 与 x 无关,求回归直线方程.

4. 根据给出的数据(表9.25)判断商品的供给量 s 与价格 p 间的回归函数类型,并求 s 对 p 的方程($\alpha=0.05$).

表 9.25

价格 p_i(元)	7	12	6	9	10	8	12	6	11	9	12	10
供给量 s_i(吨)	57	72	51	57	60	55	70	55	70	53	76	56

习题参考答案与提示

习题 1

(A)

1. (1) $S=\{2,3,4,\cdots,12\}$;
   (2) $S=\{5,6,\cdots\}$;
   (3) $S=\{(x,y)|x^2+y^2<1, x,y\in \mathbf{R}\}$;
   (4) $S=\{(x,y,z)|x+y+z=1, x,y,z>0, x,y,z\in \mathbf{R}\}$.

2. (1) $AB\bar{C}$; (2) $A\cup B\cup C$; (3) $A\bar{B}\bar{C}\cup \bar{A}B\bar{C}\cup \bar{A}\bar{B}C\cup ABC$ 或 $\overline{AB}\cup \overline{BC}\cup \overline{AC}$.

3. (1) $\dfrac{1}{30}$; (2) $\dfrac{1}{720}$.

4. $\dfrac{5}{8}$.

5. $\dfrac{8}{21}$.

6. 0.504.

7. 0.25.

8. 0.6.

9. $\dfrac{\pi+2}{2\pi}$.

10. $\dfrac{2}{9}$.

11. (1) $\dfrac{28}{45}$; (2) $\dfrac{1}{45}$; (3) $\dfrac{16}{45}$; (4) $\dfrac{1}{5}$.

12. (1) p^2; (2) $\dfrac{p(p+1)}{2}$; (3) $\dfrac{p(3-p)}{2}$; (4) $\dfrac{2p}{1+p}$.

13. 0.94.

14. (1) $\sum_{k=0}^{n}\dfrac{(-1)^k}{k!}$; (2) $\dfrac{1}{r!}\sum_{k=0}^{n-r}\dfrac{(-1)^k}{k!}$.

15. $\dfrac{6}{7}$.

16. (1) 0.0345; (2) $\dfrac{25}{69}$; (3) $\dfrac{5}{12}$.

17. $\dfrac{207}{625}\approx 0.3312$.

18. (1) $\dfrac{1}{6},\dfrac{1}{6},\dfrac{1}{36}$; (2) 独立.

19. 0.458.

20. $\dfrac{(\lambda p)^l}{l!}e^{-\lambda p}$.

21. 第1种方案最有利.

22. $1-\sqrt[4]{0.41}\approx 0.2571$.

(B)

1. $\dfrac{1}{2}+\dfrac{1}{\pi}$.

2. $\dfrac{2}{3}$.

3. $\dfrac{\lambda^k}{k!}e^{-\lambda}C_n^k p^k(1-p)^{n-k}, k=0,1,\cdots,n$.

4. 0.696.

5. $\dfrac{3}{5}$.

6. $\dfrac{2}{3}$.

7. $\dfrac{3}{16}$.

8. $\dfrac{1}{4}$.

9. 略.

10. 0.943.

习 题 2

(A)

1.

X	0	1	2	3
P	$\dfrac{9}{12}$	$\dfrac{9}{44}$	$\dfrac{9}{220}$	$\dfrac{1}{220}$

2. $\dfrac{27}{38}$.

3. $P\{X=1\}=\dfrac{5}{8}, P\{X=2\}=\dfrac{9}{32}, P\{X=3\}=\dfrac{21}{256}, P\{X=4\}=\dfrac{3}{256}$.

4. 0.2642.

5. 0.716.

6. (1) $0.9^{10}\approx 0.3487$;

   (2) $C_{10}^1\cdot 0.9^9\cdot 0.1+C_{10}^2\cdot 0.9^8\cdot 0.1\cdot 0.1\approx 0.581$;

   (3) $0.9^5=0.5905$;

   (4) 0.343;

   (5) 0.6918.

7. 8.

8. 不能.

9. (1) 3；

(2) $F(x)=\begin{cases} 0, & x<0; \\ x^3, & 0\leqslant x<1; \\ 1, & x\geqslant 1. \end{cases}$ (3) 0.342.

10. (1) $\dfrac{1}{6}$；(2) $\dfrac{2}{3}$.

11. $f(x)=\begin{cases} xe^{-x}, & x\geqslant 0; \\ 0, & x<0. \end{cases}$ $1-2e^{-1}\approx 0.2642; 4e^{-3}\approx 0.1991.$

12. $\dfrac{4}{7}$.

13. (1) $P\{Y=k\}=C_4^k(e^{-2})^k(1-e^{-2})^{4-k}(k=0,1,2,3,4)$；

(2) $P\{Y\geqslant 3\}=4e^{-6}-3e^{-8}$.

14. (1) ln2； (2) $\ln\dfrac{5}{4}$； (3) $f(x)=\begin{cases} \dfrac{1}{x}, & 1<x<e; \\ 0, & x\leqslant 1, x\geqslant e. \end{cases}$

15. (1) $k=\dfrac{1}{\pi}$； (2) $\dfrac{1}{3}$； (3) $F(x)=\begin{cases} 0, & x<-1; \\ \dfrac{1}{\pi}\arcsin x, & -1<x<1; \\ 1, & x\geqslant 1. \end{cases}$

16. (1) 3； (2) 3.88.

17. $A=\dfrac{4}{b\sqrt{\pi b}}$.

18. $F(x)=\begin{cases} 0, & x<0; \\ \dfrac{x^2}{2}, & 0\leqslant x<1; \\ -1+2x-\dfrac{x^2}{2}, & 1\leqslant x<2; \\ 1, & x\geqslant 2. \end{cases}$ 图形略.

19. (1) 12； (2) 0.0272.

20. $\sigma\leqslant 228$.

21.

X	1	4
P	0.5	0.5

22. (1) $f_Y(y)=\begin{cases} \dfrac{1}{3}, & 1<y<4; \\ 0, & y\leqslant 0, y\geqslant 3. \end{cases}$

(2) $f_Z(z)=\begin{cases} e^z, & -\infty<z<0; \\ 0, & z\geqslant 0. \end{cases}$

(3) $f_W(w)=\begin{cases}\dfrac{1}{w}, & 1<w<e;\\ 0, & y\leqslant 1,y\geqslant e;\end{cases}$

23. $f(y)=\begin{cases}\dfrac{1}{3(b-a)}\sqrt[3]{\dfrac{6}{\pi}}y^{-\frac{2}{3}}, & \dfrac{\pi}{6}a^3<y<\dfrac{\pi}{6}b^3;\\ 0, & y\leqslant\dfrac{\pi}{6}a^3,y\geqslant\dfrac{\pi}{6}b^3.\end{cases}$

24. $F_Y(y)=\begin{cases}0, & y<0;\\ 1-\dfrac{2\arccos y}{\pi}, & 0\leqslant y<1;\\ 1, & y\geqslant 1.\end{cases}$

25. $f_{|X|}(y)=\begin{cases}\dfrac{2}{\sqrt{2\pi}}e^{-\frac{y^2}{2}}, & y\geqslant 0;\\ 0, & y<0.\end{cases}$

(B)

1. B.

2. $a=\ln\dfrac{e^5}{e^5-e^3+1}$.

3. 22.

4. $a=e^{-\lambda}$.

5. $f_Y(y)=\begin{cases}0, & y<1;\\ \dfrac{1}{y^2}, & y\geqslant 1.\end{cases}$

6.

X	0	1	4	9
p_i	$\dfrac{1}{5}$	$\dfrac{7}{30}$	$\dfrac{1}{5}$	$\dfrac{11}{30}$

习 题 3

(A)

1.

Y \ X	-1	1
-1	0.25	0.5
1	0	0.25

2.

X_1 \ X_2	0	1	2	$P_i.$
0	$\frac{1}{4}$	$\frac{1}{4}$	$\frac{1}{16}$	$\frac{9}{16}$
1	$\frac{1}{4}$	$\frac{1}{8}$	0	$\frac{3}{8}$
2	$\frac{1}{16}$	0	0	$\frac{1}{16}$
$P._j$	$\frac{9}{16}$	$\frac{6}{16}$	$\frac{1}{16}$	

X_1	0	1	2
$p_i.$	$\frac{9}{16}$	$\frac{3}{8}$	$\frac{1}{16}$

X_2	0	1	2
$p._j$	$\frac{9}{16}$	$\frac{3}{8}$	$\frac{1}{16}$

3. (1) $\frac{1}{8}$; (2) $\frac{3}{8}$; (3) $\frac{27}{32}$; (4) $\frac{2}{3}$.

4. (1) 2; (2) e^{-3}; (3) $F(x,y) = \begin{cases} (1-e^{-2x})(1-e^{-y}), & x>0, y>0; \\ 0, & 其他. \end{cases}$

5. (1) 1; (2) $1 - e^{-\frac{1}{2}} - e^{-1}$.

6. (1) $\frac{15}{64}$; (2) 0; (3) $\frac{1}{2}$; (4) $\frac{1}{2}$.

7. (1) 1; (2) $\frac{3}{4}$; (3) $\frac{1}{4}$.

8. $\frac{5}{8}$.

9. 0.96.

10. $f_X(x) = \begin{cases} 2.4x^2(2-x), & 0 \leqslant x \leqslant 1; \\ 0, & 其他. \end{cases}$ $f_Y(y) = \begin{cases} 2.4y(3-4y+y^2), & 0 \leqslant y \leqslant 1; \\ 0, & 其他. \end{cases}$

11. (1) 24;

(2) $f_X(x) = \begin{cases} 4(1-x)^3, & 0<x<1; \\ 0, & 其他. \end{cases}$

$f_Y(y) = \begin{cases} 12y(1-y)^2, & 0<y<1; \\ 0, & 其他. \end{cases}$

12. 当 $|y|<1$ 时，$f_{X|Y}(x|y)=\begin{cases} \dfrac{1}{1-|y|}, & |y|<x<1; \\ 0, & x\text{ 取其他值}. \end{cases}$

   当 $0<x<1$ 时，$f_{Y|X}(y|x)=\begin{cases} \dfrac{1}{2x}, & |y|<x<1; \\ 0, & y\text{ 取其他值}. \end{cases}$

13. $f_X(x)=\begin{cases} 4x(1-x^2), & 0\leqslant x\leqslant 1; \\ 0, & \text{其他}. \end{cases}$ $f_Y(y)=\begin{cases} 4y^3, & 0\leqslant y\leqslant 1; \\ 0, & \text{其他}. \end{cases}$

    X 与 Y 不独立.

14. (1) $f(x,y)=\begin{cases} \dfrac{1}{2\times 10^6}e^{-\frac{2x+y}{2000}}, & x>0, y>0; \\ 0, & \text{其他}. \end{cases}$

    (2) $e^{-1.5}$; $\dfrac{2}{3}$.

15. (1) $f(x,y)=\begin{cases} \dfrac{1}{2}e^{-\frac{y}{2}}, & 0<x<1, y>0; \\ 0, & \text{其他}. \end{cases}$

    (2) $1-\sqrt{2\pi}(\Phi(1)-\Phi(0))\approx 0.1445$.

16. (1) $f(x,y)=\begin{cases} \dfrac{1}{x}, & 0<y<x<1; \\ 0, & \text{其他}. \end{cases}$

    (2) $f_Y(y)=\begin{cases} -\ln y, & 0<y<1; \\ 0, & \text{其他}. \end{cases}$

    (3) $1-\ln 2$.

17. $f_Z(z)=\begin{cases} 0, & z<0; \\ 1-e^{-z}, & 0\leqslant z<1; \\ (e-1)e^{-z}, & z\geqslant 1. \end{cases}$

18. $f_R(z)=\begin{cases} \dfrac{1}{15000}(600z-60z^2+z^3), & 0\leqslant z<10; \\ \dfrac{1}{15000}(20-z)^3, & 10\leqslant z<20; \\ 0, & \text{其他}. \end{cases}$

19. (1) $f_X(x)=\begin{cases} 2x, & 0<x<1; \\ 0, & \text{其他}. \end{cases}$ $f_Y(y)=\begin{cases} 1-\dfrac{y}{2}, & 0<y<2; \\ 0, & \text{其他}. \end{cases}$

    (2) $F_Z(z)=\begin{cases} 0, & z<0; \\ z-\dfrac{1}{4}z^2, & 0\leqslant z<2; \\ 1, & z\geqslant 2. \end{cases}$

20.

U \ V	1	2	3	$p_i.$
1	$\frac{1}{9}$	0	0	$\frac{1}{9}$
2	$\frac{2}{9}$	$\frac{1}{9}$	0	$\frac{3}{9}$
3	$\frac{2}{9}$	$\frac{2}{9}$	$\frac{1}{9}$	$\frac{5}{9}$
$p._j$	$\frac{5}{9}$	$\frac{3}{9}$	$\frac{1}{9}$	

21.

Z	0	1
p	0.3	0.7

W	−1	0	1	2
p	0.3	0.38	0.12	0.2

22. $g(u)=0.3f(u-1)+0.7f(u-2)$.

(B)

1. $b=-\dfrac{2}{5}$.

2. $F_Y(y)=\begin{cases}0, & y<0;\\ 1-e^{-\lambda y}, & 0\leqslant y<2;\\ 1, & y\geqslant 2.\end{cases}$

3. $F(x,y)=\begin{cases}F(x), & x<\dfrac{y-1}{3};\\ F(\dfrac{y-1}{3}), & x\geqslant\dfrac{y-1}{3}.\end{cases}$

4. $f_X(x)=\begin{cases}x, & 0\leqslant x<1;\\ 2-x, & 1\leqslant x\leqslant 2;\\ 0, & 其他.\end{cases}$

5. $\alpha+\beta=\dfrac{1}{3};\alpha=\dfrac{2}{9},\beta=\dfrac{1}{9}$.

6. 略.

习　题　4

(A)

1. (1) $\dfrac{1}{3}$; (2) $\dfrac{2}{3}$; (3) $\dfrac{35}{24}$.

2. $n=36,p=\dfrac{1}{3}$.

习题参考答案与提示

3. (1) 3； (2) 11,27.

4. $\frac{1}{2}[1-(1-2p)^n]$.

5. $A=e^{-2}, B=2$.

6. (1) $\frac{3}{2}$； (2) $\frac{1}{4}$.

7. $a=\frac{1}{4}, b=1, c=-\frac{1}{4}$.

8. $a<b\leqslant\frac{ap}{1-p}$.

9. $\frac{1}{2}$.

10. 4.

11. 0,2.

12. 出海.

13. 0;不独立.

14. $-\frac{3}{5}$.

15. (1) $E\{X\}=E\{Y\}=\frac{7}{6}$；

    (2) $D\{X\}=D\{Y\}=\frac{11}{36}$；

    (3) $\text{cov}(X,Y)=-\frac{1}{36}, \rho_{XY}=-\frac{1}{11}$.

16. 85,37.

17. (1) $E\{Z\}=\frac{1}{3}, D\{Z\}=3$； (2) $\rho_{XY}=0$； (3) 相互独立.

18. (1) $\frac{1}{3}, \frac{5}{3}, \frac{1}{12}$； (2) 不独立.

19. 0;不相关.

20. (1) $\frac{2}{3}$, 0; (2) 0.

(B)

1. $\frac{4}{3}$.

2. $\frac{8}{3}$.

3. 5.

4. e^{-1};相关.

5. $E\{Y\}=4, D\{Y\}=18, \text{cov}(X,Y)=6, \rho_{XY}=1$.

6. 用定义证明.

7. $\dfrac{1}{\pi}\ln 2 + \dfrac{1}{2}$.

8. $1, \dfrac{4}{9}$.

习 题 5

(A)

1. $P(|\overline{X}-E\{\overline{X}\}|<\varepsilon) \geqslant 1-\dfrac{8}{n\varepsilon^2}$, $(|\overline{X}-E\{\overline{X}\}|<4) \geqslant 1-\dfrac{1}{2n}$.

2. $P(5200<X<9400) \geqslant \dfrac{8}{9}$.

3. 0.0787.

4. 0.2119.

5. 0.9430.

6. 500.

7. (1) 0.1802； (2) 443.

8. 0.9525.

9. 137.

10. 0.9996.

(B)

1. 0.9525；25.

2. 0.02275.

3. 0.6826.

4. $\dfrac{39}{40}$.

习 题 6

(A)

1. 0.95.

2. 73.228.

3. (1) $Y=\dfrac{2(\overline{X}-10)}{S}$； (2) $\theta=3.0551$.

4. 略.

5. 略.

6. 不行；行.

7. 略.

8. 3.59；2.881.

9. 0.6708.

10. 利用一元函数最值的必要条件求变量 a 的驻点即可.

11. $f(x_1,x_2,\cdots,x_n)=\begin{cases} a^n e^{-a(x_1+x_2+\cdots+x_n)x}, & x_i>0, i=1,2,\cdots,n; \\ 0, & \text{其他}. \end{cases}$

12. 1.145,11.071.

13. 2.353,3.365.

(B)

1. $n=106$.

2. $\mu, \dfrac{\sigma^2}{n}, \sigma^2$.

3. 记随机变量 $Y_i = X_i + X_{n+i}, i=1,2,\cdots,n$, 则

$$Y_i \sim N(2\mu, 2\sigma^2), \quad \overline{Y}=2\overline{X}, \quad \frac{\sum_{i=1}^n (Y_i-\overline{Y})^2}{2\sigma^2} \sim \chi^2(n-1), \quad E(Y)=2(n-1)\sigma^2.$$

4. $a=\dfrac{1}{8}, b=\dfrac{1}{12}, c=\dfrac{1}{16}; n-1$.

5. (1) 0.10; (2) 0.25.

6. 证明 $Y_i \sim N(0, \dfrac{n}{n+1}\sigma^2)$ 的正态分布,从而其概率密度为

$$f(y)=\frac{1}{\sqrt{2\pi}\sqrt{\dfrac{n}{n+1}}\sigma} e^{-\dfrac{(n+1)y^2}{2n\sigma^2}}.$$

习 题 7

(A)

1. $\overline{X}, \overline{X}$.

2. $\overline{X}, \overline{X}$.

3. (8.6472, 9.3528).

4. (1)=(3)=$0.25\sigma^2$>(4)=$0.2444\sigma^2$>(2)=$0.22\sigma^2$.

5. (1) (111.3184, 119.4816);
   (2) (83.7976, 94.8204);
   (3) (19.3894, 32.8106).

6. (0.6209, 0.6799).

7. (1) $2\overline{X}, \widehat{\theta_2}=\max\{X_1, X_2, \cdots, X_n\}$;
   (2) $\widehat{\theta_1}$ 是无偏估计量, $\widehat{\theta_2}$ 不是无偏估计量.

8. (1) $\dfrac{2\overline{X}}{1-\overline{X}}$; (2) 1.407.

9. (181.89, 190.11), (9.74, 15.80).

10. (−3.59, 9.59).

11. 利用定义证明 $E(\hat{\theta})=\theta$ 即可.

12. $\dfrac{4U_{\frac{\alpha}{2}}^2 \sigma^2}{L^2}$.

13. 997,17362,0.0107.

14. (1) $\overline{X},\overline{X}$；　(2) 0.089.

15. 25.

16. 5.22.

(B)

1. $\hat{\theta}=1-\dfrac{\overline{X}}{2}$.

2. $\hat{\theta}=\dfrac{1}{n}\sum\limits_{i=1}^{n}X_i$.

3. 略.

4. 略.

5. $\left(\dfrac{\sum\limits_{i=1}^{n}(X_i-\mu_0)^2}{\chi_{\frac{\alpha}{2}}^2(n)},\dfrac{\sum\limits_{i=1}^{n}(X_i-\mu_0)^2}{\chi_{1-\frac{\alpha}{2}}^2(n)}\right)$.

6. (1.730,2.802).

7. (0.7379,0.9607).

习　题　8

(A)

1. 略.

2. α 取 0.05 时,可以认为平均成绩为 70 分；α 取 0.01 时,不能认为平均成绩是 70 分.

3. 新药的副作用小.

4. 无显著差异.

5. 能肯定轮胎磨坏时所用的平均行驶路程不低于 41 000km.

6. 可以认为两总体的方差有显著差异.

7. 采用 $H_0：\mu\leqslant\mu_0;H_1:\mu>\mu_0$ 检验.

8. 略.

9. 见教材第 8 章第 2 节.

10. 可以认为其服从泊松分布.

(B)

1. 可以认为整批保险丝的熔断时间的方差不大于 80.

2. 不能得出方差小于 15 的结论.

3. 接受 H_0.

4. 可以认为第Ⅰ,Ⅱ期矽肺病患者的肺活量有显著差异.

5. 可以认为整批零部件上的瑕疵点数服从泊松分布.

习 题 9
（A）

1. 钢锭重量在显著水平 $\alpha=0.05$ 下无显著差异.
2. 各机器在生产日期上在显著水平 $\alpha=0.05$ 下有显著差异.
3. 略.
4. 图形略；$\hat{y}=24.6287+0.05886x$.
5. $\hat{y}=6.5-1.6x$，回归显著.
6. (1) $\hat{y}=188.99+1.87x$，回归显著； (2) 预测区间（256,365）.
7. 预测的时间区间为（117.01,186.53）.
8. $\hat{y}=0.818x^{0.673}$.
9. (1) $\hat{y}=9.9+0.575x_1+1.15x_3$； (2) $\hat{y}=9.9+0.575x_1+1.15x_3$.

（B）

1. 所检验百分比的均值有显著差异.
2. 浓度因素的效应显著,其他不显著.
3. $\hat{y}=19.0333+1.0086x-0.0204x^2$.
4. 认为供给量与价格之间存在近似线性关系，线性关系为 $\hat{s}=30.44+3.27p$.

参 考 文 献

陈希孺.2002.数理统计学简史.长沙:湖南教育出版社
韩中庚.2005.数学建模方法及其应用.北京:高等教育出版社
何书元.2006.概率论与数理统计.北京:高等教育出版社
刘庆智,等.1988.概率论与数理统计.武汉:华中理工大学出版社
盛骤,等.2002.概率论与数理统计.北京:高等教育出版社
肖筱南,等.2002.新编概率论与数理统计.北京:北京大学出版社
Larsen R J, Marx M L. 1986. An Introduction to Mathematical Statistics and It's Applications. Upper Saddle River:Prentice-Hall

附录 1 Mathematica 和概率论与数理统计

1. Mathematica 简介

Mathematica 是一个功能非常强大的数学软件包. 它由美国 Wolfram 公司开发研制而成. 它有较广泛的数学计算功能,支持比较复杂的符号计算和数值计算,并具有较好的绘图功能. 它最初是由美国物理学家 Stephen Wolfram 领导的一个小组开发而成的专门软件,1987 年发布了 1.0 版本,后经改进和扩充,1991 年推出 2.0 版本,1998 年推出 4.0 版本,现在市面上较新的版本是 6.0,其中 4.x 版本以上功能就已经非常强大,适合做各种符号计算和绘图等,深受人们喜爱.

Mathematica 软件的命令系统本身就构成了一种功能强大的程序语言,由于其内部函数丰富,可以通过编写程序将许多内部函数与用户自己定义的函数有机地结合起来来解决一些比较复杂的问题. 下面主要介绍 Mathematica 软件中与概率论与统计相关的函数与语句,学习使用生成随机数的语句,并能生成各种常见类型的随机变量. 在此基础上进行常见的各种概率计算,进行数据处理,以及有关数理统计中的运算,例如:直方图、区间估计、假设检验、一元线性回归与方差分析等.

2. Mathematica 中与概率论与数理统计有关的语句

`PDF[dist,x]`	概率密度函数(频率函数),自变量为 x
`CDF[dist,x]`	累积分布函数
`Quantile[dist,q]`	Q 次分位数
`Mean[dist]`	均值
`Variance[dist]`	方差
`StandardDeviation[dist]`	标准差
`Skewness[dist]`	偏度系数
`Kurtosis[dist]`	峰度系数
`CharacteristicFunction[dist,t]`	特征函数 $\phi(t)$
`Random[dist]`	指定分布的伪随机数

3. 利用 Mathematica 解决概率统计中的问题实例

在 Mathematica 软件中与概率论和数理统计有关的函数与语句都存放在 Statistics 工具箱中,其中包含:离散型分布、连续型分布、区间估计、假设检验、线性回归分析、非线性拟合等. 在本节实验中重点介绍利用 Mathematica 软件进行区间估计、假设检验、方差分析、线性回归分析、非线性拟合等.

程序工具箱 Statistics DiscreteDistributions 中的统计分布如下:

BernoulliDistribution[p]	均值为 p 的离散伯努利分布
BinomialDistribution[n,p]	N 次概率为 p 的试验的二项式分布
DiscreteUniformDistribution[n]	N 个状态的离散均匀分布
GeometricDistribution[p]	均值为 $1/p$ 的离散几何分布
HypergeotricDistribution[n,n_succ,n_tot]	在大小为 n_{tot} 的总体中,n 次试验有 n_{succ} 次成功的超几何分布
NegativeBinomialDistribution[r,p]	负二项分布
PoissonDistribution[mu]	均值为 μ 的泊松分布

程序工具箱 Statistics ContinuousDistributions 中的统计分布如下:

BetaDistribution[α,β]	连续贝塔分布
CauchyDistribution[a,b]	具有定位参数 a 和尺度参数 b 的柯西分布
ChiSquareDistribution[n]	n 个自由度的 χ^2 分布
ExponentialDistribution[λ]	具有尺度参数 λ 的指数分布
ExponentialValueDistribution[α,β]	极值(Fisher-Tippett)分布
FRatioDistribution[n1,n2]	分子为 n_1,分母为 n_2 的 F-比率分布
GammaDistribution[α,λ]	具有形状参数 α 和尺度参数 λ 的伽马分布
NormalDistribution[μ,σ]	具有均值 μ 和标准差 σ 的正态(高斯)分布
LaplaceDistribution[μ,β]	均值为 μ,方差为 β 的拉普拉斯(双指数)分布
LogNormalDistribution[μ,σ]	均值为 μ,方差为 σ 的对数正态分布
LogisticDistribution[μ,β]	均值为 μ,方差为 β 的洛杰斯蒂克分布
RayleighDistribution[σ]	瑞利分布
StudentTDistribution[n]	具有 n 个自由度的学生 t 分布
UniformDistribution[min,max]	区间{min,max}上的均匀分布
WeibullDistribution[α,β]	威布尔分布

1) 一些典型的随机实验

在概率论中所讨论的问题通常与一些典型的随机试验有关. 例如:古典概型、重复独立实验(伯努利概型),都可以利用 Mathematica 软件很方便地得到这种类型的随机变量,从而进行有关的讨论与计算.

例1 掷硬币实验.

随机地掷一枚均匀的硬币,可以作为一次随机试验,在 Mathematica 软件中可以用语句 Random[Integer,{0,1}]来模拟这个试验,当随机数取值为1时,表示随机事件"硬币的数字一面向上",而当随机数取值为0时,则表示随机事件"硬币的国徽一面向上". 以下是通过随机模拟的方法来计算"硬币的国徽一面向上"这一随机事件的概率.

In[1]:=g=0;m=0;n=1000000;   (*输入初始数据与模拟次数*)
Do[m=Random[Integer,{0,1}];
If[m<1,g=g+1,g=g],{i,1,n}]   (*产生 1 000 000 个服从(0-1)分布的随机数*)
In[2]:=Print[g]   (*计算其中国徽一面朝上的次数*)
Out[2]=499045

In[3]:=Print[($\frac{g}{n}$)//N]   (*计算其中国徽一面朝上的频率*)
Out[3]=0.499045

例2 浦丰投针实验.

假设在平面上画有若干条平行直线,所有平行直线之间的距离都相等,设为 L. 现随机地向平面内投掷一个长为 $l(l<L)$ 的针,求所掷的针与平面内某一条直线相交的概率.

分析 根据问题的实际意义,用两个参数即可确定针落下的位置. 用 d 表示落下后针的中点离最近一条平行直线的距离,用 θ 表示针与平行线所成角,这时有 $0 \leqslant d \leqslant \frac{L}{2}$, $0 \leqslant \theta \leqslant 2*\mathrm{Pi}$,而针与某一条直线相交的充要条件是 $d \leqslant \frac{L\sin\theta}{2}$. 这时所求的概率为

$$p = \frac{\frac{L}{2}\int_0^\pi \sin\theta d\theta}{\frac{L\pi}{2}} = \frac{2l}{\pi L}.$$

由于当实验次数很大时,可以用频率 $\bar{p}$ 近似地代替概率 p,这样就可以利用统计的办法近似地计算圆的周期率 π,$\pi \approx \frac{2l}{pL}$.

In[4]:=L=1;l=0.9;n=300000;   (*输入初始数据与模拟次数*)
f=0;Do[d= Random[Real,$\{0,\frac{L}{2}\}$];θ= Random[Real,$\{0,\frac{\mathrm{Pi}}{2}\}$];
If[d$\leqslant$L*$\frac{\sin[\theta]}{2}$,f=f+1,f=f],{i,1,n,1}]

                                    (*编程计算所掷的针与平面内某一条直线相交的频数*)
In[5]:=Print[N[(2*l/L)*(f/n),6]]   (*利用随机模拟的方法计算π的近似值*)
Out[5]=3.14116

例3 生日问题.

某班有 r 个学生,则该班至少有两个学生生日在同一天的概率为多少?假设学生的生日出现在一年中的每一天都是等可能的,并设一年为 365 天. 古典概型中,计算这个问题的合理解

法是:设该班任意两个学生的生日都不同的概率是

$$q=\frac{\binom{365}{r}\times r!}{365^r}=\frac{365!}{(365-r)!\times 365^r},$$

则至少有两个人同一天生日的概率是:$p=1-q$. 当 $r=30$ 时,利用 Mathematica 计算 p 的理论值.

In[6]:=r=30;p=N[1-Binomial[365,r]*$\frac{r!}{365^r}$]

(*计算"至少有两个人同一天生日"的概率*)

Out[6]=0.706316

另外,利用 Mathematica 计算的内部函数也可以进行随机模拟,程序如下

In[7]:=r=30; (*输入初始数据与模拟次数*)

n=10000;

In[8]:=Do[aa=Table[Random[Integer,{1,365}],{r}],{r}];bb=aa//Union;
ss[i]=If[Length[bb]<r,1,0],{i,1,n}]

cc=Table[ss[i],{i,1,n}]; (*编程计算*)

In[9]:=p=$\frac{\text{Plus@ @ cc}}{n}$//N (*要求概率的近似值*)

Out[9]=0.7058

因此在一个有 30 名学生的班中至少有两个学生同一天过生日的概率大约为 0.7058.

例 4 约会问题.

有两个人在预定地点约会,约会的方式为:先到者在约会地点等 10 分钟,如对方不到则离开. 假设两人到达约会地点的时间都服从[0,60]的均匀分布,求两人能约会成功的概率.

In[10]:=≪Statistics`ContinuousDistributions

(*加载统计学中的连续型分布工具箱*)

In[11]:=n=100000 (*输入模拟次数*)

Out[11]=100000

In[12]:=e=10

Out[12]=10

In[13]:=a=UniformDistribution[0,60]

(*产生一个服从[0,60]区间均匀分布的随机数*)

Out[13]=UniformDistribution[0,60]

In[14]:=b=UniformDistribution[0,60]

(*产生另外一个服从[0,60]区间均匀分布的随机数*)

Out[14]=UniformDistribution[0,60]

In[15]:=aa=Table[Random[a],{n}];bb=Table[Random[b],{n}];
Do[ss[i]=If[Abs[aa[[i]]-bb[[i]]]< e,1,0],{i,1,n}] (*编程计算能会面的次数*)

```
In[16]:= Plus@@Table[ss[i],{i,i,n}]/n //N                (*计算能会面的频率*)
Out[16]= 0.3062
```
由此可知两人能约会成功的概率大约为 0.306 2.

2) 正态分布

随机变量 X 的分布函数为

$$f(x) = \frac{1}{\sqrt{2\pi}\sigma} e^{-\frac{(x-\mu)^2}{2\sigma^2}}, \quad -\infty < x < +\infty.$$

则称 X 服从正态分布，记为 $X \sim N(\mu,\sigma^2)$.

(1) 参数变化对 $f(x)$ 的影响，考虑 σ 固定，μ 变化的情形.

```
In[1]:= σ=1;f[x]:= 1/√(2*π*σ) e^(-(x-μ)^2/(2*σ^2))        (*定义概率密度*)
In[2]:= aa=For[μ=0,Plot[f[x],{x,-3+μ,3+μ}];μ<6,μ=μ+2]    (*绘制图形*)
Out[2]=
```

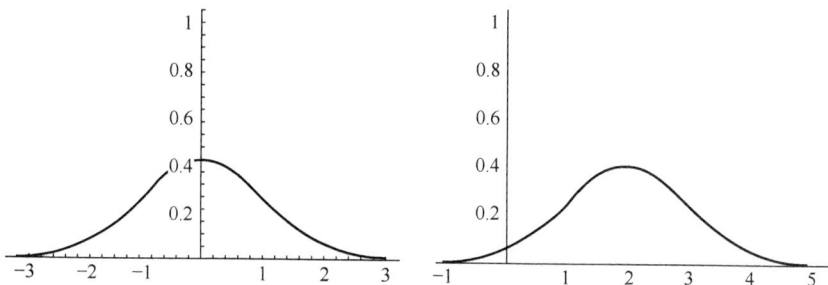

考虑 μ 固定，σ 变化的情形.

```
In[3]:= μ=0;For[i=0,i<5,i++,σ=1+0.5*i;Plot[f[x],{x,μ-3*σ,μ+3*σ},PlotRange->{{-5,5},{0,0.4}}]]   (*绘制图形*)
Out[3]=
```

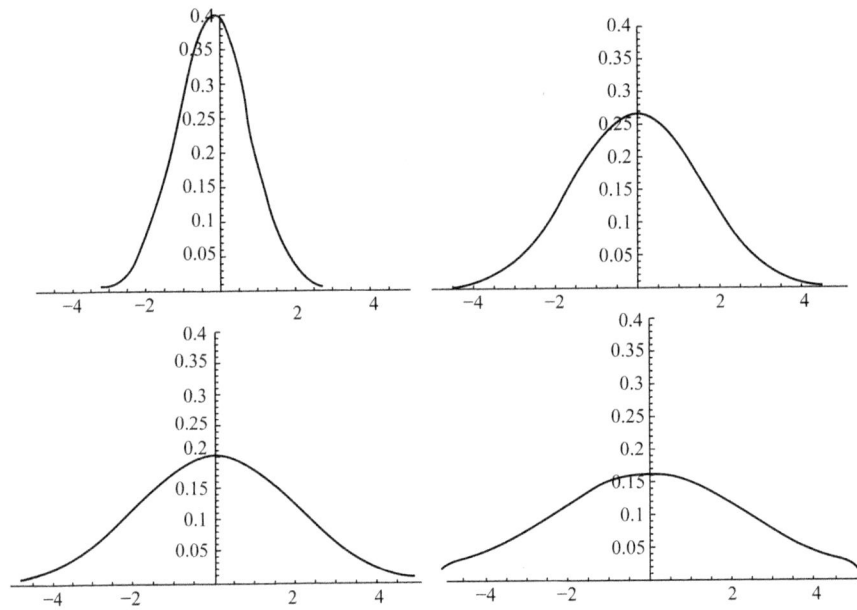

(2) 上 α 分位点.

假设随机变量 X 服从标准正态分布 $N(0,1)$,其概率密度 $\phi(x)=\dfrac{1}{\sqrt{2\pi}}e^{-\frac{x^2}{2}}$,则称满足 $P\{\phi(x)>z_\alpha\}=\alpha(0<\alpha<1)$ 的 z_α 为随机变量 X 的上 α 分位点.

```
In[4]:=aa=g[x_]:=Evaluate[∫ₓ^∞ φ[t]dt]     (*利用强制执行的语句定义变下限函数*)
In[5]:=g[0]                                (*计算函数值*)
Out[5]=1/2
In[6]:=FindRoot[g[x]==0.05,{x,1}]          (*解方程求得上 α(α=0.05)分位点*)
Out[6]={x->1.64485}
In[7]:=FindRoot[g[x]==0.005,{x,1}]         (*解方程求得上 α(α=0.005)分位点*)
Out[7]={x->2.57582}
In[8]:=FindRoot[g[x]==0.001,{x,1}]         (*解方程求得上 α(α=0.001)分位点*)
Out[8]={x->3.09001}
In[9]:=FindRoot[g[x]==0.0005,{x,3}]        (*解方程求得上 α(α=0.0005)分位点*)
Out[9]={3.2902}
```

(3) 三 σ 原理与有关的概率计算.

计算服从正态分布的随机变量分别落在区间 $[\mu-\sigma,\mu+\sigma]$,$[\mu-2\sigma,\mu+2\sigma]$ 与 $[\mu-3\sigma,\mu+3\sigma]$ 内的概率.

```
In[10]:= Table[Integrate[f[x],{x,-i*σ,i*σ}],{i,1,3}]
                                           (*计算相应的概率*)
Out[10]={0.682689,0.9545,0.9973}
```

例5 假设随机变量 X 服从标准正态分布 $N(0,1)$,计算以下概率:
$$P\{-0.5<X<0.2\}, \quad P\{0.2<X<2.5\}.$$

```
In[11]:=φ[x_]:=1/√(2*π) Exp[-x²/2]               (*定义概率密度函数*)
In[12]:=aa1=Integrate[φ[x],{x,-0.5,0.2}]         (*利用积分计算概率*)
Out[12]=0.270722
In[13]:=aa2=Integrate[φ[x],{x,0.2,2.5}]          (*利用积分计算概率*)
Out[13]=0.414531
```

3) 直方图

为了研究数据的统计规律性,经常画出数据集合的直方图. 在 Mathematica 中关于画直方图的语句是 Histogram,下面通过例子来说明该语句的使用.

例6 绘制以下数据的直方图.

```
In[1]:=a1={141,148,132,138,154,142,150,146,155,158,150,140,147,148,144,
150,149,145,149,158,143,141,144,144,126,140,144,142,141,140,145,135,147,146,
141,136,140,146,142,137,148,154,137,139,143,140,131,143,141,149,148,135,148,
152,143,144,141,143,147,146,150,132,142,142,143,153,149,146,149,138,142,149,
142,137,134,144,146,147,140,142,140,137,152,145}                (*输入数据*)
```

为了画出以上数据的直方图,应该首先加载统计工具箱与图形工具箱.

```
In[2]:=≪Statistics`                             (*加载统计包*)
In[3]:=≪Graphics`                               (*加载图形包*)
```

在 Mathematica 软件中,绘制直方图的命令为 Histogram.

```
In[4]:=Histogram[a1]                            (*绘制直方图*)
Out[4]=
```

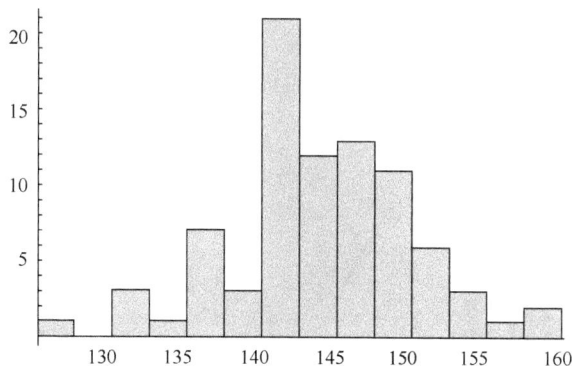

4) 统计学的三大分布

(1) χ^2 分布.

aa1=ChiSqareDistribution[n],则 Mathematica 产生一个服从 χ^2 分布的自由度为 n 的随机变量.

f1[x_]:=Evaluate[PDF[aa1,x]]是 aa1 的概率密度函数；
F1[x_]:=Evaluate[CDF[aa1,x]]是 aa1 的分布函数；
Quantile[aa1,1-α]为 aa1 的上 α 分位点；
Radom[aa1]是一个服从 χ^2 分布的自由度为 n 的随机数.
In[1]:=≪Statistics`　　　　　　　　　　　　　　　（*加载统计学工具箱*）
In[2]:=aa4=ChiSquareDistribution[4]
　　　　　　　　　　　　　　　　　（*产生一个服从参数为 4 的 χ^2 分布的随机变量*）
In[3]:=f4[x_]:=Evaluate[PDF[aa4,x]]　　　　　（*定义其概率密度函数*）
In[4]:=f4[2.]　　　　　　　　　　　　　　　　　（*计算函数值*）
Out[4]=0.18394
In[5]:=g4=Plot[f4[x],{X,0,19}]　　　　　　（*绘制概率密度函数的图形*）
Out[5]=

—Graphics—

In[6]:=aa6=ChiSquareDistrbution[6];
　　　　　　　　　　　　　　　　　（*产生一个服从参数为 6 的 χ^2 分布的随机变量*）
In[7]:=f6[x_]:=Evaluate[PDF[aa6,x]]　　　　　（*定义其概率密度函数*）
In[8]:=g6=Plot[f6[x],{x,0,19}]　　　　　　（*绘制概率密度函数的图形*）
Out[8]=

—Graphics—

```
In[9]:=aa11=ChiSquareDistribution[11];
```
(*产生一个服从参数为 11 的 χ^2 分布的随机变量*)
```
In[10]:=f11[x_]:=Evaluate[PDF[aa11,x]]
```
(*定义其概率密度函数*)
```
In[11]:=g11=Plot[f11[x],{x,0,19}]
Out[11]=
```

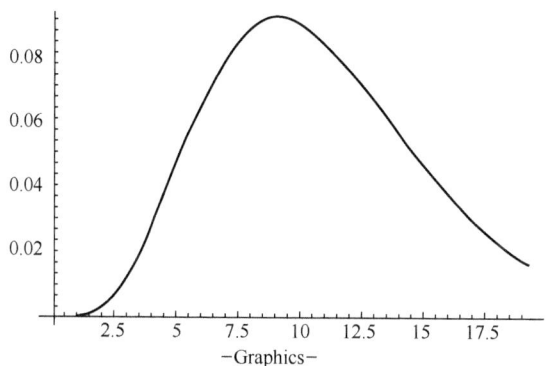

```
In[12]:=gaa=Show[Graphics[{Text["n= 4",{2.2,0.195}],Text["n=6",{4.9,
0.14}],Text["n=11",{9.5,0.1}]}]]
```
(*为图形中的曲线加标注*)
```
Out[12]=-Graphics-
In[13]:=Show[{g4,g6,g11,gaa}]
```
(*输出组合图形*)
```
Out[13]=
```

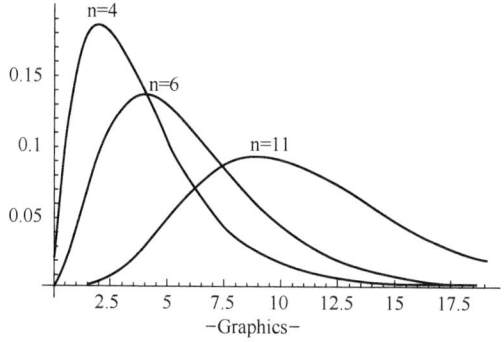

```
In[14]:=g11[x_]:=Evaluate[CDF[aa11,x]]
```
(*定义其分布函数*)
```
In[15]:=g11[16]
```
(*计算函数的精确值*)
```
Out[15]=
```
GammaRegularized$\left[\dfrac{11}{2}, 0, 8\right]$

In[16]:=g11[16.]   (*计算函数的近似值*)
Out[16]=0.858869
In[17]:=Plot[g11[x],{x,0,39}]   (*绘制分布函数的图形*)
Out[17]=

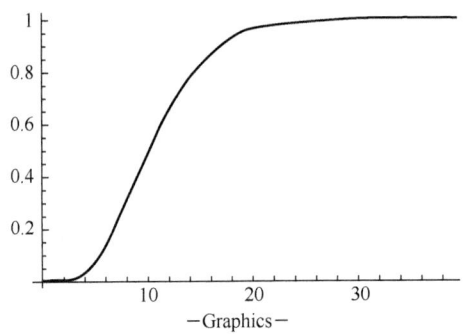

In[18]:=FindRoot[g11[x]==0.95,{x,9}]   (*计算上 α(α=0.05)分位点*)
Out[18]={x→19.6751}

In[19]:=$\int_{19.6751}^{\infty} g11[x]dx$ (*验证上 α(α=0.05)分位点*)

Out[19]=0.0500003

In[20]:=Quantile[aa1,0.95]   (*用另外一种方式计算上 α(α=0.05)分位点*)

Out[20]=19.6751

In[21]:=Random[aa11]   (*生成一个参数为11服从 χ^2 分布的随机数*)

Out[21]:=13.6576

In[22]:=Table[Random[aa1],{10}] (*生成 10 个参数为 11 服从 χ^2 分布的随机数*)
Out[22]={0.9391,11.805,22.526,7.23667,7.78992,4.2522,16.5048,4.35672,13.6165,12.6613}

In[23]:=sss1=Table[Random[aa11],{10000}];
                                  (*生成 10000 个参数为 11 服从 χ^2 分布的随机数*)
In[24]:=≪Graphics`   (*加载图形工具箱*)
In[25]:=Histogram[sss1]   (*绘制直方图*)
out[25]=

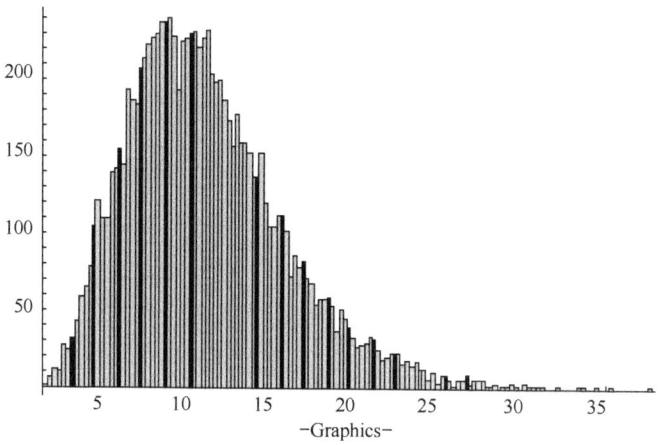

(2) Student 氏-t 分布.

```
In[26]:=Clear[n];n=16;                        (*清除变量的赋值*)
In[27]:=aa2=StudentTDistribution[n]
                              (*产生一个服从参数为16的t分布的随机变量*)
In[28]:=f2[x_]:=Evaluate[PDF[aa2,x]]         (*定义其概率密度函数*)
In[29]:=f2[3.]                                (*计算函数值*)
Out[29]=0.0088442
In[30]:=Plot[f2[x],{x,-6,6}]              (*绘制概率密度函数的图形*)
Out[30]=
```

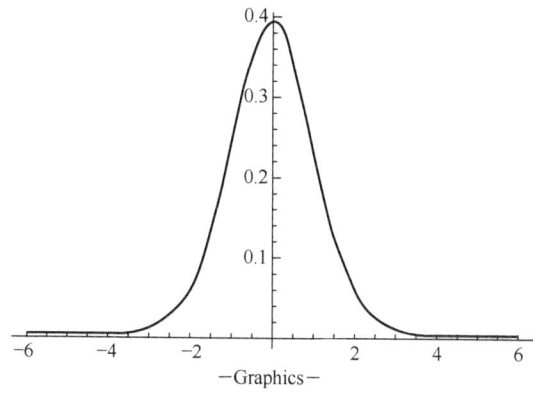

```
In[31]:=g2[x_]:=Evaluate[CDF[aa2,x]]          (*定义其分布函数*)
In[32]:=g2[2]                              (*计算函数的精确值*)
```

$\text{Out}[32]=\dfrac{1}{2}\left(1+\text{BetaRegularized}\left[\dfrac{4}{5},1,8,\dfrac{1}{2}\right]\right)$

In[33]:=g2[2.]　　　　　　　　　　　　　　　（*计算函数的近似值*）

Out[33]=0.968614

In[34]:=Plot[g2[x],{x,-6,6}]　　　　　　　　（*绘制分布函数的图形*）

Out[34]=

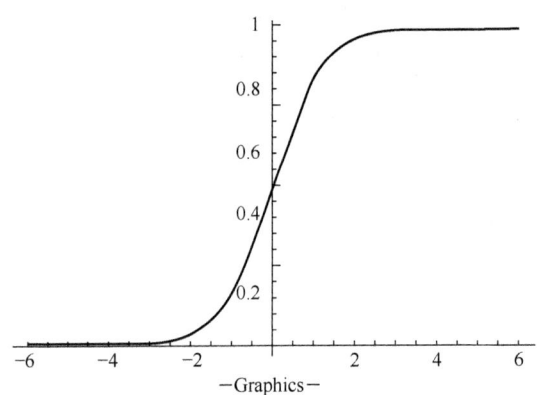

In[35]:=FindRoot[g2[x]==0.95,{x,1,3}]　　　（*计算上 α(α=0.05)分位点*）

Out[35]={x→1.74588}

In[36]:=$\int_{1.74588}^{\infty}$ f2[x]dx　　　　　　　　　（*验证上 α(α=0.05)分位点*）

Out[36]:=0.0500003

In[37]:=Quantile[aa2,0.95]　　　　（*用另外一种方式计算上 α(α=0.05)分位点*）

Out[37]=1.74588

In[38]:=Random[aa2]　　　　　　（*生成一个参数为16服从的 t 分布的随机数*）

Out[38]=1.39094

In[39]:=Table[Random[aa2],{10}]

　　　　　　　　　　　　　　　（*生成 10 个参数为 16 服从的 t 分布的随机数*）

Out[39]={1.45502,0.174616,1.40715,-0.713214,0.483945,-0.966323,-1.03825,
0.14931,0.571873,-1.60924}

In[40]:=sss2=Table[Random[aa2],{10000}];

　　　　　　　　　　　　　　（*生成 10000 个参数为 16 服从的 t 分布的随机数*）

In[41]:=≪Graphics　　　　　　　　　　　　　　　　　　　（*加载图形包*）

In[42]:=Histogram[sss2]　　　　　　　　　　　　　　　　（*绘制直方图*）

Out[42]=

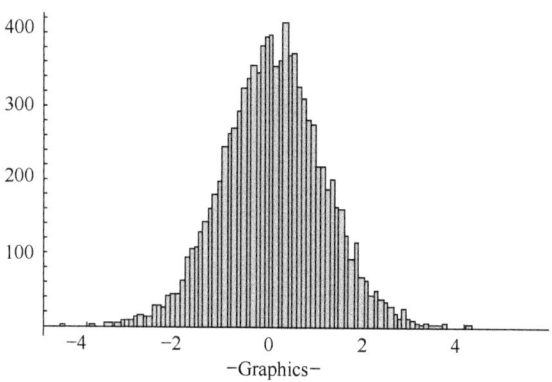

(3) F 分布.

```
In[43]:=Clear[n,m];n=16;m=19;          (*清除变量赋值,输入参数值*)
In[44]:=aa3=FRatioDistribution[n,m];   (*生成服从 F(16,19)分布的随机变量*)
In[45]:=f3[x_]:=Evaluate[PDF[aa3,x]]   (*定义其概率密度函数*)
In[46]:=f3[9]                          (*计算函数的精确值*)
```

$$\text{Out}[46]=\frac{65526562816}{34271896307633\sqrt{17}}$$

```
In[47]:=f3[9.]                         (*计算函数的近似值*)
Out[47]=0.000463719
In[48]:=Plot[f3[x],{x,0,9}]            (*绘制概率密度函数的图形*)
Out[48]=
```

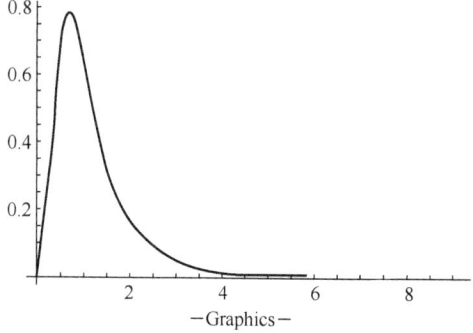

```
In[49]:=g3[x_]:=Evaluate[CDF[aa3,x]]   (*绘制分布函数的图形*)
In[50]:=g3[6]                          (*计算函数的精确值*)
```

$$\text{Out}[50]=\text{BetaRegularised}\left[\frac{11}{47},1,\frac{11}{2},3\right]$$

```
In[51]:=g3[6.]                         (*计算函数的近似值*)
Out[51]=0.994666
In[52]:=Plot[g3[x],{x,0,9}]            (*绘制分布函数的图形*)
```

Out[52]=

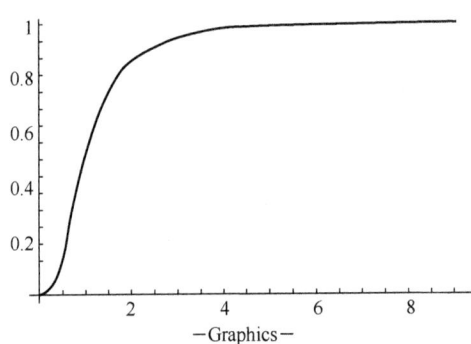

In[53]:=FindRoot[g3[x]==0.95,{x,9}]　　　　(*计算上 α(α=0.05)分位点*)
Out[53]={x→2.98897}
In[54]:=$\int_{3.09461}^{\infty}$f3[x]dx　　　　(*验证上 α(α=0.05)分位点*)
Out[54]=0.0451076
In[55]:=Quantile[aa3,0.95]　　(*用另外一种方式计算上 α(α=0.05)分位点*)
Out[55]=2.98897
In[56]:=Random[aa3]　　　　(*生成一个服从 F(16,19)分布的随机数*)
Out[56]=1.09471
In[57]:=Table[Random[aa3],{10}]　(*生成 10 个服从 F(16,19)分布的随机数*)
Out[57] = {2.45101, 1.14237, 0.59226, 1.14065, 2.29024, 0.755578, 0.62043, 1.13998, 0.694879, 1.13243}
In[58]:=sss3=Table[Random[aa3],{10000}];
　　　　　　　　　　　　　　　　(*生成 10000 个服从 F(16,19)分布的随机数*)
In[59]:=≪Graphics`　　　　　　　　　　　　　(*加载图形工具箱*)
In[60]:=Histogram[sss3]　　　　　　　　　　(*绘制直方图*)
Out[60]=

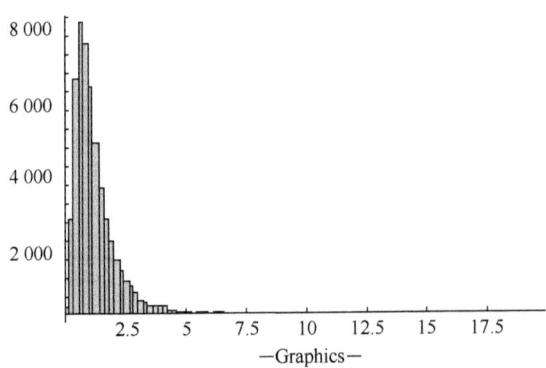

5) 区间估计

(1) 正态总体参数的区间估计.

设总体 X 服从正态分布 $N(\mu,\sigma^2)$.

① 方差 σ^2 已知.

枢轴变量 $\dfrac{\overline{X}-\mu}{\sigma/\sqrt{n}}$ 服从标准正态分布 $N(0,1)$;

均值的置信度为 $1-\alpha$ 的置信区间 $\left(\overline{X}-\dfrac{\sigma}{\sqrt{n}}z_{\alpha/2},\overline{X}+\dfrac{\sigma}{\sqrt{n}}z_{\alpha/2}\right)$.

② 方差 σ^2 未知.

枢轴变量 $\dfrac{\overline{X}-\mu}{s/\sqrt{n}}$ 服从自由度为 $n-1$ 的 t 分布 $t(n-1)$;

均值的置信度为 $1-\alpha$ 的置信区间 $\left(\overline{X}-\dfrac{s}{\sqrt{n}}t_{\alpha/2}(n-1),\overline{X}+\dfrac{s}{\sqrt{n}}t_{\alpha/2}(n-1)\right)$.

在 Mathematica 软件中关于求置信区间的语句是 MeanCI,在方差未知时给出的由 t 分布作出的置信度为 0.95 的置信区间.

例 7 有一大批袋装糖果,现从中随机地取出 16 袋,称得质量(g)如下:

506,508,499,503,504,510,497,512,

514,505,493,496,506,502,509,496.

设袋装糖果的质量近似地服从正态分布,试求总体均值 μ 的置信区间与总体方差 σ^2 的置信区间(置信度分别为 0.95 与 0.90).

```
In[1]:=≪Statistics`                    (*加载统计学工具箱*)
In[2]:=d1={506,508,499,503,504,510,497,512,514,505,493,496,506,502,509,
496}                                    (*输入初始数据*)
Out[2]=d1={506,508,499,503,504,510,497,514,505,493,496,506,502,509,496}
In[3]:=MeanCI[dd1]        (*由t分布作出的置信度为0.95的置信区间*)
Out[3]={499.876,506524}
```

注:MeanCI[ ]语句有以下选项(options).

- ConfidenceLevel->1-α   当 1-α=0.95 时,可以省略该选项.
- KnowVariance->σ_0^2 当该选项为缺省时,默认方差未知.

```
In[4]:=Variance[d1]//N                  (*计算样本方差*)
Out[4]=36.0286
In[5]:=MeanCI[d1,KnownVariance->36.0286]
                        (*当方差已知时,置信度为0.95的置信区间*)
Out[5]={500.162,506.238}
```

通过以上实验可以发现,对于单个正态总体均值的区间估计,用样本方差代替总体方差比方差未知时得到的置信区间要短,从而精度要高.

在 Mathematica 软件中,求方差的置信区间的语句是 Variance,该命令只有一个选项,ConfidenceLevel—>1-α,当 1-α=0.95 时,可以省略该选项.

```
In[6]=VarianceCI[d1]     (*求总体方差的置信度为0.95的置信区间*)
Out[6]={19.3117,89.6118}
```

```
In[7]:=VarianceCI[dd1,ConfidenceLevel→0.9]
```
(*求总体方差的置信度为 0.9 的置信区间*)
```
Out[7]={21.2964,76.7536}
In[8]:=VarianceCI[dd1,ConfideceLevel→0.8]
Out[8]:={23.9459,64.7536}
In[9]:=Map[Sqrt,VarianceCI[d1]]
```
(*计算样本标准差*)
```
Out[9]:={4.58156,9.59901}
```

(2) 两个正态总体均值差与方差比的区间估计.

设有两个正态总体 X,Y,X 服从正态分布 $N(\mu_1,\sigma_1^2)$,Y 服从正态分布 $N(\mu_2,\sigma_2^2)$. 设 X_1, $X_2,\cdots,X_{n_1}$ 是总体 X 的一个样本,$Y_1,Y_2,\cdots,Y_{n_2}$ 是总体 Y 的一个样本,它们相互独立,n_1,n_2 为它们的样本容量,其样本均值为 $\overline{X},\overline{Y}$,样本方差 S_1^2,S_2^2 分别为两总体的样本方差.

在 Mathematica 软件中关于均值差置信区间的语句是 MeanDifferenceCI,求方差比置信区间的语句是 FratioCI.

```
In[10]:=≪Statistics
In[11]:=list1={0.143,0.142,0.143,0.137};
In[12]:=list2={0.140,0.142,0.136,0.138,0.140};
In[13]:=MeanDifferenceCI[list1,list2,EqualVariances→True]
Out[13]={-0.00199635,0.00609635}
In[14]:=VarianceRatioCI[list1,list2]
Out[14]={0.158985,23.9583}
In[15]:=FratioCI[0.34/0.29,17,12,ConfidenceLevel→0.90]
Out[15]={0.453924,2.79111}
```

6) 假设检验

当检验问题涉及一个正态总体时,设总体 $X\sim N(\mu,\sigma^2)$,$\overline{X}$ 为样本均值,S^2 为样本方差. 当检验问题涉及两个正态总体时,设第一个总体 $X\sim N(\mu_1,\sigma_1^2)$,第二个总体 $Y\sim N(\mu_2,\sigma_2^2)$,$n_1,n_2$ 分别为两样本的容量,$\overline{X},S_1^2$ 分别为第一个总体的样本均值与样本方差,$\overline{Y},S_2^2$ 分别为第二个总体的样本均值与样本方差,且设两个样本相互独立. 在对问题作检验时,当统计量的观测值落入拒绝区域 W 时拒绝 H_0,否则接受 H_0. 在 Mathematica 中上述判定方法也可以改为用检验统计量的 P-Value 来判定. 其中 P-Value 的定义是在 H_0 成立条件下,对检验统计量的概率密度从该统计量的观察值到正无穷的积分值. 例如单边检验问题:$H_0:\mu=\mu_0$,$H_1:\mu>\mu_0$ 拒绝域 $Z\geqslant z_\alpha$,其中 $Z=\dfrac{\overline{X}-\mu_0}{\sigma/\sqrt{n}}$. $Z>z_\alpha$ 成立的充要条件是

$$P-\text{Value}=\int_z^{+\infty}\varphi(x)\mathrm{d}x<\alpha.$$

(1) 一个正态总体均值、方差的检验.

(a) 均值的检验问题.

例 8 设某种电子元件的寿命 X(单位:h)服从正态分布 $N(\mu,\sigma^2)$. μ,σ^2 均未知,现测得 16 只元件的寿命如下:

$$159,280,101,212,224,379,79,264,$$
$$222,362,168,250,149,260,485,170.$$

问是否有理由认为元件的平均寿命大于等于 225(h),是否有理由认为这种元件寿命的方

差小于等于 85^2?

分析 这是正态总体方差未知时均值的单边检验问题,即

问题① $H_0:\mu=225,H_1:\mu>225.$

问题② $H_0:\sigma^2=85^2,H_1:\sigma^2<85^2.$

分别用 t 检验和 χ^2 检验.

In[1]:=data1={159,280,101,212,224,379,179,264,222,362,168,250,149,260,485,170};

In[2]:=MeanTest[data1,225,TwoSided->False,KnownVariance->None,SignificanceLevel->0.05,FullReport-True]

Out[2]={FullReport-->Mean   TestStat   DF
                    241.5   0.668518   15
StudentTDistribution,OnesidedPValue->0.25698
Accept null hypothesis at significance level->0.05}

注:Out[2]给出检验结果报告:样本均值 $\bar{x}=241.5$,所用的检验统计量为 t 分布统计量,自由度为 15,检验统计量的观测值为 0.668 518,单边检验的 P 值为 0.256 98,在检验水平 $\alpha=0.05$ 时,接受原假设,即认为元件的平均寿命不大于 225.

TwoSided->False,KnownVariance->None 为默认值,可省略.

(b) 方差的检验问题.

In[3]:=VarianceTest[data1,85^2,SignificanceLevel->0.05,FullReport->True]

Out[3]={FullReport->Variance   TestStat   DF
                   9746.8   21.5846   15
ChiSquare Distribution OneSidedPValue->0.11916
Accept null hypothesis at significance level->0.05}

注:Out[3]给出检验结果报告:样本方差 $S^2=9746.8$,所用的检验统计量为 χ^2 分布统计量,自由度为 15,检验统计量的观察值为 21.5846,单边检验的 P 值为 0.119 16。在检验水平 $\alpha=0.05$ 时,接受原假设,即元件寿命的方差小于 85^2.

(2) 两个正态总体均值差、方差比的检验.

例 9 测得两批电子器件的样品的电阻(Ω)为

A 批(x):0.140,0.138,0.143,0.142,0.144,0.137;

B 批(y):0.135,0.140,0.142,0.136,0.138,0.140.

设这两批器件的电阻值总体服从分布 $N(\mu_1,\sigma_1^2),N(\mu_2,\sigma_2^2)$,且两样本独立,检验这两批器件的电阻值的均值与方差是否有显著差异($\alpha=0.05$)?

分析 这是两个正态总体均值差是否等于零的双边检验问题和两个正态总体方差比是否等于 1 的双边问题.即

问题① $H_0:\mu_1-\mu_2=0,H_1:\mu_1-\mu_2\neq 0.$

问题② $H_0:\dfrac{\sigma_1^2}{\sigma_2^2}=1,H_1:\dfrac{\sigma_1^2}{\sigma_2^2}\neq 1.$

In[4]:=list1={0.140,0.138,0.143,0.142,0.144,0.137};
In[5]:=list2={0.135,0.140,0.142,0.136,0.138,0.140};
In[6]:= MeanDifferenceTest[list1,list2,0,KnownVariance->None,EqualVari-ance->False,SignificanceLevel->0.05,TwoSided->True,FullReport->True]

Out[6]={Fullreport->MeanDiff   TestStat   DF
                    0.00216667   1.37185   9.97383
StudentTDistribution,TwosidedPValue->0.200179,
Accept null hypothesis at significanceLevel->0.05}

注：选项 KnownVariance—>None,EqualVariance—>False 为默认值,可省略.

In[7]:=VarianceRatioTest[list1,list2,1,SignificanceLevel->0.05,Two-Sided->True,FullReport->True].

Out[7]{FullReport->Ratio   TestStat   NumDF   DenDF
                   1.10789   1010789   5   5
Fratio Distribution TwoSidedPValue->0.913152,
Accept null hypothesis at significanceLevel->0.05}

由 Out[7]知两总体方差相等的假设成立,因此在方差相等条件下,再作一次均值是否相等的检验.

In[8]:=MeanDifferenceTest[list1,list2,0,EqualVariances-> True,Signif-icanceLevel->0.05,TwoSided->True,FullReport->True]

Out[8]={FullReport->MeanDiff   TestStat   DF
                    0.00216667   1.37185   10
StudentTDistribution TwoSidedPValue->0.200102,
Accept null hypothesis at significanceLevel->0.05}

7) 方差分析

利用 Mathematica 的语句与函数可以很方便地进行方差分析的计算,另外在 Mathematica 5.0 版本中也新加了进行方差分析的语句.

例 10 设有 3 台机器,用来生产规格相同的铝合金薄板. 取样,测量薄板的厚度精确至千分之一厘米,结果如附表 1.1 所示.

附表 1.1

机器 1	机器 2	机器 3
0.236	0.257	0.258
0.238	0.253	0.264
0.248	0.255	0.259
0.245	0.254	0.267
0.243	0.261	0.262

这里,试验的指标是薄板的厚度,机器为因素,不同的 3 台机器就是这个因素的 3 个不同的水平. 我们假定除机器这一因素外,材料的规格、操作人员的水平等其他条件都相同,这是单因素试验. 试验的目的是为了考察各台机器所生产的薄板的厚度有无显著的差异,即考察机器这一因素对厚度有无显著的影响. 如果厚度有显著差异,就表明机器这一因素对厚度的影响是显著的.

```
In[1]:=Clear[s,n1,n2,n3,n]                    (*清除变量的赋值*)
In[2]:=S=3;                                    (*输入水平的个数*)
In[3]:=Ns={5,5,5};                             (*各水平的独立实验次数*)
In[4]:=N=15;
In[5]:= A = {{0.236,0.238,0.248,0.245,0.243},{0.257,0.253,0.255,0.254,
0.261},{0.258,0.264,0.259,0.267,0.262}}        (*输入实验数据*)
Out[5]={{0.236,0.238,0.248,0.245,0.243},{0.257,0.253,0.255,0.254,0.261},
{0.258,0.264,0.259,0.267,0.262}}
In[6]:=Transpose[a]//MatrixForm                (*将实验数据表示成矩阵*)
Out[6]=
```

$$\begin{pmatrix} 0.236 & 0.257 & 0.258 \\ 0.238 & 0.253 & 0.264 \\ 0.248 & 0.255 & 0.259 \\ 0.245 & 0.254 & 0.267 \\ 0.243 & 0.261 & 0.262 \end{pmatrix}$$

```
In[7]:=t=Table[Sum[a[[i,j]],{j,1,5}],{i,1,3}]  (*计算各水平的样本和*)
Out[7]={1.21,1.28,1.31}
In[8]:=T=Sum[t[[i]],{i,1,3}]                   (*计算样本的总和*)
Out[8]=3.8
In[9]=St=Sum[a[[i,j]]^2,{i,1,3},{j,1,5}]- T^2/n   (*计算总变差*)
Out[9]=0.00124533
In[10]:=Sa= Sum[t[[j]]^2/ns[[j]],{j,1,3}]- T^2/n  (*计算效应平方和*)
Out[10]=0.00105333
In[11]:=Se=St- Sa                              (*计算误差平方和*)
Out[11]=0.000192
In[12]:=F=(Sa/(s- 1))/(Se/(n- s))              (*计算F比*)
Out[12]:=32.9167
```

因为 $F_{0.05}(2,12)=3.89<32.9167$,因此在水平 0.05 下拒绝 H_0,认为各台机器生产薄板的厚度有显著差异.

8) 回归分析

在 Mathematica 中关于进行回归分析的语句是 Regress,利用该语句可以进行一元回归分析与多元回归分析.

例 11 为研究某一化学反应过程中温度 x(℃)对产品得率 y(%)的影响,测得数据如附表 1.2 所示.

附表 1.2

温度 x/℃	100	110	120	130	140	150	160	170	180	190
得率 y/%	45	51	54	61	66	70	74	78	85	89

这里自变量 x 是普通变量,y 是随机变量. 求 y 关于 x 的线性回归方程.

```
In[1]:=aa={100,110,120,130,140,150,160,170,180,190}          (*输入数据*)
Out[1]={100,110,120,130,140,150,160,170,180,190}
In[2]:=bb={45,51,54,61,66,70,74,78,85,89}                     (*输入数据*)
Out[2]={45,51,54,61,66,70,74,78,85,89}
In[3]:=cc=Table[{aa[[i]],bb[[i]]},{i,1,Length[aa]}]           (*组成二维数据*)
Out[3]={{100,45},{110,51},{120,54},{130,61},{140,66},{150,70},{160,74},
{170,78},{180,85},{190,89}}.
In[4]:=ListPlot[cc,PlotStyle→PointSize[0.02]]                 (*绘制散点图*)
Out[4]=
```

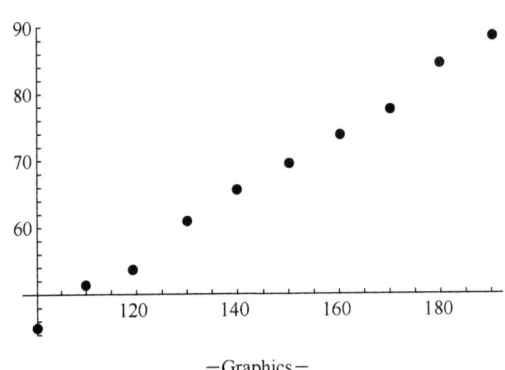

—Graphics—

由散点图可知,变量 x 与 y 具有线性函数 $a+bx$ 的关系.

```
In[5]:=≪Statistics`                                           (*加载统计学软件包*)
In[6]:=(regress=Regress[cc,{1,x},x];Chop[regress,10^(-6)])
                  (*进行一元线性回归分析,并去掉运算结果中绝对值小于 $10^{-6}$ 的数*)
Out[6]=
        Estimate    SE       Tstat     PValue
{ParameterTable→1  -2.73939  1.5465   -1.77135  0.11445,RSquared→0.996261,
AdjustedRSquared→0.995794,x  0.48303  0.0104622  46.169   0
                                        DF  SumofSq  MeanSq  Fratio  PValue
                                  Model  1  1924.88  1924.88 2131.57 0
 EstimateDVariance→0.90303,ANOVATable→Error  8  7.22424  0.90303
                                        Total 9  1932.1
```

注:运算结果给出了参数和方差说明表,在参数表中"Estimate"一列中给出了回归系数 a 与 b 的点估计,即 $\hat{a}=-2.73939, \hat{b}=0.48303$,"Tstat"一列的第二行给出了统计量 $t=\dfrac{\hat{b}-b}{\hat{\sigma}}\sqrt{S_{xx}}$ 的观察值 $t=46.169$,参数表的"Rsquared ->0.996 261"表示相关系数 r 的平方 $r^2=0.996\ 261, r=0.998\ 129$,在方差分析表中"DF"一列表示自由度,"SumofSq"一列第一行表示回归平方和 $U=1924.88$,第二行表示残差平方和 $Q=7.22424$,第三行表示总偏差平方和 $S_{yy}=Q+U=1932.1$. "MeanSq"一列第二行表示方差的无偏估计 $\hat{\sigma}^2=\dfrac{Q}{n-2}=0.90303$, Fratio 为统计量 $F=\dfrac{(n-2)U}{Q}$ 的计算值 $F=2131.57$. 注意到这里的 $n_1=1, n_2=8$,若取显著水平为 0.025,计算 F 分布的值有

In[7]:=Quantile[FRatioDistribution[1,8],0.975]

(*计算上 $\alpha(\alpha=0.025)$ 分位点*)

Out[7]=7.57088

显然有 $F=2131.57>7.57088$,在此显著水平下认可样本具有回归所得的线性关系. 根据运算结果可以看出得到的回归直线方程为 $\hat{y}=-2.73939+0.48303x$.

例 12 在某一地区,抽查了 15 个各个年龄段的人的身高 H 与体重 W,得到数据如附表 1.3 所示.

附表 1.3

高度 H/m	0.75	0.86	0.95	1.08	1.12	1.16	1.35	1.51
重量 W/kg	10.0	12.0	15.0	17.0	20.0	22.0	35.0	41.0
高度 H/m	1.55	1.60	1.63	1.67	1.71	1.78	1.85	
重量 W/kg	48.0	50.0	51.0	54.0	59.0	66.0	75.0	

试由此确定出这一地区人口的身高与体重间关系.

In[8]:=aa={0.75,0.86,0.95,1.08,1.12,1.16,1.35,1.51,1.55,1.60,1.63,1.67,1.71,1.78,1.85}

Out[8]={0.75,0.86,0.95,1.08,1.12,1.16,1.35,1.51,1.55,1.60,1.63,1.67,1.71,1.78,1.85}

In[9]:=bb={10.0,12.0,15.0,17.0,20.0,22.0,35.0,41.0,48.0,50.0,51.0,54.0,59.0,66.0,75.0}

Out[9]={10.0,12.0,15.0,17.0,20.0,22.0,35.0,41.0,48.0,50.0,51.0,54.0,59.0,66.0,75.0}

In[10]:=cc=Table[{aa[[i]],bb[[i]]},{i,1,Length[aa]}]

Out[10]={{0.75,10},{0.86,12},{0.95,15},{1.08,17},{1.12,20},{1.16,22},{1.35,35},{1.51,41},{1.55,48},{1.6,50},{1.6,51},{1.67,54},{1.71,59},{1.78,66},{1.85,75}}

In[11]:=ListPlot[cc,PlotStyle->PointSize[0.02]]

Out[11]=

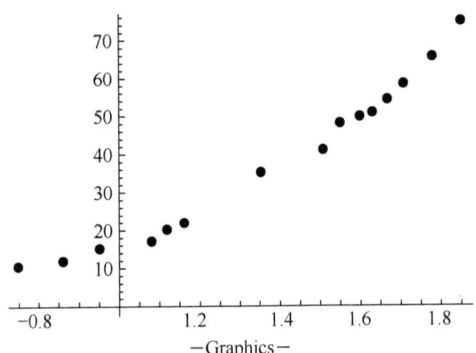
—Graphics—

In[12]=cc1=Map[Log, cc]
Out[12]={{-0.287682,2.30259},{-0.150823,2.48491},{-0.0512933,2.70805},
{0.076961,2.83321},{0.113329,2.99573},{0.14842,3.09104},{0.300105,3.55535},
{0.41211,3.71357},{0.438255,3.8712},{0.470004,3.91202},{0.48858,3.93183},
{0.512824,3.98898},{0.536493,4.07754},{0.576613,4.18965},{0.615186,4.31749}}

In[13]:=ListPlot[cc1,PlotStyle→PointSize[0.015]]

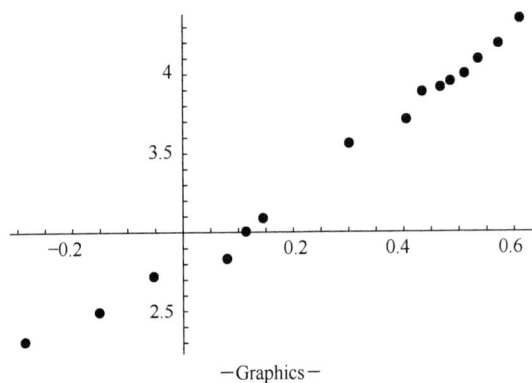
—Graphics—

In[14]:=≪Statistics
In[15]:=(regress=Regress[cc1{1,x},x];
Chop[regress,10^(-6)])
Out[15]=:   Estimate   SE   Tstat   PValue,
{ParameterTable->1 2.81808   0.0281512   100.105   0
                x   2.3105   0.0715462   32.2939   0

Rsquared->0.987688, AdjustedRsquared->0.986741, EstimatedVariance->
0.00587019, DoF SumofSq MeanSq Fratio PValue}
ANOVATable->
              Model   1   6.12199   6.12199   1042.9   0

```
             Error     13    0.0763124    0.00587019
             Total     14    6.1983
```

注：在以上结果中，"Estimate"所对应的一列中给出了回归系数 a 与 b 的点估计，即 $\hat{a}=2.3105, \hat{b}=2.81808$，"Tstat"一列的第二行给出了统计量 $t=\dfrac{\hat{b}-b}{\hat{\sigma}}\sqrt{S_{xx}}$ 的观察值 $t=32.2939$，"Rsquared->0.987688"表示相关系数 r 的平方 $r^2=0.987688$；这时 $r=0.993825$，这说明 x 与 y 高度线性相关。在方差分析表中"DoF"一列表示自由度，"SumofSq"一列第一行表示回归平方和 $U=6.12199$，第二行表示残差平方和 $Q=0.0763124$，第三行表示总偏差平方和 $S_{yy}=Q+U=6.1983$，"MeanSq"一列第一行表示方差的无偏估计 $\hat{\sigma}^2=\dfrac{Q}{n-2}=0.00587019$，Fratio 为统计量 $F=\dfrac{(n-2)U}{Q}$ 的计算值 $F=1042.9$。

注意到这里的 $n_1=1, n_2=13$，若取显著水平为 0.025，计算 F 分布的上 $\alpha(\alpha=0.025)$ 分位点的值有

```
             Quantile[FRatioDistribution[1,13],0.975]= 6.41425,
```

而 $F=1031.3>6.41425$，在此显著水平下认可样本具有回归所得的线性关系 $\hat{y}=2.81808+2.3105x$。Regress 命令还可用于进行多元回归，命令格式完全相同。

附录2 常用统计分布表

附表2.1 泊松分布概率值表

$$P\{X=m\}=\frac{\lambda^m}{m!}e^{-m}$$

m \ λ	0.1	0.2	0.3	0.4	0.5	0.6	0.7	0.8
0	0.904 837	0.818 731	0.740 818	0.676 320	0.606 531	0.548 812	0.496 585	0.449 329
1	0.090 484	0.163 746	0.222 245	0.268 128	0.303 265	0.329 287	0.347 610	0.359 463
2	0.004 524	0.016 375	0.033 337	0.053 626	0.075 816	0.098 786	0.121 663	0.143 785
3	0.000 151	0.001 092	0.003 334	0.007 150	0.012 636	0.019 757	0.028 388	0.038 343
4	0.000 004	0.000 055	0.000 250	0.000 715	0.001 580	0.002 964	0.004 968	0.007 669
5		0.000 002	0.000 015	0.000 057	0.000 158	0.000 356	0.000 696	0.001 227
6			0.000 001	0.000 004	0.000 013	0.000 036	0.000 081	0.000 164
7					0.000 001	0.000 003	0.000 008	0.000 019
8							0.000 001	0.000 002

m \ λ	0.9	1.0	1.5	2.0	2.5	3.0	3.5	4.0
0	0.406 570	0.367 879	0.223 130	0.135 335	0.082 085	0.049 787	0.030 197	0.018 316
1	0.359 130	0.367 879	0.334 695	0.270 671	0.205 212	0.149 361	0.105 691	0.073 263
2	0.164 661	0.183 940	0.251 021	0.270 671	0.256 516	0.224 042	0.184 959	0.146 525
3	0.049 398	0.061 313	0.125 510	0.180 447	0.213 763	0.224 042	0.215 785	0.195 367
4	0.011 115	0.015 328	0.047 067	0.090 224	0.133 602	0.168 031	0.188 812	0.195 367
5	0.002 001	0.003 066	0.014 120	0.036 089	0.066 801	0.100 819	0.132 169	0.156 293
6	0.000 300	0.000 511	0.003 530	0.012 030	0.027 834	0.050 409	0.077 098	0.104 196
7	0.000 039	0.000 073	0.000 756	0.003 437	0.009 941	0.021 604	0.038 549	0.059 540
8	0.000 004	0.000 009	0.000 142	0.000 859	0.003 106	0.008 102	0.016 865	0.029 770
9		0.000 001	0.000 024	0.000 191	0.000 863	0.002 701	0.006 559	0.013 231
10			0.000 04	0.000 038	0.000 216	0.000 810	0.002 296	0.005 292
11				0.000 007	0.000 049	0.000 221	0.000 730	0.001 925
12				0.000 001	0.000 010	0.000 055	0.000 213	0.000 642
13					0.000 002	0.000 013	0.000 057	0.000 197
14						0.000 002	0.000 014	0.000 056
15						0.000 001	0.000 003	0.000 015
16							0.000 001	0.000 004
17								0.000 001

续表

m \ λ	4.5	5.0	5.5	6.0	6.5	7.0	7.5	8.0
0	0.011 109	0.006 738	0.004 087	0.002 479	0.001 503	0.000 091 2	0.000 553	0.000 335
1	0.049 990	0.033 690	0.022 477	0.014 873	0.009 773	0.006 383	0.004 148	0.002 684
2	0.112 479	0.084 224	0.061 812	0.044 618	0.031 760	0.022 341	0.015 556	0.010 735
3	0.168 718	0.140 374	0.113 323	0.089 235	0.068 814	0.052 129	0.038 888	0.028 626
4	0.189 808	0.175 467	0.155 819	0.133 853	0.111 822	0.091 226	0.072 917	0.057 252
5	0.170 827	0.175 467	0.171 001	0.160 623	0.145 369	0.127 717	0.109 374	0.091 604
6	0.128 120	0.146 223	0.157 117	0.160 623	0.157 483	0.149 003	0.136 719	0.122 138
7	0.082 363	0.104 445	0.123 449	0.137 677	0.146 234	0.149 003	0.146 484	0.139 587
8	0.046 329	0.065 278	0.084 872	0.103 258	0.118 815	0.130 377	0.137 328	0.139 587
9	0.023 165	0.036 266	0.051 866	0.068 838	0.085 811	0.101 405	0.114 441	0.124 077
10	0.010 424	0.018 133	0.028 526	0.041 303	0.055 777	0.070 983	0.085 830	0.099 262
11	0.004 264	0.008 242	0.014 263	0.022 529	0.032 959	0.045 171	0.058 521	0.072 190
12	0.001 599	0.003 434	0.006 537	0.011 264	0.017 853	0.026 350	0.036 575	0.048 127
13	0.000 554	0.001 321	0.002 766	0.005 199	0.008 927	0.014 188	0.021 01	0.029 616
14	0.000 178	0.000 472	0.001 086	0.002 228	0.004 144	0.007 094	0.011 305	0.016 924
15	0.000 053	0.000 157	0.000 399	0.000 891	0.001 796	0.003 311	0.005 652	0.009 026
16	0.000 015	0.000 049	0.000 137	0.000 334	0.000 730	0.001 448	0.002 649	0.004 513
17	0.000 004	0.000 014	0.000 044	0.000 118	0.000 279	0.000 596	0.001 169	0.002 124
18	0.000 001	0.000 004	0.000 014	0.000 039	0.000 100	0.000 232	0.000 487	0.000 944
19		0.000 01	0.000 004	0.000 012	0.000 035	0.000 085	0.000 192	0.000 397
20			0.000 01	0.000 004	0.000 011	0.000 030	0.000 072	0.000 159
21			0.000 001		0.000 004	0.000 010	0.000 026	0.000 061
22				0.000 001		0.000 003	0.000 009	0.000 022
23					0.000 001		0.000 003	0.000 008
24						0.000 001		0.000 003
25								0.000 001

m \ λ	8.5	9.0	9.5	10.0	20.0	30.0
0	0.000 203	0.000 123	0.000 075	0.000 045		
1	0.001 730	0.001 111	0.000 711	0.000 454		
2	0.007 350	0.004 998	0.003 378	0.002 270		
3	0.020 826	0.014 994	0.010 696	0.007 567		
4	0.442 55	0.033 737	0.025 403	0.018 917		
5	0.075 233	0.060 727	0.048 265	0.037 833	0.000 1	
6	0.106 581	0.091 090	0.076 421	0.063 055	0.000 2	
7	0.129 419	0.117 116	0.103 714	0.090 079	0.000 5	

续表

m \ λ	8.5	9.0	9.5	10.0	20.0	30.0
8	0.137 508	0.131 756	0.123 160	0.112 599	0.001 3	
9	0.129 869	0.131 756	0.130 003	0.125 110	0.002 9	
10	0.110 303	0.118 580	0.122 502	0.125 110	0.005 8	
11	0.085 300	0.097 020	0.106 662	0.113 736	0.010 6	
12	0.060 421	0.072 765	0.084 440	0.094 780	0.017 6	0.000 1
13	0.039 506	0.050 376	0.061 706	0.072 908	0.027 1	0.000 2
14	0.023 986	0.032 384	0.041 872	0.052 077	0.038 2	0.000 5
15	0.013 592	0.019 431	0.026 519	0.034 718	0.051 7	0.001 0
16	0.007 220	0.010 930	0.015 746	0.021 699	0.064 6	0.001 9
17	0.003 611	0.005 786	0.008 799	0.012 764	0.076 0	0.003 4
18	0.001 705	0.002 893	0.004 644	0.007 091	0.081 4	0.005 7
19	0.000 762	0.001 370	0.002 322	0.003 732	0.088 8	0.008 9
20	0.000 324	0.000 617	0.001 103	0.001 866	0.088 8	0.013 4
21	0.000 132	0.000 264	0.000 433	0.008 989	0.084 6	0.019 2
22	0.000 050	0.000 108	0.000 216	0.000 404	0.076 7	0.026 1
23	0.000 019	0.000 042	0.000 89	0.000 176	0.066 9	0.034 1
24	0.000 007	0.000 016	0.000 025	0.000 073	0.055 7	0.042 6
25	0.000 002	0.000 006	0.000 014	0.000 029	0.044 6	0.057 1
26	0.000 001	0.000 002	0.000 004	0.000 011	0.034 2	0.059 0
27		0.000 001	0.000 002	0.000 004	0.025 4	0.065 5
28			0.000 001	0.000 001	0.018 2	0.070 2
29				0.000 001	0.012 5	0.072 6
30					0.008 3	0.072 6
31					0.005 4	0.703 0
32					0.003 4	0.065 9
33					0.002 0	0.059 9
34					0.001 2	0.052 9
35					0.000 7	0.045 3
36					0.000 4	0.037 8
37					0.000 2	0.030 6
38					0.000 1	0.024 2
39					0.000 1	0.018 6
40						0.013 9
41						0.010 2
42						0.007 3
43						0.050 1
44						0.003 5

λ \ m	8.5	9.0	9.5	10.0	20.0	30.0
45						0.002 3
46						0.001 5
47						0.001 0
48						0.000 6

附表 2.2　标准正态分布函数值表

$$\Phi_0(x) = \frac{1}{\sqrt{2\pi}} \int_{-\infty}^{x} e^{-\frac{t^2}{2}} dt \quad (x \geqslant 0)$$

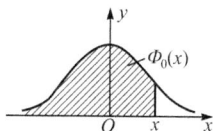

x	0.00	0.01	0.02	0.03	0.04
0.0	0.500 0	0.504 0	0.508 0	0.512 0	0.516 0
0.1	0.539 8	0.543 8	0.547 8	0.551 7	0.555 7
0.2	0.579 3	0.583 2	0.587 1	0.591 0	0.594 8
0.3	0.617 9	0.621 7	0.625 5	0.629 3	0.633 1
0.4	0.655 4	0.659 1	0.662 8	0.666 4	0.670 0
0.5	0.691 5	0.695 0	0.698 5	0.701 9	0.705 4
0.6	0.725 7	0.729 1	0.732 4	0.735 7	0.738 9
0.7	0.758 0	0.761 1	0.764 2	0.767 3	0.770 3
0.8	0.788 1	0.791 0	0.793 9	0.796 7	0.799 5
0.9	0.815 9	0.813 6	0.821 2	0.823 8	0.826 4
1.0	0.841 3	0.843 8	0.846 1	0.848 5	0.850 8
1.1	0.864 3	0.866 5	0.868 6	0.870 8	0.872 9
1.2	0.884 9	0.886 9	0.888 8	0.890 7	0.892 5
1.3	0.903 20	0.904 90	0.906 78	0.908 24	0.909 88
1.4	0.919 24	0.920 73	0.922 20	0.923 64	0.925 07
1.5	0.933 19	0.934 48	0.935 74	0.936 99	0.938 22
1.6	0.945 20	0.946 30	0.947 38	0.948 45	0.949 50
1.7	0.955 43	0.956 37	0.957 28	0.958 18	0.959 07
1.8	0.964 07	0.964 85	0.965 62	0.966 38	0.967 12
1.9	0.971 28	0.971 93	0.972 57	0.973 20	0.973 81
2.0	0.977 25	0.977 78	0.978 31	0.978 82	0.979 32
2.1	0.982 14	0.982 57	0.983 00	0.983 41	0.983 82
2.2	0.986 10	0.986 45	0.986 79	0.987 13	0.987 45

续表

x	0.00	0.01	0.02	0.03	0.04
2.3	0.989 28	0.989 56	0.989 83	0.990 10	0.990 36
2.4	0.991 80	0.992 02	0.992 24	0.992 45	0.992 66
2.5	0.993 79	0.993 96	0.994 13	0.994 30	0.994 46
2.6	0.995 34	0.995 47	0.995 60	0.995 73	0.995 86
2.7	0.996 53	0.996 64	0.996 74	0.996 83	0.996 93
2.8	0.997 45	0.997 52	0.997 60	0.997 67	0.997 74
2.9	0.998 13	0.998 19	0.998 25	0.998 31	0.998 36
3.0	0.998 65	0.998 69	0.998 74	0.998 78	0.998 82
3.1	0.999 03	0.999 06	0.999 10	0.999 13	0.999 16
3.2	0.999 31	0.999 34	0.999 36	0.999 38	0.999 40
3.3	0.999 52	0.999 53	0.999 55	0.999 57	0.999 58
3.4	0.999 66	0.999 68	0.999 69	0.999 70	0.999 71
3.5	0.999 77	0.999 78	0.999 78	0.999 79	0.999 80
3.6	0.999 84	0.999 85	0.999 85	0.999 86	0.999 86
3.7	0.999 89	0.999 90	0.999 90	0.999 90	0.999 91
3.8	0.999 93	0.999 93	0.999 93	0.999 94	0.999 94
3.9	0.999 95	0.999 95	0.999 96	0.999 96	0.999 96
4.0	0.999 97	0.999 97	0.999 97	0.999 97	0.999 97
4.1	0.999 98	0.999 98	0.999 98	0.999 98	0.999 98
4.2	0.999 99	0.999 99	0.999 99	0.999 99	0.999 99
4.3	0.999 99	0.999 99	0.999 99	0.999 99	0.999 99
4.4	0.999 99	0.999 99	1.000 00	1.000 00	1.000 00

x	0.05	0.06	0.07	0.08	0.09
0.0	0.519 9	0.523 9	0.527 9	0.531 9	0.535 9
0.1	0.559 6	0.563 6	0.567 5	0.571 4	0.575 3
0.2	0.598 7	0.602 6	0.606 4	0.610 3	0.614 1
0.3	0.636 8	0.640 6	0.644 3	0.648 0	0.651 7
0.4	0.673 6	0.677 2	0.680 8	0.684 4	0.687 9
0.5	0.708 8	0.712 3	0.715 7	0.719 0	0.722 4

续表

x	0.05	0.06	0.07	0.08	0.09
0.6	0.742 2	0.745 4	0.748 6	0.751 7	0.754 9
0.7	0.773 4	0.776 4	0.779 4	0.782 3	0.785 2
0.8	0.802 3	0.805 1	0.807 8	0.810 6	0.813 3
0.9	0.828 9	0.831 5	0.834 0	0.836 5	0.838 9
1.0	0.853 1	0.855 4	0.857 7	0.859 9	0.862 1
1.1	0.874 9	0.877 0	0.879 0	0.881 0	0.883 0
1.2	0.894 4	0.896 2	0.898 0	0.899 7	0.901 47
1.3	0.911 40	0.913 09	0.914 66	0.916 21	0.917 74
1.4	0.926 47	0.927 85	0.929 22	0.930 56	0.931 89
1.5	0.939 43	0.940 62	0.941 79	0.942 95	0.944 08
1.6	0.950 53	0.951 54	0.952 54	0.953 52	0.954 49
1.7	0.959 94	0.960 80	0.961 64	0.962 46	0.963 27
1.8	0.967 84	0.968 56	0.969 26	0.969 95	0.970 62
1.9	0.974 41	0.975 00	0.975 58	0.976 15	0.976 70
2.0	0.979 82	0.980 30	0.980 77	0.981 24	0.981 69
2.1	0.984 22	0.984 61	0.985 00	0.985 37	0.985 74
2.2	0.987 78	0.988 09	0.988 40	0.988 70	0.988 99
2.3	0.990 61	0.990 86	0.991 11	0.991 34	0.991 58
2.4	0.992 86	0.993 05	0.993 24	0.993 43	0.993 61
2.5	0.994 61	0.994 77	0.994 92	0.995 06	0.995 20
2.6	0.995 98	0.996 09	0.996 21	0.996 32	0.996 43
2.7	0.997 02	0.997 11	0.997 20	0.997 28	0.997 37
2.8	0.997 81	0.997 88	0.997 95	0.998 01	0.998 07
2.9	0.998 41	0.998 46	0.998 51	0.998 56	0.998 61
3.0	0.998 86	0.998 89	0.998 93	0.998 97	0.999 00
3.1	0.999 18	0.999 21	0.999 24	0.999 26	0.999 29
3.2	0.999 42	0.999 44	0.999 46	0.999 48	0.999 50
3.3	0.999 60	0.999 61	0.999 62	0.999 64	0.999 65
3.4	0.999 72	0.999 73	0.999 74	0.999 75	0.999 76

续表

x	0.05	0.06	0.07	0.08	0.09
3.5	0.999 81	0.999 81	0.999 82	0.999 83	0.999 83
3.6	0.999 87	0.999 87	0.999 88	0.999 88	0.999 89
3.7	0.999 91	0.999 92	0.999 92	0.999 92	0.999 92
3.8	0.999 94	0.999 94	0.999 95	0.999 95	0.999 95
3.9	0.999 96	0.999 96	0.999 96	0.999 97	0.999 97
4.0	0.999 97	0.999 98	0.999 98	0.999 98	0.999 98
4.1	0.999 98	0.999 98	0.999 98	0.999 99	0.999 99
4.2	0.999 99	0.999 99	0.999 99	0.999 99	0.999 99
4.3	0.999 99	0.999 99	0.999 99	0.999 99	0.999 99
4.4	1.000 00	1.000 00	1.000 00	1.000 00	1.000 00

附表 2.3 χ^2 分布上侧分位数表

$$P\{\chi^2(n) > \chi_\alpha^2(n)\} = \alpha$$

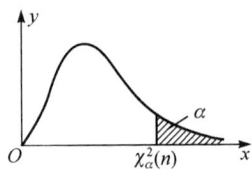

α \ n	0.995	0.99	0.975	0.95	0.90	0.75
1	—	—	0.001	0.004	0.016	0.102
2	0.010	0.020	0.051	0.103	0.211	0.575
3	0.072	0.115	0.216	0.352	0.584	1.213
4	0.207	0.297	0.484	0.711	1.064	1.923
5	0.412	0.554	0.831	1.145	1.610	2.675
6	0.676	0.872	1.237	1.635	2.204	3.455
7	0.989	1.239	1.690	2.167	2.833	4.255
8	1.344	1.646	2.180	2.733	3.490	5.071
9	1.735	2.088	2.700	3.325	4.168	5.899
10	2.156	2.558	3.247	3.940	4.865	6.737

续表

α \ n	0.995	0.99	0.975	0.95	0.90	0.75
11	2.603	3.053	3.816	4.575	5.578	7.584
12	3.074	3.571	4.404	5.226	6.304	8.438
13	3.565	4.107	5.009	5.892	7.042	9.299
14	4.075	4.660	5.629	6.571	7.790	10.165
15	4.601	5.229	6.262	7.261	8.547	11.037
16	5.142	5.812	6.908	7.962	9.312	11.912
17	5.697	6.408	7.564	8.672	10.085	12.792
18	6.265	7.015	8.231	9.390	10.865	13.675
19	6.844	7.633	8.907	10.117	11.651	14.562
20	7.434	8.260	9.591	10.851	12.443	15.452
21	8.034	8.897	10.283	11.591	13.240	16.344
22	8.643	9.542	10.982	12.338	14.042	17.240
23	9.260	10.196	11.689	13.091	14.848	18.137
24	9.886	10.856	12.401	13.848	15.659	19.037
25	10.520	11.524	13.120	14.611	16.473	19.939
26	11.160	12.198	13.844	15.379	17.292	20.843
27	11.808	12.879	14.573	16.151	18.114	21.749
28	12.461	13.565	15.308	16.928	18.939	22.657
29	13.121	14.257	16.047	17.708	19.768	23.567
30	13.787	14.954	16.791	18.493	20.599	24.478
31	14.458	15.655	17.539	19.281	21.434	25.390
32	15.134	16.362	18.291	20.072	22.271	26.304
33	15.815	17.074	19.047	20.867	23.110	27.219
34	16.501	17.789	19.806	21.664	23.952	28.136
35	17.192	18.509	20.569	22.465	24.797	29.054
36	17.887	19.233	21.336	23.269	25.643	29.973

续表

α \ n	0.995	0.99	0.975	0.95	0.90	0.75
37	18.586	19.960	22.106	24.075	26.492	30.893
38	19.289	20.691	22.878	24.884	27.343	31.815
39	19.996	21.426	23.654	25.695	28.196	32.737
40	20.707	22.164	24.433	26.509	29.051	33.660
41	21.421	22.906	25.215	27.326	29.907	34.585
42	22.138	23.650	25.999	28.144	30.765	35.510
43	22.859	24.398	26.785	28.965	31.625	36.436
44	23.584	25.148	27.575	29.787	32.487	37.363
45	24.311	25.901	28.366	30.612	33.350	38.291

α \ n	0.25	0.10	0.05	0.025	0.01	0.005
1	1.323	2.706	3.841	5.024	6.635	7.879
2	2.773	4.605	5.991	7.378	9.210	10.597
3	4.108	6.251	7.815	9.348	11.345	12.838
4	5.385	7.779	9.488	11.143	13.277	14.860
5	6.626	9.236	11.071	12.833	15.086	16.750
6	7.841	10.45	12.592	14.449	16.812	18.548
7	9.037	12.017	14.067	16.013	18.475	20.278
8	10.219	13.362	15.507	17.535	20.090	21.955
9	11.389	14.684	16.919	19.023	21.666	23.589
10	12.549	15.987	18.307	20.483	23.209	25.188
11	13.701	17.275	19.675	21.920	24.725	26.756
12	14.845	18.549	21.026	23.337	26.217	28.299
13	15.984	19.812	22.362	24.736	27.688	29.819
14	17.117	21.064	23.685	26.119	29.141	31.319
15	18.245	22.307	24.996	27.488	30.578	32.801
16	19.369	23.542	26.296	28.845	32.000	34.267
17	20.489	24.769	27.587	30.191	33.409	35.718
18	21.605	25.989	28.869	31.526	34.805	37.156

续表

α \ n	0.25	0.10	0.05	0.025	0.01	0.005
19	22.718	27.204	30.144	32.852	36.191	38.582
20	23.828	28.412	31.410	34.170	37.566	39.997
21	24.935	29.615	32.671	35.479	38.932	41.401
22	26.039	30.813	33.924	36.781	40.289	42.796
23	27.141	32.007	35.172	38.076	41.638	44.181
24	28.241	33.196	36.415	39.364	42.980	45.559
25	29.339	34.382	37.652	40.646	44.314	46.928
26	30.435	35.563	38.885	41.923	45.642	48.290
27	31.528	36.741	40.113	43.194	46.963	49.645
28	32.620	37.916	41.337	44.461	48.278	50.993
29	33.711	39.087	42.557	45.722	49.588	52.336
30	34.800	40.256	43.773	46.979	50.892	53.672
31	35.887	41.422	44.985	48.232	52.191	55.003
32	36.973	42.585	46.194	49.480	53.486	56.328
33	38.058	43.745	47.400	50.725	54.776	57.648
34	39.141	44.903	48.602	51.966	56.061	58.964
35	40.223	46.059	49.802	53.203	57.342	60.275
36	41.304	47.212	50.998	54.437	58.619	61.581
37	42.383	48.363	52.192	55.668	59.892	62.883
38	43.462	59.513	58.384	56.896	61.162	64.181
39	44.539	50.660	54.572	58.120	62.428	65.476
40	45.616	51.805	55.758	59.342	63.691	66.766
41	56.692	52.949	56.942	60.561	64.950	68.053
42	47.766	54.090	58.124	61.777	66.206	69.336
43	48.840	55.230	59.304	62.990	67.459	70.616
44	49.913	56.369	60.481	64.201	68.710	71.893
45	50.985	57.505	61.656	65.410	69.957	73.166

附表 2.4　F 分布上侧分位数表

$P\{F(m,n) > F_\alpha(m,n)\} = \alpha$

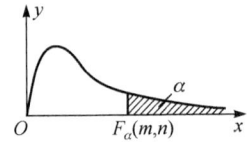

$\alpha = 0.10$

m\n	1	2	3	4	5	6	7	8	9
1	39.86	49.50	53.59	55.83	57.24	58.20	58.91	59.44	59.86
2	8.53	9.00	9.16	9.24	9.29	9.33	9.35	9.37	9.38
3	5.54	5.46	5.39	5.34	5.31	5.28	5.27	5.25	5.24
4	4.54	4.32	4.19	4.11	4.05	4.01	3.98	3.95	3.94
5	4.06	3.78	3.62	3.52	3.45	3.40	3.37	3.34	3.32
6	3.78	3.46	3.29	3.18	3.11	3.05	3.01	2.98	2.96
7	3.59	3.26	3.07	2.96	2.88	2.83	2.78	2.75	2.72
8	3.46	3.11	2.92	2.81	2.73	2.67	2.62	2.59	2.56
9	3.36	3.01	2.81	2.69	2.61	2.55	2.51	2.47	2.44
10	3.29	2.92	2.73	2.61	2.52	2.46	2.41	2.38	2.35
11	3.23	2.86	2.66	2.54	2.45	2.39	2.34	2.30	2.27
12	3.18	2.81	2.61	2.48	2.39	2.33	2.28	2.24	2.21
13	3.14	2.76	2.56	2.43	2.35	2.28	2.23	2.20	2.16
14	3.10	2.73	2.52	2.39	2.31	2.24	2.19	2.15	2.12
15	3.07	2.70	2.49	2.36	2.27	2.21	2.16	2.12	2.09
16	3.05	2.67	2.46	2.33	2.24	2.18	2.13	2.09	2.06
17	3.03	2.64	2.44	2.31	2.22	2.15	2.10	2.06	2.03
18	3.01	2.62	2.42	2.29	2.20	2.13	2.08	2.04	2.00
19	2.99	2.61	2.40	2.27	2.18	2.11	2.06	2.02	1.98
20	2.97	2.59	2.38	2.25	2.16	2.09	2.04	2.00	1.96
21	2.96	2.57	2.36	2.23	2.14	2.08	2.02	1.98	1.95
22	2.95	2.56	2.35	2.22	2.13	2.06	2.01	1.97	1.93
23	2.94	2.55	2.34	2.21	2.11	2.05	1.99	1.95	1.92
24	2.93	2.54	2.33	2.19	2.10	2.04	1.98	1.94	1.91
25	2.92	2.53	2.32	2.18	2.09	2.02	1.97	1.93	1.89

附录2 常用统计分布表

$\alpha=0.10$ 续表

m\n	1	2	3	4	5	6	7	8	9
26	2.91	2.52	2.31	2.17	2.08	2.01	1.96	1.92	1.88
27	2.92	2.51	2.30	2.17	2.07	2.00	1.95	1.91	1.87
28	2.89	2.50	2.29	2.16	2.06	2.00	1.94	1.90	1.87
29	2.89	2.50	2.28	2.15	2.06	1.99	1.93	1.89	1.86
30	2.88	2.49	2.28	2.14	2.05	1.98	1.93	1.88	1.85
40	2.84	2.44	2.23	2.09	2.00	1.93	1.87	1.83	1.79
60	2.79	2.39	2.18	2.04	1.95	1.87	1.82	1.77	1.74
120	2.75	2.35	2.13	1.99	1.90	1.82	1.77	1.72	1.68
∞	2.71	2.30	2.08	1.94	1.85	1.77	1.72	1.67	1.63

$\alpha=0.10$

m\n	10	12	15	20	24	30	40	60	120	∞
1	60.19	60.17	61.22	61.74	62.00	62.26	62.53	62.79	63.06	63.33
2	9.39	9.41	9.42	9.44	9.45	9.46	9.47	9.47	9.48	9.49
3	5.23	5.22	5.20	5.18	5.18	5.17	5.16	5.15	5.14	5.13
4	3.92	3.90	3.87	3.84	3.83	3.82	3.80	3.70	3.78	3.76
5	3.30	3.27	3.24	3.21	3.19	3.17	3.16	3.14	3.12	3.10
6	2.94	2.90	2.87	2.84	2.82	2.80	2.78	2.76	2.74	2.72
7	2.70	2.67	2.63	2.59	2.58	2.56	2.54	2.51	2.49	2.47
8	2.54	2.50	2.46	2.42	2.40	2.38	2.26	2.34	2.32	2.29
9	2.42	2.38	2.34	2.30	2.28	2.25	2.23	2.21	2.18	2.16
10	2.32	2.28	2.24	2.20	2.18	2.16	2.13	2.11	2.08	2.06
11	2.25	2.21	2.17	2.12	2.10	2.08	2.05	2.03	2.00	1.97
12	2.19	2.15	2.10	2.06	2.04	2.01	1.99	1.96	1.93	1.90
13	2.14	2.10	2.05	2.01	1.98	1.96	1.93	1.90	1.88	1.85
14	2.10	2.05	2.01	1.96	1.94	1.91	1.89	1.86	1.83	1.80
15	2.06	2.02	1.97	1.92	1.90	1.87	1.85	1.82	1.79	1.76
16	2.03	1.99	1.94	1.89	1.87	1.84	1.81	1.78	1.75	1.72
17	2.00	1.96	1.91	1.86	1.84	1.81	1.78	1.75	1.72	1.69
18	1.98	1.93	1.89	1.84	1.81	1.78	1.75	1.72	1.69	1.66
19	1.96	1.91	1.86	1.81	1.79	1.76	1.73	1.70	1.67	1.63
20	1.94	1.89	1.84	1.79	1.77	1.74	1.71	1.68	1.64	1.61

$\alpha=0.10$ 续表

m n	10	12	15	20	24	30	40	60	120	∞
21	1.92	1.87	1.83	1.78	1.75	1.72	1.69	1.66	1.62	1.59
22	1.90	1.86	1.81	1.76	1.73	1.70	1.67	1.64	1.60	1.57
23	1.89	1.84	1.80	1.74	1.72	1.69	1.66	1.62	1.59	1.56
24	1.88	1.83	1.78	1.73	1.70	1.67	1.64	1.61	1.57	1.53
25	1.87	1.82	1.77	1.72	1.69	1.66	1.63	1.59	1.56	1.52
26	1.86	1.81	1.76	1.71	1.68	1.65	1.61	1.58	1.54	1.50
27	1.85	1.80	1.75	1.70	1.67	1.64	1.60	1.57	1.53	1.49
28	1.84	1.79	1.74	1.69	1.66	1.63	1.59	1.56	1.52	1.48
29	1.83	1.78	1.73	1.68	1.65	1.62	1.58	1.55	1.51	1.47
30	1.82	1.77	1.72	1.67	1.64	1.61	1.57	1.54	1.50	1.46
40	1.76	1.71	1.66	1.61	1.57	1.54	1.51	1.47	1.42	1.38
60	1.71	1.66	1.60	1.54	1.51	1.48	1.44	1.40	1.35	1.29
120	1.65	1.60	1.55	1.48	1.45	1.41	1.37	1.32	1.26	1.19
∞	1.60	1.55	1.49	1.42	1.38	1.34	1.30	1.24	1.17	1.00

$\alpha=0.05$

m n	1	2	3	4	5	6	7	8	9
1	161.4	199.5	215.7	224.6	230.2	234.0	236.8	238.9	240.5
2	18.51	19.00	19.16	19.25	19.30	19.33	19.35	19.37	19.38
3	10.13	9.55	9.28	9.12	9.01	8.94	8.89	8.85	8.81
4	7.71	6.94	6.59	6.39	6.26	6.16	6.09	6.04	6.00
5	6.61	5.79	5.41	5.19	5.05	4.95	4.88	4.82	4.77
6	5.99	5.14	4.76	4.53	4.39	4.28	4.21	4.15	4.10
7	5.59	4.46	4.07	3.84	3.69	3.58	3.50	3.44	3.39
8	5.32	4.46	4.07	3.84	3.69	3.58	3.50	3.44	3.39

n \ m	1	2	3	4	5	6	7	8	9
9	5.12	4.26	3.86	3.63	3.48	3.37	3.29	3.23	3.18
10	4.96	4.10	3.71	3.48	3.33	3.22	3.14	3.07	3.02
11	4.84	3.98	2.59	3.36	3.20	3.09	3.01	2.95	2.90
12	4.75	3.89	3.49	3.26	3.11	3.00	2.91	2.85	2.80
13	4.67	3.81	3.41	3.18	3.03	2.92	2.83	2.77	2.71
14	4.60	3.74	3.34	3.11	2.96	2.85	2.76	2.70	2.65
15	4.54	3.68	3.29	3.06	2.90	2.79	2.71	2.64	2.59
16	4.49	3.63	3.24	3.01	2.85	2.74	2.66	2.59	2.54
17	4.45	3.59	3.20	2.96	2.81	2.70	2.61	2.55	2.49
18	4.41	3.55	3.16	2.93	2.77	2.66	2.58	2.51	2.46
19	4.38	3.52	3.13	2.90	2.74	2.63	2.54	2.48	2.42
20	4.35	3.49	3.10	2.87	2.71	2.60	2.51	2.45	2.39
21	4.32	3.47	3.07	2.84	2.68	2.57	2.49	2.42	2.37
22	4.30	3.44	3.05	2.82	2.66	2.55	2.46	2.40	2.34
23	4.28	3.42	3.03	2.80	2.64	2.53	2.44	2.37	2.32
24	4.26	3.40	3.01	2.78	2.62	2.51	2.42	2.36	2.30
25	4.24	3.39	2.99	2.76	2.60	2.49	2.40	2.34	2.28
26	4.23	3.37	2.98	2.74	2.59	2.47	2.39	2.32	2.27
27	4.21	3.35	2.96	2.73	2.57	2.46	2.37	2.31	2.25
28	4.20	3.34	2.95	2.71	2.56	2.45	2.36	2.29	2.24
29	4.18	3.33	2.93	2.70	2.55	2.43	2.35	2.28	2.22
30	4.17	3.32	2.92	2.69	2.53	2.42	2.33	2.27	2.21
40	4.08	3.23	2.84	2.61	2.45	2.34	2.25	2.18	2.12
60	4.06	3.15	2.76	2.53	2.37	2.25	2.17	2.10	2.04
120	3.92	3.07	2.68	2.45	2.29	2.17	2.09	2.02	1.96
∞	3.84	3.00	2.60	2.37	2.21	2.10	2.01	1.94	1.88

续表

$\alpha=0.05$

m\n	10	12	15	20	24	30	40	60	120	∞
1	241.9	243.9	245.9	248.0	249.1	250.1	251.1	252.2	253.3	254.3
2	19.40	19.41	19.43	19.45	19.45	19.46	19.47	19.48	19.49	19.50
3	8.79	8.74	8.70	8.66	8.64	8.62	8.59	8.57	8.55	8.53
4	5.96	5.91	5.86	5.80	5.77	5.75	5.72	5.69	5.66	5.63
5	4.74	4.68	4.62	4.56	4.53	4.50	4.46	4.43	4.40	4.36
6	4.06	4.00	3.94	3.87	3.84	3.81	3.77	3.74	3.70	3.67
7	3.64	3.57	3.51	3.44	3.41	3.38	3.34	3.30	3.27	3.23
8	3.35	3.28	3.22	3.15	3.12	3.08	3.04	3.01	2.97	2.93
9	3.14	3.07	3.01	2.94	2.90	2.86	2.83	2.79	2.75	2.71
10	2.98	2.91	2.85	2.77	2.74	2.70	2.66	2.62	2.58	2.54
11	2.85	2.79	2.72	2.65	2.61	2.57	2.53	2.49	2.45	2.40
12	2.75	2.69	2.62	2.54	2.51	2.47	2.43	2.38	2.34	2.30
13	2.67	2.60	2.53	2.46	2.42	2.38	2.34	2.30	2.25	2.21
14	2.60	2.53	2.46	2.39	2.35	2.31	2.27	2.22	2.18	2.13
15	2.54	2.48	2.40	2.33	2.29	2.25	2.20	2.16	2.11	2.07
16	2.49	2.42	2.35	2.28	2.24	2.19	2.15	2.11	2.06	2.01
17	2.45	2.38	2.31	2.23	2.19	2.15	2.10	2.06	2.01	1.96
18	2.41	2.34	2.27	2.19	2.15	2.11	2.06	2.02	1.97	1.92
19	2.38	2.31	2.23	2.16	2.11	2.07	2.03	1.98	1.93	1.88
20	2.35	2.28	2.20	2.12	2.08	2.04	1.99	1.95	1.90	1.84
21	2.32	2.25	2.18	2.10	2.05	2.01	1.96	1.92	1.87	1.81
22	2.30	2.23	2.15	2.07	2.03	1.98	1.94	1.89	1.84	1.78
23	2.27	2.20	2.13	2.05	2.01	1.96	1.91	1.86	1.81	1.76
24	2.25	2.18	2.11	2.03	1.98	1.94	1.89	1.84	1.79	1.73
25	2.24	2.16	2.09	2.01	1.96	1.92	1.87	1.82	1.77	1.71
26	2.22	2.15	2.07	1.99	1.95	1.90	1.85	1.80	1.75	1.69

续表

m \ n	10	12	15	20	24	30	40	60	120	∞
\multicolumn{11}{c}{$\alpha=0.05$}
27	2.20	2.13	2.06	1.97	1.93	1.88	1.84	1.79	1.73	1.67
28	2.19	2.12	2.04	1.96	1.91	1.87	1.82	1.77	1.71	1.65
29	2.18	2.10	2.03	1.94	1.90	1.85	1.81	1.75	1.70	1.64
30	2.16	2.09	2.01	1.93	1.89	1.84	1.79	1.74	1.68	1.62
40	2.08	2.00	1.92	1.84	1.79	1.74	1.69	1.64	1.58	1.51
60	1.99	1.92	1.84	1.75	1.70	1.65	1.59	1.53	1.47	1.39
120	1.91	1.83	1.75	1.66	1.61	1.55	1.50	1.43	1.35	1.25
∞	1.83	1.75	1.67	1.57	1.52	1.46	1.39	1.32	1.22	1.00

$\alpha=0.025$

m \ n	1	2	3	4	5	6	7	8	9
1	647.8	799.5	864.2	899.6	921.8	937.1	948.2	956.7	963.3
2	38.51	39.00	39.17	39.25	39.30	39.33	39.36	39.37	39.39
3	17.44	16.04	15.44	15.10	14.88	14.73	14.62	14.54	14.47
4	12.22	10.65	8.98	9.60	9.36	9.20	9.07	8.98	8.90
5	10.01	8.43	7.76	7.39	7.15	6.98	6.85	6.76	6.68
6	8.81	7.26	6.60	6.23	5.99	5.82	5.70	5.60	5.52
7	8.07	6.54	5.89	5.52	5.52	5.12	4.99	4.90	4.82
8	7.57	6.06	5.42	5.05	4.82	4.65	4.53	4.43	4.36
9	7.21	5.71	5.03	4.72	4.48	4.32	4.20	4.10	4.03
10	6.94	5.46	4.83	4.47	4.24	4.07	3.95	3.85	3.78
11	6.72	5.26	4.63	4.28	4.04	3.88	2.76	3.66	3.59
12	6.55	5.10	4.42	4.12	3.89	3.73	3.61	3.51	3.44
13	6.41	4.97	4.35	4.00	3.77	3.60	3.48	3.39	3.31
14	6.30	4.86	4.24	3.89	3.66	3.50	3.38	3.29	3.21
15	6.20	4.77	4.15	3.80	3.58	3.41	2.29	3.20	3.12
16	6.12	4.69	4.08	3.73	3.50	3.34	3.22	3.12	3.05
17	6.01	4.62	4.01	3.66	3.44	3.28	3.16	3.06	2.98

续表

$\alpha=0.025$

m\n	1	2	3	4	5	6	7	8	9
18	5.98	4.56	3.95	3.61	3.38	3.22	3.10	3.01	2.93
19	5.92	4.51	3.90	3.56	3.33	3.17	3.05	2.96	2.88
20	5.87	4.46	3.86	3.51	3.29	3.13	3.01	2.91	2.84
21	5.83	4.42	3.82	3.48	3.25	3.09	2.97	2.87	2.80
22	5.79	4.38	3.78	3.44	3.22	3.05	2.93	2.84	2.76
23	5.76	4.35	3.75	3.41	3.18	3.02	2.90	2.81	2.73
24	5.72	4.32	3.72	3.38	3.15	2.99	2.87	2.78	2.70
25	5.69	4.29	3.69	3.35	3.13	2.97	2.85	2.75	2.68
26	5.66	4.27	3.67	3.33	3.10	2.94	2.82	2.73	2.65
27	5.63	4.24	3.65	3.31	3.08	2.92	2.80	2.71	2.63
28	5.61	4.22	3.63	3.29	3.06	2.90	2.78	2.69	2.61
29	5.59	4.20	3.61	3.27	3.04	2.88	2.76	2.67	2.59
30	5.57	4.18	3.59	3.25	3.03	2.87	2.75	2.65	2.57
40	5.42	4.05	3.46	3.13	2.90	2.74	2.62	2.53	2.45
60	5.29	3.93	3.34	3.01	2.79	2.63	2.51	2.41	2.33
120	5.15	3.80	3.23	2.89	2.67	2.52	2.39	2.30	2.22
∞	5.02	3.69	3.12	2.79	2.57	2.41	2.29	2.19	2.11

$\alpha=0.025$

m\n	10	12	15	20	24	30	40	60	120	∞
1	968.6	976.7	984.9	993.1	997.2	1 001	1 006	1 010	1 014	1 018
2	39.40	39.41	39.43	39.45	39.46	39.46	39.47	39.48	39.49	39.50
3	14.42	14.34	14.25	14.17	14.12	14.08	14.04	13.99	13.95	13.90
4	8.84	8.75	8.66	8.56	8.51	8.46	8.41	8.36	8.31	8.26
5	6.62	6.52	6.43	6.33	6.28	6.23	6.18	6.12	6.07	6.02
6	5.46	5.37	5.27	5.17	5.12	5.07	5.01	4.96	4.90	4.85
7	4.76	4.67	4.57	4.47	4.42	4.36	4.31	4.25	4.20	4.14
8	4.30	4.20	4.10	4.00	3.95	3.89	3.84	3.78	3.73	3.67

续表

$\alpha = 0.025$

m\n	10	12	15	20	24	30	40	60	120	∞
9	3.96	3.87	3.77	3.67	3.61	3.56	3.51	3.45	3.39	3.33
10	3.72	3.62	3.52	3.42	3.37	3.31	3.26	3.20	3.14	3.08
11	3.53	3.43	3.33	3.23	3.17	3.12	3.06	3.00	2.94	2.88
12	3.37	3.28	3.18	3.07	3.02	2.96	2.91	2.85	2.79	2.72
13	3.25	3.15	3.05	2.95	2.89	2.84	2.78	2.72	2.66	2.60
14	3.15	3.05	2.95	2.84	2.79	2.73	2.67	2.61	2.55	2.49
15	3.06	2.96	2.86	2.76	2.70	2.64	2.59	2.52	2.46	2.40
16	2.99	2.89	2.79	2.68	2.63	2.57	2.51	2.45	2.38	2.32
17	2.92	2.82	2.72	2.62	2.56	2.50	2.44	2.38	2.32	2.25
18	2.87	2.77	2.67	2.56	2.50	2.44	2.38	2.32	2.26	2.19
19	2.82	2.72	2.62	2.51	2.45	2.39	2.33	2.27	2.20	2.13
20	2.77	2.68	2.57	2.46	2.41	2.35	2.29	2.22	2.16	2.09
21	2.73	2.64	2.53	2.42	2.37	2.31	2.25	2.18	2.11	2.04
22	2.70	2.60	2.50	2.39	2.33	2.27	2.21	2.14	2.08	2.00
23	2.67	2.57	2.47	2.36	2.30	2.24	2.18	2.11	2.04	1.97
24	2.64	2.54	2.44	2.33	2.27	2.21	2.15	2.08	2.01	1.94
25	2.61	2.51	2.41	2.30	2.24	2.18	2.12	2.05	1.98	1.91
26	2.59	2.49	2.39	2.28	2.22	2.16	2.09	2.03	1.95	1.88
27	2.57	2.47	2.36	2.25	2.19	2.13	2.07	2.00	1.93	1.85
28	2.55	2.45	2.34	2.23	2.17	2.11	2.05	1.98	1.91	1.83
29	2.53	2.43	2.32	2.21	2.15	2.09	2.03	1.96	1.89	1.81
30	2.51	2.41	2.31	2.20	2.14	2.07	2.01	1.94	1.87	1.79
40	2.39	2.29	2.18	2.07	2.01	1.94	1.88	1.80	1.72	1.64
60	2.27	2.17	2.06	1.94	1.88	1.82	1.74	1.67	1.58	1.48
120	2.16	2.05	1.94	1.82	1.76	1.65	1.61	1.53	1.43	1.31
∞	2.05	1.94	1.83	1.71	1.64	1.57	1.48	1.39	1.27	1.00

$\alpha=0.01$ 续表

m\n	1	2	3	4	5	6	7	8	9
1	4 652	4 999.5	5 403	5 626	5 764	5 859	5 928	5 982	6 022
2	98.50	90.00	99.17	99.25	99.30	99.33	99.36	99.37	99.39
3	34.12	30.82	29.46	28.71	28.24	27.91	27.67	27.49	27.35
4	21.20	18.00	16.69	15.98	15.53	15.21	14.98	14.80	14.66
5	16.26	13.27	12.06	11.39	10.97	10.67	10.46	10.29	10.16
6	13.75	10.92	9.78	9.15	8.75	8.47	8.26	8.10	7.98
7	12.25	9.55	8.45	7.85	7.45	7.19	6.99	6.84	6.72
8	11.26	8.65	7.59	7.01	6.63	6.37	6.18	6.03	5.91
9	10.56	8.02	6.99	6.42	6.06	5.80	5.61	5.47	5.35
10	10.04	7.56	6.55	5.99	5.64	5.39	5.20	5.06	4.94
11	9.65	7.21	6.22	5.67	5.32	5.07	4.89	4.74	4.63
12	6.33	6.93	5.95	5.41	5.06	4.82	4.64	4.50	4.39
13	9.07	6.70	5.74	5.21	4.86	4.62	4.44	4.30	4.19
14	8.86	6.51	5.56	5.04	4.69	4.46	4.28	4.14	4.03
15	8.68	6.36	5.42	4.89	4.56	4.32	4.14	4.00	3.89
16	8.53	6.23	5.29	4.77	4.44	4.20	4.03	3.89	3.78
17	8.40	6.11	5.18	4.67	4.34	4.10	3.93	3.79	3.68
18	8.29	6.01	5.09	4.58	4.25	4.01	2.84	3.71	3.60
19	8.18	5.93	5.01	4.50	4.17	3.94	3.77	3.63	3.52
20	8.10	5.85	4.94	4.43	4.10	3.87	3.70	3.56	3.46
21	8.02	5.78	4.87	4.37	4.04	3.81	3.64	3.51	3.40
22	7.95	5.72	4.83	4.31	3.99	3.76	3.59	3.45	3.35
23	7.88	5.66	4.76	4.26	3.94	3.71	3.54	3.41	3.30
24	7.82	5.61	4.72	4.22	3.90	3.67	3.50	3.30	3.26
25	7.77	5.57	4.68	4.18	3.85	3.63	3.46	3.32	3.22
26	7.72	5.52	4.64	4.14	3.82	3.59	3.42	3.29	3.18
27	7.68	5.49	4.60	4.11	3.78	3.56	3.39	3.26	3.15
28	7.64	5.45	4.57	4.07	3.75	3.53	3.36	3.23	3.12
29	7.60	5.42	4.54	4.04	3.73	3.50	3.33	3.20	3.09
30	7.56	5.39	4.51	4.02	3.70	3.47	3.30	3.17	3.07
40	7.31	5.18	4.31	3.83	3.51	3.29	3.12	2.99	2.89
60	7.08	4.98	4.13	3.65	3.34	3.12	2.95	2.82	2.72
120	6.85	4.79	3.95	3.48	3.17	2.96	2.79	2.66	2.56
∞	6.63	4.61	3.78	3.32	3.02	2.80	2.64	2.61	2.41

m\n	10	12	15	20	24	30	40	60	120	∞
					α=0.01					
1	6 056	6 106	6 157	6 200	6 235	6 261	6 287	6 313	6 339	6 336
2	99.40	99.42	99.43	99.45	99.46	99.47	99.47	99.48	99.49	99.50
3	27.23	27.05	26.87	26.69	26.60	26.50	26.41	26.32	26.22	26.13
4	14.55	14.37	14.20	14.02	13.93	13.84	13.75	13.65	13.56	13.46
5	10.05	9.89	9.72	9.55	9.47	9.38	9.29	9.20	9.11	9.02
6	7.87	7.72	7.56	7.40	7.31	7.23	7.14	7.06	6.97	6.88
7	6.62	6.47	6.31	6.16	6.07	5.99	5.91	5.82	5.74	5.65
8	5.81	5.67	5.52	5.36	5.28	5.20	5.12	5.03	4.95	4.86
9	5.26	5.11	4.96	4.81	4.73	4.65	4.57	4.48	4.40	4.31
10	4.85	4.71	4.56	4.41	4.33	4.25	4.17	4.08	4.00	3.91
11	4.54	4.40	4.25	4.10	4.02	3.94	3.86	3.78	3.69	3.60
12	4.30	4.16	4.01	3.86	3.78	3.70	3.62	3.54	3.45	3.36
13	4.10	3.96	3.82	3.66	3.59	3.51	3.43	3.34	3.25	3.17
14	3.94	3.80	3.66	3.51	3.43	3.35	3.27	3.18	3.09	3.00
15	3.80	3.67	3.52	3.37	3.29	3.21	3.13	3.05	2.96	2.87
16	3.69	3.55	3.41	3.26	3.18	3.10	3.02	2.93	2.84	2.75
17	3.59	3.46	3.31	3.16	3.08	3.00	2.92	2.83	2.75	2.65
18	3.51	3.37	3.23	3.08	3.00	2.92	2.84	2.75	2.66	2.57
19	3.43	3.30	3.15	3.00	2.92	2.84	2.76	2.67	2.58	2.49
20	3.37	3.23	3.09	2.94	2.86	2.78	2.69	2.61	2.52	2.42
21	3.31	3.17	3.03	2.88	2.80	2.72	2.64	2.55	2.46	2.36
22	3.26	3.12	2.98	2.83	2.75	2.67	2.53	2.50	2.40	2.31
23	3.21	3.07	2.93	2.78	2.70	2.62	2.54	2.45	2.35	2.26
24	3.17	3.03	2.89	2.74	2.66	2.58	2.49	2.40	2.31	2.21
25	3.13	2.99	2.85	2.70	2.62	2.54	2.45	2.36	2.27	2.17
26	3.09	2.96	2.81	2.66	2.58	2.50	2.42	2.33	2.23	2.13

续表

$\alpha=0.01$

m\n	10	12	15	20	24	30	40	60	120	∞
27	3.06	2.93	2.78	2.63	2.55	2.47	2.38	2.29	2.20	2.10
28	3.03	2.90	2.75	2.60	2.52	2.44	2.35	2.26	2.17	2.06
29	3.00	2.87	2.73	2.57	2.49	2.41	2.33	2.23	2.14	2.03
30	2.98	2.84	2.70	2.55	2.47	2.39	2.30	2.21	2.11	2.01
40	2.80	2.66	2.52	2.37	2.29	2.20	2.11	2.02	1.92	1.80
60	2.63	2.50	2.35	2.20	2.12	2.03	1.94	1.84	1.73	1.60
120	2.47	2.34	2.19	2.03	1.95	1.86	1.76	1.66	1.53	1.38
∞	2.32	2.18	2.04	1.88	1.79	1.70	1.59	1.47	1.32	1.00

$\alpha=0.005$

m\n	1	2	3	4	5	6	7	8	9
1	16 211	20 000	21 615	22 500	23 056	23 437	23 715	23 925	24 091
2	198.5	199.0	199.2	199.2	199.3	199.3	199.4	199.4	199.4
3	55.55	49.80	47.47	46.19	45.39	44.84	44.43	44.13	43.88
4	31.33	26.28	24.26	23.15	22.46	21.97	21.62	21.35	21.14
5	22.78	18.31	16.53	15.56	14.94	14.51	14.20	13.96	13.77
6	18.63	14.54	12.92	12.03	11.46	11.07	10.79	10.57	10.39
7	16.24	12.40	10.88	10.05	9.52	9.16	8.89	8.68	8.51
8	14.69	11.04	9.60	8.81	8.30	7.95	7.69	7.50	7.34
9	13.61	10.11	8.72	7.96	7.47	7.13	6.88	6.69	6.54
10	12.83	9.43	8.08	7.34	6.87	6.54	6.30	6.12	5.97
11	12.23	8.91	7.60	6.88	6.42	6.10	5.86	5.68	5.54
12	11.75	8.51	7.23	6.52	6.07	5.76	5.52	5.35	5.20
13	11.37	8.19	6.93	6.23	5.79	5.48	5.25	5.03	4.94
14	11.06	7.92	6.68	6.00	5.56	5.26	5.03	4.86	4.72
15	10.80	7.70	6.48	5.80	5.37	5.07	4.85	4.67	4.54
16	10.58	7.51	6.30	5.64	5.21	4.91	4.69	4.52	4.38

附录2 常用统计分布表

$\alpha=0.005$ 续表

$n \backslash m$	1	2	3	4	5	6	7	8	9
17	10.38	7.35	6.16	5.50	5.07	4.78	4.56	4.39	4.25
18	10.22	7.21	6.03	5.37	4.96	4.66	4.44	4.28	4.14
19	10.07	7.09	5.92	5.27	4.85	4.56	4.34	4.18	4.04
20	9.94	6.99	5.82	5.17	4.76	4.47	4.26	4.09	3.96
21	9.83	6.89	5.73	5.09	4.68	4.39	4.18	4.01	3.88
22	9.73	6.81	5.65	5.02	4.61	4.32	4.11	2.94	3.81
23	9.63	6.73	5.58	4.95	4.54	4.26	4.05	3.88	3.75
24	9.55	6.66	5.52	4.89	4.49	4.20	3.99	3.83	3.69
25	9.48	6.60	5.46	4.84	4.43	4.15	3.94	3.78	3.64
26	9.41	6.54	5.41	4.79	4.38	4.10	3.89	3.73	3.60
27	9.34	6.49	5.36	4.74	4.34	4.06	3.85	3.68	3.56
28	9.28	6.44	5.32	4.70	4.30	4.02	3.81	3.65	3.52
29	9.23	6.40	5.28	4.66	4.26	3.98	3.77	3.61	3.48
30	9.18	6.35	5.24	4.62	4.32	3.95	3.74	3.58	3.45
40	8.83	6.07	4.98	4.37	3.99	3.71	3.51	3.35	3.22
60	8.49	5.79	4.73	4.14	3.76	3.49	3.29	3.13	3.01
120	8.18	5.54	4.50	3.92	3.55	3.28	3.00	2.93	2.81
∞	7.88	5.30	4.28	3.72	3.35	3.09	2.90	2.74	2.62

$\alpha=0.005$

$n \backslash m$	10	12	15	20	24	30	40	60	120	∞
1	24 224	24 426	24 630	24 836	24 940	25 044	25 148	25 253	25 359	25 465
2	199.4	199.4	199.4	199.4	199.5	199.5	199.5	199.5	199.5	199.5
3	43.69	43.39	43.08	42.78	42.62	42.47	42.31	42.15	41.99	41.83
4	20.97	20.70	20.44	20.17	20.03	19.89	19.75	19.61	19.47	19.32
5	13.62	13.38	13.15	12.90	12.78	12.60	12.53	12.40	12.27	12.14
6	10.25	10.03	9.81	9.59	9.47	9.36	9.24	9.12	9.00	8.88

续表

$\alpha=0.005$

m\n	10	12	15	20	24	30	40	60	120	∞
7	8.38	8.18	7.97	7.75	7.65	7.53	7.42	7.31	7.19	7.08
8	7.21	7.01	6.81	6.61	6.50	6.40	6.29	6.18	6.06	5.95
9	6.42	6.23	6.03	5.83	5.73	5.62	5.52	5.41	5.30	5.19
10	5.85	5.66	5.47	5.27	5.17	5.67	4.97	4.86	4.75	4.64
11	5.42	5.24	5.05	4.86	4.76	4.65	4.55	4.44	4.34	4.23
12	5.09	4.91	4.72	4.53	4.43	4.33	4.23	4.12	4.01	3.90
13	4.82	4.64	4.46	4.27	4.17	4.07	3.97	3.87	3.76	3.65
14	4.60	4.43	4.25	4.06	3.96	3.86	3.76	3.66	3.55	3.44
15	4.42	4.25	4.07	3.88	3.79	3.69	3.58	3.48	3.37	3.26
16	4.27	4.10	3.92	3.73	3.64	3.54	3.44	3.33	3.22	3.11
17	4.14	3.97	3.79	3.61	3.51	3.41	3.31	3.21	3.10	2.98
18	4.03	3.86	3.68	3.50	3.40	3.30	3.20	3.10	2.99	2.87
19	3.93	3.76	3.59	3.40	3.31	3.21	3.11	3.00	2.89	2.78
20	3.85	3.68	3.50	3.32	3.22	3.12	3.02	2.92	2.81	2.69
21	3.77	3.60	3.43	3.24	3.15	3.05	2.95	2.84	2.73	2.61
22	3.70	3.54	3.36	3.18	3.08	2.98	2.88	2.77	2.66	2.55
23	3.64	3.47	3.30	3.12	3.02	2.92	2.82	2.71	2.60	2.48
24	3.59	3.42	3.25	3.06	2.97	2.87	2.77	2.66	2.55	2.43
25	3.54	3.37	3.20	3.01	2.92	2.82	2.72	2.61	2.50	2.38
26	3.49	3.33	3.15	2.97	2.87	2.77	2.67	2.56	2.45	2.33
27	3.45	3.28	3.11	2.93	2.83	2.73	2.63	2.52	2.41	2.29
28	3.41	3.25	3.07	2.89	2.79	2.69	2.59	2.48	2.37	2.25
29	3.38	3.21	3.04	2.86	2.76	2.66	2.56	2.45	2.33	2.21
30	3.34	3.18	3.01	2.82	2.73	2.63	2.52	2.42	2.30	2.18
40	3.12	2.95	2.78	2.60	2.50	2.40	2.30	2.18	2.06	1.93
60	2.90	2.74	2.57	2.39	2.29	2.19	2.09	1.96	1.83	1.69
120	2.71	2.54	2.37	2.19	2.09	1.98	1.87	1.75	1.61	1.43
∞	2.52	2.36	2.19	2.00	1.90	1.79	1.67	1.53	1.36	1.00

附表 2.5　t 分布上侧分位数表

$$P\{t_n > t_\alpha(n)\} = \alpha$$

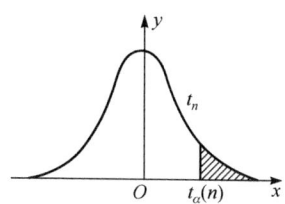

α \ n	0.10	0.05	0.025	0.01	0.005
1	3.078	6.314	12.706	31.821	63.657
2	1.886	2.920	4.303	6.965	9.925
3	1.638	2.353	3.182	4.541	5.841
4	1.533	2.132	2.776	3.747	4.604
5	1.476	2.015	2.571	3.365	4.032
6	1.440	1.943	2.447	3.143	3.707
7	1.415	1.895	2.365	2.998	3.499
8	1.397	1.860	2.306	2.896	3.355
9	1.383	1.833	2.262	2.821	3.250
10	1.372	1.812	2.228	2.764	3.169
11	1.363	1.796	2.201	2.718	3.106
12	1.356	1.782	2.179	2.681	3.055
13	1.350	1.771	2.160	2.650	3.012
14	1.345	1.761	2.145	2.624	2.977
15	1.341	1.753	2.131	2.602	2.947
16	1.337	1.746	2.120	2.583	2.921
17	1.333	1.740	2.110	2.567	2.898
18	1.330	1.734	2.101	2.552	2.878
19	1.328	1.729	2.093	2.539	2.861
20	1.325	1.725	2.086	2.528	2.845
21	1.323	1.721	2.080	2.518	2.831
22	1.321	1.717	2.074	2.508	2.819

续表

α\n	0.10	0.05	0.025	0.01	0.005
23	1.319	1.714	2.069	2.500	2.807
24	1.318	1.711	2.064	2.492	2.797
25	1.316	1.708	2.060	2.485	2.787
26	1.315	1.706	2.056	2.479	2.779
27	1.314	1.703	2.052	2.473	2.771
28	1.313	1.701	2.048	2.467	2.763
29	1.311	1.699	2.045	2.462	2.756
30	1.310	1.697	2.042	2.457	2.750
40	1.303	1.684	2.021	2.423	2.704
60	1.296	1.671	2.000	2.390	2.660
120	1.289	1.658	1.980	2.358	2.617
∞	1.282	1.645	1.960	2.326	2.576

附表 2.6 相关系数显著性检验表

$$P(|R|>r_\alpha)=\alpha$$

α\n	0.10	0.05	0.02	0.01	0.001
1	0.9877	0.9969	0.9995	0.9999	0.9999
2	0.9000	0.9500	0.9800	0.9900	0.9990
3	0.8054	0.8783	0.9343	0.9587	0.9912
4	0.7293	0.8114	0.8822	0.9172	0.9741
5	0.6694	0.7545	0.8329	0.8745	0.9507
6	0.6215	0.7067	0.7887	0.8343	0.9249
7	0.5822	0.6664	0.7498	0.7977	0.8982
8	0.5494	0.6319	0.7155	0.7646	0.8721
9	0.5214	0.6021	0.6851	0.7348	0.8471
10	0.4973	0.5760	0.6581	0.7079	0.8233
11	0.4762	0.5529	0.6339	0.6835	0.8010
12	0.4575	0.5324	0.6120	0.6614	0.7800
13	0.4409	0.5139	0.5923	0.6411	0.7603
14	0.4259	0.4973	0.5742	0.6226	0.7420

续表

α \ n	0.10	0.05	0.02	0.01	0.001
15	0.412 4	0.482 1	0.557 7	0.605 5	0.724 6
16	0.400 0	0.468 3	0.542 5	0.589 7	0.708 4
17	0.388 7	0.455 5	0.528 5	0.575 1	0.693 2
18	0.378 3	0.443 8	0.515 5	0.561 4	0.678 7
19	0.368 7	0.432 9	0.503 4	0.548 7	0.665 2
20	0.359 8	0.422 7	0.492 1	0.536 8	0.652 4
25	0.323 3	0.380 9	0.445 1	0.486 9	0.597 4
30	0.296 0	0.349 4	0.409 3	0.448 7	0.554 1
35	0.274 6	0.324 6	0.381 0	0.418 2	0.518 9
40	0.257 3	0.304 4	0.357 8	0.393 2	0.489 6
45	0.242 8	0.287 5	0.338 4	0.372 1	0.464 8
50	0.230 6	0.273 2	0.321 8	0.354 1	0.443 3
60	0.210 8	0.250 0	0.294 8	0.324 8	0.407 8
70	0.195 4	0.231 9	0.273 7	0.301 7	0.379 9
80	0.182 9	0.217 2	0.256 5	0.283 0	0.356 8
90	0.172 6	0.205 0	0.242 2	0.267 3	0.337 5
100	0.163 8	0.194 6	0.230 1	0.254 0	0.321 1

附表 2.7 几种常用的概率分布

分 布	参 数	分布律或概率密度	数学期望	方 差
0-1分布	$0<p<1$	$P\{X=k\}=p^k(1-p)^{1-k}$, $k=0,1$	p	$p(1-p)$
二项分布	$n \geqslant 1$ $0<p<1$	$P\{X=k\}=C_n^k p^k(1-p)^{n-k}$, $k=0,1,\cdots,n$	np	$np(1-p)$
负二项分布	$r \geqslant 1$ $0<p<1$	$P\{X=k\}=C_{k-1}^{r-1} p^r(1-p)^{k-r}$, $k=r, r+1,\cdots$	$\dfrac{r}{p}$	$\dfrac{r(1-p)}{p^2}$
几何分布	$0<p<1$	$P\{X=k\}=p(1-p)^{k-1}$, $k=1,2,\cdots$	$\dfrac{1}{p}$	$\dfrac{1-p}{p^2}$
超几何分布	N,M,n $(n \leqslant M)$	$P\{X=k\}=\dfrac{C_M^k C_{N-M}^{n-k}}{C_N^n}$, $k=0,1,\cdots,n$	$\dfrac{nM}{N}$	$\dfrac{nM}{N}\left(1-\dfrac{M}{N}\right)\left(\dfrac{N-n}{N-1}\right)$
泊松分布	$\lambda>0$	$P\{X=k\}=\dfrac{\lambda^k e^{-\lambda}}{k!}$, $k=0,1,\cdots$	λ	λ
均匀分布	$a<b$	$f(x)=\begin{cases}\dfrac{1}{b-a}, & a<x<b\\ 0, & \text{其他}\end{cases}$	$\dfrac{a+b}{2}$	$\dfrac{(b-a)^2}{12}$
正态分布	μ $\sigma>0$	$f(x)=\dfrac{1}{\sqrt{2\pi}\sigma}e^{-\frac{(x-\mu)^2}{2\sigma^2}}$	μ	σ^2
Γ 分布	$\alpha>0$ $\beta>0$	$f(x)=\begin{cases}\dfrac{1}{\beta^\alpha \Gamma(\alpha)}x^{\alpha-1}e^{-x/\beta}, & x>0\\ 0, & \text{其他}\end{cases}$	$\alpha\beta$	$\alpha\beta^2$
指数分布	$\theta>0$	$f(x)=\begin{cases}\theta e^{-\theta x}, & x>0\\ 0, & \text{其他}\end{cases}$	$\dfrac{1}{\theta}$	$\dfrac{1}{\theta^2}$

附录2 常用统计分布表

续表

分 布	参 数	分布律或概率密度	数学期望	方 差
χ^2分布	$n \geq 1$	$f(x)=\begin{cases}\dfrac{1}{2^{n/2}\Gamma(n/2)}x^{n/2-1}\mathrm{e}^{-x/2}, & x>0;\\ 0, & \text{其他}\end{cases}$	n	$2n$
威布尔分布	$\eta>0$ $\beta>0$	$f(x)=\begin{cases}\dfrac{\beta}{\eta}\left(\dfrac{x}{\eta}\right)^{\beta-1}\mathrm{e}^{-\left(\frac{x}{\eta}\right)^\beta}, & x>0;\\ 0, & \text{其他}\end{cases}$	$\eta\Gamma\left(\dfrac{1}{\beta}+1\right)$	$\eta^2\left\{\Gamma\left(\dfrac{2}{\beta}+1\right)-\left[\Gamma\left(\dfrac{1}{\beta}+1\right)\right]^2\right\}$
瑞利分布	$\sigma>0$	$f(x)=\begin{cases}\dfrac{x}{\sigma^2}\mathrm{e}^{-x^2/(2\sigma^2)}, & x>0;\\ 0, & \text{其他}\end{cases}$	$\sqrt{\dfrac{\pi}{2}}\sigma$	$\dfrac{4-\pi}{2}\sigma^2$
β分布	$\alpha>0$ $\beta>0$	$f(x)=\begin{cases}\dfrac{\Gamma(\alpha+\beta)}{\Gamma(\alpha)\Gamma(\beta)}x^{\alpha-1}(1-x)^{\beta-1}, & 0<x<1;\\ 0, & \text{其他}\end{cases}$	$\dfrac{\alpha}{\alpha+\beta}$	$\dfrac{\alpha\beta}{(\alpha+\beta)^2(\alpha+\beta+1)}$
对数正态分布	μ $\sigma>0$	$f(x)=\begin{cases}\dfrac{1}{\sqrt{2\pi}\sigma x}\mathrm{e}^{-\frac{(\ln x-\mu)^2}{2\sigma^2}}, & x>0;\\ 0, & \text{其他}\end{cases}$	$\mathrm{e}^{\mu+\frac{\sigma^2}{2}}$	$\mathrm{e}^{2\mu+\sigma^2}(\mathrm{e}^{\sigma^2}-1)$
柯西分布	a $\lambda>0$	$f(x)=\dfrac{1}{\pi}\cdot\dfrac{\lambda}{\lambda^2+(x-a)^2}$	不存在	不存在
t分布	$n\geq 1$	$f(x)=\dfrac{\Gamma\left(\dfrac{n+1}{2}\right)}{\sqrt{n\pi}\Gamma(n/2)}\left(1+\dfrac{x^2}{n}\right)^{-\frac{n+1}{2}}$	0	$\dfrac{n}{n-2}, n>2$
F分布	n_1, n_2	$f(x)=\begin{cases}\dfrac{\Gamma[(n_1+n_2)/2]}{\Gamma(n_1/2)\Gamma(n_2/2)}\left(\dfrac{n_1}{n_2}\right)\left(\dfrac{n_1x}{n_2}\right)^{(n_1+n_2)/2}\\ \quad\cdot\left(1+\dfrac{n_1}{n_2}x\right)^{-(n_1+n_2)/2}, & x>0;\\ 0, & \text{其他}\end{cases}$	$\dfrac{n_2}{n_2-2}\ (n_2>2)$	$\dfrac{2n_2^2(n_1+n_2-2)}{n_1(n_2-2)^2(n_2-4)}\ (n_2>4)$

附录3 2008～2016年全国硕士研究生入学统一考试试题(数学一)

一、填空题

1.(2008) 设随机变量 X 服从参数为1的泊松分布,则 $P\{X=E(X^2)\}=$ _____.

2.(2009) 设 $X_1,X_2,\cdots,X_n$ 为来自二项分布 $B(n,p)$ 的简单随机样本,$\overline{X}$ 和 S^2 分别为样本均值和样本方差,记统计量 $\overline{X}+kS^2$ 为 np^2 的无偏估计量,则 $k=$ _____.

3.(2010) 随机变量 X 的概率分布为 $P\{X=k\}=\dfrac{c}{k!}$,$k=0,1,2,\cdots$,则 $E\{X^2\}=$ _____.

4.(2011) 设二维随机变量 (X,Y) 服从 $N(\mu,\mu;\sigma^2,\sigma^2;0)$,则 $E\{XY^2\}=$ _____.

5.(2012) 设 A,B,C 为随机事件,A 与 C 互不相容,$P\{AB\}=\dfrac{1}{2}$,$P\{C\}=\dfrac{1}{3}$,则
$$P\{AB|\overline{C}\}=\underline{\qquad}.$$

6.(2013) 设随机变量 Y 服从参数为1的指数分布,a 为常数且大于0,则 $P\{Y\leqslant a+1|Y>a\}=$ _____.

7.(2014) 设总体 X 的概率密度为 $f(x;\theta)=\begin{cases}\dfrac{2x}{3\theta^2},&\theta<x<2\theta,\\0,&\text{其他},\end{cases}$ 其中 θ 为未知参数,$X_1,X_2,\cdots,X_n$ 为来自总体 X 的简单样本,若 $E\left\{c\sum_{i=1}^{n}X_i^2\right\}=\theta^2$,则 $c=$ _____.

8.(2015) 设二维随机变量 (X,Y) 服从正态分布 $N(1,0;1,1;0)$,则 $P\{XY-Y<0\}=$ _____.

9.(2016) 设 $X_1,X_2,\cdots,X_n$ 为来自总体 $N(\mu,\sigma^2)$ 的简单随机样本,样本均值 $\overline{X}=9.5$,参数 μ 的置信度为 0.95 双侧置信区间的置信上限为 10.8,则 μ 的置信度为 0.95 的双侧置信区间为 _____.

二、选择题

1.(2008) 设随机变量 X,Y 独立同分布,且 X 的分布函数为 $F(x)$,则 $Z=\max\{X,Y\}$ 的分布函数为( ).

(A) $F^2(x)$; (B) $F(x)F(y)$;

(C) $1-\{1-F(x)\}^2$; (D) $\{1-F(x)\}\{1-F(y)\}$.

2.(2008) 设随机变量 $X\sim N(0,1)$,$Y\sim N(1,4)$,且相关系数 $\rho_{XY}=1$,则( ).

(A) $P\{Y=-2X-1\}=1$; (B) $P\{Y=2X-1\}=1$;

(C) $P\{Y=-2X+1\}=1$; (D) $P\{Y=2X+1\}=1$.

3.(2009) 设随机变量的分布函数为 $F(x)=0.3\Phi(x)+0.7\Phi\left(\dfrac{x-1}{2}\right)$,其中 $\Phi(x)$ 为标准正态分布函数,则 $E\{X\}$ 等于( ).

(A)0;　　　　(B)0.3;　　　　(C)0.7;　　　　(D)1.

4.(2009) 设随机变量 X 与 Y 相互独立,且 X 服从标准正态分布 $X\sim N(0,1)$,Y 的概率分布为 $P\{Y=0\}=P\{Y=1\}=\dfrac{1}{2}$,记 $F_Z(z)$ 为随机变量 $Z=XY$ 的分布函数,则 $F_Z(z)$ 的间断点个数为( ).

(A)0;　　　　(B) 1;　　　　(C)2;　　　　(D)3.

5.(2010) 设随机变量 X 的分布函数为 $F(x)=\begin{cases}0, & x<0;\\ \dfrac{1}{2}, & 0\leq x<1;\\ 1-e^{-x}, & x\geq 1.\end{cases}$ 则 $P\{X=1\}$ 等于( ).

(A)0;　　　(B) $\dfrac{1}{2}$;　　　(C) $\dfrac{1}{2}-e^{-1}$;　　　(D) $1-e^{-1}$.

6.(2010) 设 $f_1(x)$ 为标准正态分布的概率密度,$f_2(x)$ 为 $[-1,3]$ 上均匀分布的概率密度,若 $f(x)=\begin{cases}af_1(x), & x\leq 0;\\ bf_2(x), & x>0,\end{cases}$ 其中 $a>0,b>0$ 为概率密度,则 a,b 满足( ).

(A)$2a+3b=4$;　　　　　　(B) $3a+2b=4$;
(C)$a+b=1$;　　　　　　　(D)$a+b=2$.

7.(2011) 设 $F_1(x),F_2(x)$ 为两个分布函数,其相应的概率密度 $f_1(x),f_2(x)$ 是连续函数,则必为概率密度的是( ).

(A)$f_1(x)f_2(x)$;　　　　　　(B) $2f_2(x)F_1(x)$;
(C)$f_1(x)F_2(x)$;　　　　　　(D)$f_1(x)F_2(x)+f_2(x)F_1(x)$.

8.(2011) 设随机变量 X,Y 相互独立,且 $E\{X\}$ 与 $E\{Y\}$ 存在,记 $U=\max(X,Y),V=\min\{X,Y\}$,则 $E\{UV\}$ 等于( ).

(A)$E\{U\}E\{V\}$;　　　　　　(B) $E\{X\}E\{Y\}$;
(C)$E\{U\}E\{Y\}$;　　　　　　(D)$E\{X\}E\{V\}$.

9.(2012) 设随机变量 X 与 Y 相互独立,且分别服从参数为1和4的指数分布,则 $P\{X<Y\}$ 等于( ).

(A)$\dfrac{1}{5}$;　　　(B) $\dfrac{1}{3}$;　　　(C) $\dfrac{2}{5}$;　　　(D) $\dfrac{4}{5}$.

10.(2012) 将长度为1m的木棒随机地截为两段,则两段长度的相关系数为( ).

(A)1;　　　(B) $\dfrac{1}{2}$;　　　(C)$-\dfrac{1}{2}$;　　　(D)-1.

11.(2013) 设 X_1,X_2,X_3 为随机变量,且 $X_1\sim N(0,1),X_2\sim N(0,2^2),X_3\sim N(5,3^2)$,$P_j=P\{-2\leq X_j\leq 2\},j=1,2,3$,则( ).

(A) $P_1>P_2>P_3$;　(B) $P_2>P_1>P_3$;　(C) $P_3>P_1>P_2$;　(D) $P_1>P_3>P_2$.

12.(2013) 设随机变量 $X\sim t(n),Y\sim F(1,n)$,给定的 $a(0<a<0.5)$,常数 c 满足

$P\{X>c\}=a$,则 $P\{Y>c^2\}=($ $)$.

(A) a;　　　　　(B) $1-a$;　　　　　(C) $2a$;　　　　　(D) $1-2a$.

13. (2014) 设随机事件 A,B 相互独立,且 $P(B)=0.5, P(A-B)=0.3$,则 $P(B-A)=$
($\quad$).

(A) 0.1;　　　　　(B) 0.2;　　　　　(C) 0.3;　　　　　(D) 0.4.

14. (2014) 设连续型随机变量 X_1,X_2 相互独立,且方差均存在,X_1,X_2 的概率密度函数分别为 $f_1(x), f_2(x)$,随机变量 Y_1 的概率密度为 $f_{Y_1}(y)=\frac{1}{2}(f_1(y)+f_2(y))$,随机变量 $Y_2=\frac{1}{2}(X_1+X_2)$,则($\quad$).

(A) $E(Y_1)>E(Y_2), D(Y_1)>D(Y_2)$;　　　　　(B) $E(Y_1)=E(Y_2), D(Y_1)=D(Y_2)$;

(C) $E(Y_1)=E(Y_2), D(Y_1)<D(Y_2)$;　　　　　(D) $E(Y_1)=E(Y_2), D(Y_1)>D(Y_2)$.

15. (2015) 若 A,B 为任意两随机事件,则($\quad$).

(A) $P(AB)\leqslant P(A)P(B)$;　　　　　(B) $P(AB)\geqslant P(A)P(B)$;

(C) $P(AB)\leqslant \frac{P(A)P(B)}{2}$;　　　　　(D) $P(AB)\geqslant \frac{P(A)P(B)}{2}$.

16. (2015) 设随机变量 X,Y 不相关,且 $E(X)=2, E(Y)=1, D(X)=3$,则 $E[X(X+Y-2)]=($ $)$.

(A) -3;　　　　　(B) 3;　　　　　(C) -5;　　　　　(D) 5.

17. (2016) 设随机变量 $X\sim N(\mu,\sigma^2)(\sigma>0)$,记 $p=P\{X\leqslant \mu+\sigma^2\}$,则($\quad$).

(A) p 随 μ 的增加而增加;　　　　　(B) p 随 σ 的增加而增加;

(C) p 随 μ 的增加而减少;　　　　　(D) p 随 σ 的增加而减少.

18. (2016) 随机试验 E 有三种两两不相容的结果 A_1,A_2,A_3,且三种结果发生的概率均为 $\frac{1}{3}$,将试验 E 独立重复做两次,X 表示两次试验中结果 A_1 发生的次数,Y 表示两次试验中结果 A_2 发生的次数,则 X 与 Y 的相关系数为($\quad$).

(A) $-\frac{1}{2}$;　　　　　(B) $-\frac{1}{3}$;　　　　　(C) $\frac{1}{3}$;　　　　　(D) $\frac{1}{2}$.

三、解答题

1. (2008) 设随机变量 X,Y 相互独立,且 X 的概率分布为 $P\{X=i\}=\frac{1}{3}(i=-1,0,1)$,$Y$ 的概率密度为 $f_Y(y)=\begin{cases}1, & 0\leqslant y\leqslant 1; \\ 0, & 其他.\end{cases}$ 记 $Z=X+Y$. (1)求 $P\{Z\leqslant \frac{1}{2}\mid X=0\}$;(2)求 Z 的概率密度 $f_Z(z)$.

2. (2008) 记 $X_1,X_2,\cdots,X_n$ 为来自总体 $N(\mu,\sigma^2)$ 的简单随机样本,记 $\overline{X}=\frac{1}{n}\sum_{i=1}^{n}X_i$,$S^2=\frac{1}{n-1}\sum_{i=1}^{n}(X_i-\overline{X})^2, T=\overline{X}^2-\frac{1}{n}S^2$. (1) 证明 T 是 μ^2 的无偏估计;(2) 当 $\mu=0,\sigma=1$ 时,

求 $D(T)$.

3.(2009) 袋中有1个红色球、2个黑色球与3个白色球,现有放回地从袋中取两次,每次取一球,以 X,Y,Z 分别表示两次取球所得的红球、黑球与白球的个数.(1)求 $P\{X=1|Z=0\}$;(2)求二维随机变量 (X,Y) 得到概率分布.

4.(2009) 设总体 X 的概率密度为

$$f(x)=\begin{cases}\lambda^2 x e^{-\lambda x}, & x>0;\\ 0, & 其他,\end{cases}$$

其中参数 $\lambda(\lambda>0)$ 未知,$X_1,X_2,\cdots,X_n$ 为来自总体 X 的简单随机样本.(1)求参数 λ 的矩估计量;(2)求参数 λ 的最大似然估计量.

5.(2010) 设二维随机变量 (X,Y) 的概率密度为 $f(x,y)=Ae^{-2x^2+2xy-y^2}$ $(-\infty<x,y<+\infty)$,求 A 及 $f_{Y|X}(y|x)$.

6.(2010) 设总体 X 的概率分布为

X	1	2	3
P	$1-\theta$	$\theta-\theta^2$	θ^2

其中 $\theta\in(0,1)$ 为未知参数,以 N_i 表示来自总体 X 的样本容量为 n 的简单随机样本中等于 $i(i=1,2,3)$ 的个数,求常数 a_1,a_2,a_3 使 $T=\sum_{i=1}^{3}a_iN_i$ 为 θ 的无偏估计量,并求 T 的方差.

7.(2011) 设 X 与 Y 概率分布分别为

X	0	1
P	$\frac{1}{3}$	$\frac{2}{3}$

Y	-1	0	1
P	$\frac{1}{3}$	$\frac{1}{3}$	$\frac{1}{3}$

且 $P\{X^2=Y^2\}=1$.(1)求 (X,Y) 的概率分布;(2)$Z=XY$ 的概率分布;(3)X,Y 的相关系数 ρ_{XY}.

8.(2011) 设 $X_1,X_2,\cdots,X_n$ 是来自正态总体 $N(\mu_0,\sigma^2)$ 的简单随机样本,其中 μ_0 已知,$\sigma^2>0$ 未知,$\overline{X},S^2$ 分别为样本均值和样本方差.(1)求 σ^2 的最大似然估计 $\hat{\sigma}^2$;(2)计算 $E(\hat{\sigma}^2)$,$D(\hat{\sigma}^2)$.

9.(2012) 已知随机变量 X,Y,XY 的分布律如下表.

X	0	1	2
P	$\frac{1}{2}$	$\frac{1}{3}$	$\frac{1}{6}$

Y	0	1	2
P	$\frac{1}{3}$	$\frac{1}{3}$	$\frac{1}{3}$

XY	0	1	2	4
P	$\frac{7}{12}$	$\frac{1}{3}$	0	$\frac{1}{12}$

求:(1)$P\{X=2Y\}$;(2)$\mathrm{cov}(X-Y,Y)$与ρ_{XY}.

10.(2012) 设随机变量X,Y分别服从$N(\mu,\sigma^2),N(\mu,2\sigma^2)$,其中$\sigma$是未知参数且$\sigma^2>0$,记$Z=X-Y$,

(1) 求Z的概率密度$f(z,\sigma^2)$;

(2) 设$Z_1,Z_2,\cdots,Z_n$为来自总体X的简单随机样本,求σ^2的最大似然估计量$\hat{\sigma}^2$;

(3) 证明$\hat{\sigma}^2$为σ^2的无偏估计量.

11.(2013) 设随机变量X的概率密度为$f(x)=\begin{cases}\frac{1}{9}x^2, & 0<x<3,\\ 0, & \text{其他},\end{cases}$令随机变量$Y=\begin{cases}2,X\leqslant 1,\\ X,1<X<2,\\ 1,X\geqslant 2.\end{cases}$(1)求$Y$的分布函数;(2)求概率$P\{X\leqslant Y\}$.

12.(2013) 设总体X的概率密度为$f(x;\theta)=\begin{cases}\frac{\theta^2}{x^3}\mathrm{e}^{-\frac{\theta}{x}}, & x>0,\\ 0, & \text{其他},\end{cases}$其中$\theta$为未知参数且大于0,$X_1,X_2,\cdots,X_n$位来自总体$X$的简单随机样本.(1)求$\theta$的矩估计量;(2)求$\theta$得最大似然估计量.

13.(2014) 设随机变量X的概率分布为$P\{X=1\}=P\{X=2\}=\frac{1}{2}$,在给定$X=i$的条件下,随机变量$Y\sim U(0,i),i=1,2.$(1)求$Y$的分布函数$F_Y(y)$;(2)求$E\{Y\}$.

14.(2014) 设总体X的分布函数$F(x)=\begin{cases}0, & x<0,\\ 1-\mathrm{e}^{-\frac{x^2}{\theta}}, & x\geqslant 0,\end{cases}$其中$\theta>0$为未知参数,$X_1,X_2,\cdots,X_n$为来自总体$X$的简单随机样本.(1) 求$E\{X\},E\{X^2\}$;(2) 求$\theta$的最大似然估计量;(3) 是否存在实数$a$,使得对任意的$\varepsilon>0$,都有$E\{Y\}=\lim_{n\to\infty}P\{|\theta-a|\geqslant\varepsilon\}=0$?

15.(2015) 设随机变量X的概率密度为$f(x)=\begin{cases}2^{-x}\ln 2, & x>0,\\ 0, & x\leqslant 0.\end{cases}$对$X$进行独立重复的观测,直到2个大于3的观测值出现停止,记Y为观测次数.

(1) 求Y的概率分布;

(2) 求EY.

16. (2015) 设总体 X 的概率密度为
$$f(x,\theta)=\begin{cases}\dfrac{1}{1-\theta}, & \theta\leqslant x\leqslant 1,\\ 0, & \text{其他},\end{cases}$$
其中 θ 为未知参数,$x_1,x_2,\cdots,x_n$ 为来自该总体的简单随机样本.

(1) 求 θ 的矩估计量;

(2) 求 θ 的最大似然估计量.

17. (2016) 设二维随机变量 (X,Y) 在区域 $D=\{(x,y)\,|\,0<x<1,x^2<y<\sqrt{x}\}$ 上服从均匀分布,令 $U=\begin{cases}1, & X\leqslant Y,\\ 0, & X>Y.\end{cases}$

(1) 写出 (X,Y) 的概率密度;

(2) 问 U 与 X 是否相互独立?并说明理由;

(3) 求 $Z=U+X$ 的分布函数 $F(z)$.

18. (2016) 设总体的概率密度为 $f(x;\theta)=\begin{cases}\dfrac{3x^2}{\theta^3}, & 0<x<\theta,\\ 0, & \text{其他},\end{cases}$ 其中 $\theta\in(0,+\infty)$ 为未知参数,X_1,X_2,X_3 为来自总体 X 的简单随机样本,令 $T=\max(X_1,X_2,X_3)$.

(1) 求 T 的概率密度;

(2) 确定 a,使得 aT 为 θ 的无偏估计.

参 考 答 案

一、填空题

1. $\dfrac{1}{2}e^{-1}$; 2. -1; 3. 2; 4. $\mu(\mu^2+\sigma^2)$; 5. $\dfrac{3}{4}$; 6. $1-e^{-1}$; 7. $c=\dfrac{2}{5n}$; 8. $\dfrac{1}{2}$;

9. $(8.2,10.8)$.

二、选择题

1. A; 2. D; 3. C; 4. B; 5. C; 6. A; 7. D; 8. B; 9. A; 10. D; 11. A; 12. C; 13. B; 14. D; 15. C; 16. D; 17. B; 18. A.

三、解答题

1. (1) $\dfrac{1}{2}$;

(2) $f_Z(z)=\begin{cases}\dfrac{1}{3}, & -1\leqslant z<2;\\ 0, & \text{其他}.\end{cases}$

2.(1) 用定义证明,略.

(2) $\dfrac{2}{n(n-1)}$.

3.(1) $\dfrac{4}{9}$;

(2)

X\Y	0	1	2
0	$\dfrac{1}{4}$	$\dfrac{1}{3}$	$\dfrac{1}{9}$
1	$\dfrac{1}{6}$	$\dfrac{1}{9}$	0
2	$\dfrac{1}{36}$	0	0

4. (1) $\hat{\lambda}=\dfrac{2}{\overline{X}}$;

(2) $\hat{\lambda}=\dfrac{2}{\overline{X}}$.

5. $A=\dfrac{1}{\pi}$;当 $y\in(-\infty,+\infty)$ 时,$f_{Y|X}(y|x)=\dfrac{1}{\sqrt{\pi}}e^{-(y-x)^2}$,$-\infty<x<+\infty$.

6. $a_1=0$, $a_2=a_3=\dfrac{1}{n}$;$D(T)=\dfrac{1}{n}\theta(1-\theta)$.

7. (1)

X\Y	-1	0	1
0	0	$\dfrac{1}{3}$	0
1	$\dfrac{1}{3}$	0	$\dfrac{1}{3}$

(2)

Z	-1	0	1
P	$\dfrac{1}{3}$	$\dfrac{1}{3}$	$\dfrac{1}{3}$

(3) 0.

8. (1) $\hat{\sigma}^2=\dfrac{1}{n}\sum\limits_{i=1}^{n}(x_i-\mu_0)^2$;

(2) $E(\hat{\sigma}^2)=\sigma^2$,$D(\hat{\sigma}^2)=\dfrac{2\sigma^4}{n}$.

9. (1) $\dfrac{1}{4}$;

(2) $-\dfrac{2}{3}, 0$.

10. (1) $f(z,\sigma^2)=\dfrac{1}{\sqrt{10\pi}\sigma}e^{-\dfrac{z^2}{10\sigma^2}}, -\infty<z<+\infty$;

(2) $\hat{\sigma}^2=\dfrac{1}{3n}\sum\limits_{i=1}^{n}Z_i^2$;

(3) 用定义证明, 略.

11. (1) $F(y)=\begin{cases}0, & y<1,\\ \dfrac{1}{27}(y^3+18), & 1\leqslant y<2.\\ 0, & y<1;\end{cases}$

(2) $\dfrac{8}{27}$.

12. (1) $\theta=\overline{X}$;

(2) $\theta=\dfrac{2n}{\sum\limits_{i=1}^{n}\dfrac{1}{X_i}}$.

13. (1) $F_Y(y)=\begin{cases}0, & y<0,\\ \dfrac{3y}{4}, & 0\leqslant y<1,\\ \dfrac{y}{4}+\dfrac{1}{2}, & 1\leqslant y<2,\\ 1, & y\geqslant 2;\end{cases}$

(2) $f_Y(y)=\begin{cases}\dfrac{3}{4}, & 0<y<1,\\ \dfrac{1}{4}, & 1<y<2,\\ 0, & 其他,\end{cases}$ 从而 $E\{Y\}=\dfrac{3}{4}$.

14. (1) θ;

(2) $\dfrac{1}{n}\sum\limits_{i=1}^{n}X_i^2$;

(3) 由大数定律得 $\hat{\theta}=\dfrac{1}{n}\sum\limits_{i=1}^{n}X_i^2$ 依概率收敛于 $EX^2=\theta$, 故存在 $a=\theta$, 使得对任意的 $\varepsilon>0$, 有 $\lim\limits_{n\to\infty}P\{|\hat{\theta}-a|\geqslant\varepsilon\}=0$.

15. (1) $P(Y=k)=\dfrac{1}{8}\times C_{k-1}^{1}\dfrac{1}{8}\times\left(\dfrac{7}{8}\right)^{k-2}=\dfrac{1}{64}(k-1)\left(\dfrac{7}{8}\right)^{k-2}$, $k=2,3,4$;

(2) 16.

16. (1) $\hat{\theta}=2\overline{X}-1$;

(2) 参数 θ 的最大似然估计量为 $\hat{\theta}=\min(x_1,x_2,\cdots,x_n)$.

17. (1) $f(x,y)=\begin{cases}3, & 0<x<1, x^2<y<\sqrt{x},\\ 0, & 其他;\end{cases}$

(2) U 与 X 不独立,因为

$$P\left\{U\leqslant\frac{1}{2},X\leqslant\frac{1}{2}\right\}\neq P\left\{U\leqslant\frac{1}{2}\right\}P\left\{X\leqslant\frac{1}{2}\right\};$$

(3) Z 的分布函数

$$F_z(z)=\begin{cases}0, & z<0, \\ \dfrac{3}{2}z^2-z^3, & 0\leqslant z<1, \\ \dfrac{1}{2}+2(z-1)^{\frac{3}{2}}-\dfrac{3}{2}(z-1)^2, & 1\leqslant z<2, \\ 1, & z\geqslant 2.\end{cases}$$

18. (1) T 的概率密度

$$f_T(x)=\begin{cases}\dfrac{9x^8}{\theta^9}, & 0<x<\theta, \\ 0, & 其他;\end{cases}$$

(2) $a=\dfrac{10}{9}$.